高分子材料科学实验

（第二版）

主　编　王　沛
副主编　刘程琳　蒋　山　李书瑶
主　审　廖明义

大连海事大学出版社
DALIAN MARITIME UNIVERSITY PRESS

图书在版编目(CIP)数据

高分子材料科学实验 / 王沛主编. — 2 版. — 大连 : 大连海事大学出版社, 2025. 4. — ISBN 978-7-5632-4677-9

Ⅰ. TB324.02

中国国家版本馆 CIP 数据核字第 2025FH2390 号

大连海事大学出版社出版

地址:大连市黄浦路523号　邮编:116026　电话:0411-84729665(营销部)　84729480(总编室)

http://press.dlmu.edu.cn　E-mail:dmupress@dlmu.edu.cn

大连天骄彩色印刷有限公司印装　　大连海事大学出版社发行

2019 年 3 月第 1 版　　2025 年 4 月第 2 版　　2025 年 4 月第 1 次印刷

幅面尺寸:184 mm×260 mm　　印张:12.5

字数:310 千　　印数:1~500 册

出版人:刘明凯

责任编辑:王　琴　　责任校对:高　颖

封面设计:张爱妮　　版式设计:张爱妮

ISBN 978-7-5632-4677-9　　定价:31.00 元

第二版前言

本书第一版出版于2019年3月，是编者在总结了十多年教学、科研成果的基础上编写而成的。2025年，编者对第一版进行了修订，汲取了近几年编者的最新教改教研成果，包括2024年度全国高校、职业院校教改教研课题（JZW2024089），2022年度辽宁省普通高等教育本科教学改革研究项目（辽教通〔2022〕166号-364），2024年度辽宁省研究生教育教学改革研究项目（LNYJG2024148、LNYJG2024149），大连海事大学优秀教学成果培育项目（YCG-Z2024002）等课题的部分成果，保证了教材知识体系和技能体系的创新性。本次修订更新了部分设备和仪器，补充了其使用方法；增加了自行开发并在大连海事大学教务平台上使用的虚拟仿真实验；通过与中触媒新材料股份有限公司合作，增加了部分实验，实现了校企共建。本次修订在实验内容上增加了“化学化工实验室安全及应急处理虚拟仿真实验”“有机化合物性质实验”“环己烯的制备”“乙酸正丁酯的制备”“溴丁烷的制备”“己二酸的制备”“乙酰苯胺的制备”“3D打印综合性实验”“分子筛的合成及BET法测定固体的比表面”等，能够有效地补充和完善本学科的实验实践知识。

本书可作为国内普通高等院校高分子材料及相关专业的本科实验教学的教材，亦可作为从事高分子材料研究的生产技术人员的参考用书。

本书由大连海事大学王沛担任主编，刘程琳、蒋山、李书瑶担任副主编，廖明义担任主审。崔立英、金美花、陈向南、薛培宏、王昕宇参与了本书的编写。特别感谢刘炼教授对本书的贡献。此外，廖明义对本书再版内容和细节提出了宝贵意见，在此表示衷心的感谢。

由于编者水平有限，书中难免存在疏漏和错误之处，恳请各位读者批评指正。

编　者

2025年1月

第一版前言

大众创业，万众创新。国家各产业、行业快速发展，并对普通高等院校的教育教学工作也提出了更新、更高的要求，急需培养出具有创新意识与能力的高素质人才和解决工程实践问题的工程师型人才。以聚合物为基体的高分子材料是现代工程技术和新兴工业领域的重要支柱，高分子科学是融合化学、物理、工程技术等学科的一门综合性交叉学科，具有明显的实践性和应用性特点。作为一名在高分子领域从事十余年教学、科研工作的高校教师，编者深刻体会到实验教学在高分子教育教学中的重要性。因此，编写一本全面、综合的高分子材料科学实验教材，以适应本领域知识的发展与更新，在高分子材料的研究和教学中显得尤为重要。

编者总结了多年来从事教学和科研的实践经验，在参阅了国内外大量文献资料的基础上，以国家经济发展对本科专业人才提出的要求为导向，编写了本书。本书的内容包含了高分子科学的多方面知识，涉及高分子化学，高分子物理，聚合物表征、结构分析和高分子成型加工的重要内容。本书覆盖面广，知识点全面，内容编排上循序渐进，重点突出。在内容上，本书既介绍了高分子领域的传统实验方法和技能，也尽可能介绍了一些相关的新技术。尤其是编者结合大连海事大学高分子专业特色，编排了一些高分子材料科学综合实验。这部分内容要求学生有扎实的高分子基础知识，能在掌握基本方法和技能的基础上，融合多方面知识完成实验。其目的是丰富学生的工程概念、培养学生的系统性思维和增强学生的创新意识。这些实验有利于学生将理论知识和生产实际相结合，提高学生的综合素质。

大连海事大学廖明义教授对本书进行了审阅，并对本书的内容和细节提出了宝贵意见，在此表示衷心的感谢。本书在编写过程中，得到了大连海事大学材料科学与工程实验室的彭天祥、陈玉珍、刘莎等的热情帮助，在此深表谢意。

由于编者水平有限，本书难免存在疏漏和不当之处，恳请各位读者批评指正。

编　者

2019 年 1 月

目　录

第一章
高分子科学实验基础与安全

第一节　高分子科学实验的安全与防护

近年来,我国越来越重视安全生产。2021 年修正的《中华人民共和国安全生产法》第五十七条指出:从业人员在作业过程中,应当严格落实岗位安全责任,遵守本单位的安全生产规章制度和操作规程,服从管理,正确佩戴和使用劳动防护用品。根据化验室的特点,化验室的安全包括防水、防火、防毒、防腐蚀、防触电、防爆、防环境污染、防野蛮作业等方面。

高分子材料实验必然涉及一些易燃、易爆的试剂和药品,如低沸点有机溶剂、聚合物所用单体、催化剂、引发剂、助剂、气液瓶、聚合物等,稍不注意就会着火甚至爆炸。一些实验操作和聚合物成型加工也会给身体带来潜在的伤害。因此,掌握正确、安全的实验操作技术,遵守实验室安全规定十分必要。多年教学实践证明,学生掌握高分子实验安全操作技术规程、理解安全实验管理规章、了解消防常识基础及掌握预防事故和发生事故的处理方法,就可以在事故萌芽或初级阶段及时处理,避免更大事故的发生,保障人身安全和国家财产安全,确保实验教学的顺利进行。

一、高分子实验安全总则

高分子实验安全总则如下:

(1)凡在实验室工作的教师、技术人员、学生和其他工作人员,必须学习安全条例和有关的安全技术。新进入实验室的人员必须熟悉实验室安全技术,并在实验过程中严格遵守。

(2)实验人员应熟悉紧急情况下的逃离路线和紧急应对措施,清楚急救箱、灭火器材、紧急洗眼装置和冲淋器的位置,铭记急救电话。

(3)在实验前,实验人员必须很好地了解所用药品和产物的物理、化学性质,以及使用的仪器的性能，了解可能发生的危险，并采取有效的预防措施。

(4)实验进行时，实验人员应专心认真，不得离开自己的工作岗位。必须离开时，一定要委托他人看管。若实验出现异常现象，必须及时采取必要措施，保证实验安全；若实验设备出现异常现象，必须及时中止所进行的实验，做进一步的检查，消除隐患后才能继续做实验。

(5)接触危险品时，实验人员必须穿工作服，戴防护眼镜、防护面具和符合规定的手套，穿不露脚趾的满口鞋，女生的长发要收拢。

(6)离开实验室前，实验人员须洗手，不可穿实验服、戴实验手套进入餐厅、图书馆、会议室、办公室等公共场所。

(7)实验室必须备有各种灭火器、沙箱、石棉毯及防护用具。一切消防设备必须放在明显易取的地方，不准任意取走，实验室工作人员必须了解各种灭火器材的性能及使用方法。

(8)工作场所必须保持整洁，不应堆满试剂、容器或其他杂物。仪器使用后应及时清洗干净。

(9)有易燃、易爆物品的实验室内严禁使用明火。蒸馏或加热低沸点易燃物品时，必须在水浴或油浴上加热，或者使用封闭式电炉，禁止直接使用明火加热。

(10)严格按规定处理“三废”，严禁向水槽内倒废液，废液应分类处理或回收利用。所有贮存化学药品的瓶子均应贴上标签，并注明浓度、纯度。

(11)实验室保持干净整洁，实验结束后及时关闭煤气、水电，实验用具、器皿等及时洗净、烘干、入柜，室内和台面均无大量物品堆积。

(12)为了预防一切中毒事故，在化学实验室禁止存储、享用食物，也不准把食物放在工作台或实验容器里。工作结束后，实验人员应及时仔细洗手。

(13)使用电气设备时应注意功率是否匹配，不得在过载的情况下工作。三相电机线路的连接应牢靠，发现电气设备运转声音不正常时应立即切断电路检查。

(14)凡有危害实验或安全技术中未规定的实验应另行制定安全规程。

二、实验室学生守则

实验室学生守则如下：

(1)实验室要保持安静，严禁大声喧哗、吵闹。

(2)学生在实验前，要预先做好课前准备，进入实验室时，要有秩序，按规定的座位就座。

(3)实验前，教师必须向学生讲清实验内容、目的、要求和步骤。

(4)实验开始时，学生应先查点仪器、药品是否齐全，不得随意调换，如发现问题，应及时报告。

(5)学生在实验时必须按步骤进行，并仔细观察，做好记录，课后及时完成实验报告。

(6)实验进行时，要爱护仪器，节省药品，对于因违反操作规程而损坏、丢失仪器，学生必须赔偿。

(7)实验结束后，学生要整理或清洗仪器，保持桌面、室内的整洁，在教师宣布可以离开后才能离开。

三、高分子实验室安全技术

（一）玻璃仪器使用的安全技术

为了避免在使用玻璃仪器时造成损害,必须注意下列安全措施:

(1)使用玻璃仪器前必须进行检查,有损坏的仪器应上报修理,不能修理的应及时处理,不得随意放置。

(2)玻璃仪器锋利的边口,必须用火烧平,方可使用。

(3)玻璃仪器及瓶子不允许直接用火加热,应当在石棉网上加热。

(4)厚壁的普通玻璃瓶、量筒、研钵等容器,绝对不可用火加热,也不能直接放入高温烘箱内,需烘干时必须由低温逐渐升温。

(5)湿玻璃仪器放入烘箱内干燥时,一定要放在下层,以防冷水滴在热玻璃仪器上使其破裂。

(6)需修补的玻璃仪器应当洗净干燥后再进行修补,否则留下的易燃、易爆或有毒物品会对修理工造成伤害。

（二）使用腐蚀性、爆炸性药品的安全技术

使用腐蚀性、爆炸性药品的安全技术如下:

(1)使用浓硫酸、氢氟酸、浓碱等药品时必须戴手套和眼镜,若滴落到操作台或其他地方必须及时处理。

(2)实验室存放爆炸性药品(如过氧化二苯甲酰、过氧化钠、过硫酸钾、过氧化氢异丙苯、叔丁基过氧化氢、偶氮二异丁腈、乙炔铜/硼/铝/汞、正丁基锂、三异丁基铝、过氯酸钾等),必须少量。

(3)高度不饱和化合物、聚合物等物品要在低温耐压容器内贮存。

(4)有些反应(如金属与卤素作用)过于剧烈,会造成爆炸,故操作时必须小心谨慎。

(5)有爆炸危险的实验应在通风橱中进行。反应器外应配有保护套或有机玻璃挡板。操作人员必须戴上面罩。实验结束后必须做好处理工作。

（三）使用易燃低沸点液体及有机溶剂的安全技术

使用易燃低沸点液体及有机溶剂的安全技术如下:

(1)必须记住常用的易燃低沸点液体的沸点及爆炸极限。因为它们不仅有燃烧的危险,还有爆炸的危险。例如,石油醚的爆炸极限为1.0~8.0,乙醇为3.7~18.7,苯为1.4~8.0,丁二烯为2.0~11.5,二硫化碳为1.3~44,乙醚为1.9~12,甲苯为1.2~7.1,异丙醇为2.3~12.7,环己烷为1.3~8.0等。

(2)易燃的液体应当保存在厚壁的密闭容器内,禁止与自燃、易燃、助燃或引燃物品(如黄磷、氯酸盐、液氧等)放在一起。

(3)大量使用易燃低沸点液体的实验室禁止使用明火(如煤气灯、开式电炉)。要保持室内通风良好,如需使用明火须待房间可燃性气体含量低于爆炸极限后方可使用,且要备好灭火用具。

(4)加热或蒸馏易燃性物质时应在水浴或油浴上进行，用封闭式电炉加热，加热前应加少量沸石，避免液体喷出造成事故。蒸馏液体不得超过烧瓶容量的2/3，中途加入液体必须在冷却后进行。

(5)蒸馏环己烷、甲苯等溶剂时，封闭式电炉升温速度不宜太快，防止不凝性气体大量进入室内。使用金属钠除水时，切钠研钵应远离火源，冷凝水管也务必接好。

(6)发生燃烧时，应迅速用石棉毯和沙子或相应适用的灭火器及时灭火，禁止使用水灭火。身上的衣服着火时，不要乱跑，应迅速脱下衣服或用毯子灭火。

(7)蒸馏各种醚类、脂肪族化合物前应检查是否有过氧化物生成，若产生应采取必要的措施以免发生事故。

（四）使用常温下为气相的烯烃类原料的安全技术

使用常温下为气相的烯烃类原料的安全技术如下：

(1)贮存烯烃类原料的大贮存罐内必须加有阻聚剂，在冬天需用精氮充压来防止产生负压，以免空气进入产生易燃的过氧化物。

(2)使用烯烃类原料钢瓶前需抽空所充精氮，检查接头、阀门不漏后方可装料，原料从大贮存罐导入小钢瓶时，必须留有10%的安全空间，不允许装满，装料时可将钢瓶向溢出管方向倾斜。

(3)从原料大贮存罐向小钢瓶装料时，所有管道需将空气排出，开启阀门时必须轻开、轻闭，避免金属撞击。

(4)从小钢瓶向盐水瓶装原料时，必须事先检查盐水瓶有无破损及缺陷，否则易引起盐水瓶爆炸。

(5)烯烃类原料汽化配制溶液时，严禁加热容器，配制后剩下的原料必须立即处理，不得放置。

(6)使用烯烃类原料的场所需远离热源、火源，室内严禁明火操作。

（五）使用碱金属（钠、钾、锂）的安全技术

使用碱金属(钠、钾、锂)的安全技术如下：

(1)金属钠、钾必须保存在厚壁容器的干燥煤油内，并放在指定地点的铁桶内。

(2)金属钠、钾与水、卤代化合物接触会发生爆炸，因此一切卤代化合物不得用金属钠、钾进行干燥。

(3)进行金属钠、钾操作的场所周围必须保持干燥洁净。应当用干燥镊子、小刀拿取金属钾，绝对不准用手拿取。用后的工具应先用醇洗净，再用水洗，必须及时处理，不得随意乱放。

(4)使用金属钠、钾时应戴上防护眼镜。

(5)用后的碱金属残渣及废料要及时用醇处理，严禁用水处理，即使一小块丢入水中亦会引起爆炸，因此严禁将金属钠、钾丢入水槽、垃圾桶等地。

(6)用碱金属干燥有机溶剂时必须使用厚壁瓶，并将碱金属放置在干燥铁桶内。

(7)发生金属钠、钾燃烧时应用干沙子或干粉灭火器灭火，不得使用泡沫、四氯化碳、二氧化碳灭火器等其他灭火设备。

(8)金属锂相对密度小，不能保存在煤油中，必须在软蜡中隔绝空气。

(9)金属锂的压片、剪碎均需在干燥煤油中进行。

(10)锂的碎片及反应后的残渣需用醇处理,不能直接用水处理。尤其是合成及保存丁基锂时,丁基锂的浓度不应大于20%,当丁基锂的浓度大于20%时易自燃,必须隔绝空气,丁基锂的残液稀释后用醇处理。

(六)使用汞的安全技术

汞(水银)具有剧毒,汞蒸气的慢性中毒会产生严重的后果。为此,使用水银时必须遵守下列规定:

(1)使用水银的实验室,其桌面、地面应该清洁、无缝,实验台上不允许堆放物品。

(2)水银必须贮藏在密闭的、牢固的厚壁玻璃瓶中,外面应该有金属盒子。

(3)禁止把装有水银的仪器放在热源旁及不稳定的地方。

(4)严禁用手或嘴接触水银。

(5)纯化水银可用10%的硝酸洗涤,或用蒸馏方法洗涤,但操作必须在通风橱内进行。

(6)在使用水银时,为防止水银外溅,操作场所应放上足够大的瓷盘,以备收集溅出的水银。

(7)为防止汞蒸发,一切使用水银的敞口仪器,如压力计等,都应在上面加液体石蜡或甘油。若能用其他液体代替,则避免使用水银。

(8)若发生了水银外溅事故,应当及时收拾,量大时可以用真空吸引器(中间接上一个收集瓶)吸取,小颗粒则用毛笔或用小毛刷扫在一起收集,最后在被水银污染的地方撒上硫黄粉或三氯化铁水溶液。

(9)长期接触水银的工作人员,必须定期进行身体检查,进行水银操作的实验室应定期进行水银含量的测量。

(七)封、接玻璃等明火操作的安全技术

封、接玻璃等明火操作的安全技术如下:

(1)进行封、接玻璃等明火操作时,应戴上保护眼镜或保护面罩。

(2)氧气瓶应远离火源,放在室外指定区域或其他安全地点。

(3)焊接装有单体、溶剂等易燃、易爆物料的安瓿瓶时,必须使安瓿瓶的接口向上,以保证焊接时火焰在安瓿瓶的上方,必要时(如安瓿瓶装料过满、焊接口距液面过近等)应在安瓿瓶外包上石棉布或加干冰冷却。

(4)当焊接点周围有盛装易燃、易爆物料的安瓿瓶时,必须用石棉布在安瓿瓶外包上干冰之后,再点火焊接,严禁用火苗直接烘烤带物料的安瓿瓶。

(5)焊接完毕,应立即关闭氧气,并撤走火源。然后用低真空机械泵抽真空,并用火花检漏器检漏,确认焊接不漏后,方可转入高真空系统进行其他操作。

(6)抽真空烘烤时,严禁用明火直接烘烤盛有物料的安瓿瓶和各种活塞。

(7)在处理、分装单体等低沸点物料时,必须先用制冷剂冷却安瓿瓶内物料,使系统内保持负压,方可点火封管。

(8)各种安瓿瓶在装物料时必须保留足够的剩余空间,不可装料过满。

（八）干冰、液氮等低温制冷剂的作用

干冰、液氮等低温制冷剂的作用如下：

(1)凡使用干冰、液氮进行低温操作时，须戴手套、保护眼镜或保护面罩，防止低温制冷剂直接接触皮肤造成冻伤。

(2)使用盛装液氮的保温瓶前，必须认真检查，确认完好无损后，方可使用。

(3)应在盛装液氮的保温瓶内，事先放一些玻璃毛。往瓶内加液氮时应先少量加入以润冲瓶壁，使之预冷后，再大量加入。

(4)操作时，严禁将盛有液氮的保温瓶的口或底正对着人。

(5)用干冰、液氮配制冷剂时，要少量多次逐步加入，切莫一次加入过多，造成制冷剂溢出。

（九）使用压缩气体钢瓶的安全技术

使用压缩气体（如氢气、氧气、氯气、甲烷、氨气、乙炔等）钢瓶时应特别注意安全。此类操作发生的中毒、燃烧和爆炸事故常导致严重的人身事故，因此使用各类压缩气体钢瓶的人员必须严格遵守下列规定：

(1)压缩气体钢瓶必须存放在指定的气瓶库内。除氩气瓶、氮气瓶外，压缩气体钢瓶一般不得放在室内直接使用。氩气瓶、氮气瓶须放在靠墙平稳安全的位置，并用铁条固定于墙边，防止钢瓶倾倒引起爆炸。

(2)压缩气体钢瓶应放在远离热源、火源的地方。氢气瓶、氧气瓶、氯气瓶、光气瓶等应放在室外，由导管将气体引入室内使用，无特殊原因不得放在室内直接使用。

(3)使用压缩气体钢瓶时必须有专用减压阀，严禁氧气瓶接触油脂。

(4)压缩气体钢瓶禁止加热、敲打、撞击，在搬运时一定要小心，防止钢瓶倾倒引起爆炸。

(5)运送压缩气体钢瓶时，严禁氧气瓶与氢气瓶一起运送、存放。

(6)严禁自己修理压缩气体钢瓶上的阀门，若发生漏气，应关闭主阀，请专业技工修理。

(7)使用氢气还原氧化铜时，应严格控制气流速度，以尾气在水中为可数的气泡的速度为宜，不得过快，将尾气导出室外。

(8)压缩气体钢瓶不得使用殆尽，必须保持残压在 5 kg/cm^2 以上，低于该值则更换新瓶。

(9)压缩气体钢瓶在使用前，应检查减压阀是否好用，压力指示是否正确，用后应及时关闭阀门。

（十）使用一般电气设备的安全技术

使用一般电气设备的安全技术如下：

(1)实验室的所有工作人员必须防止电线或设备的短路和绝缘不良，以免触电和燃烧。

(2)使用电气设备时应注意规定的电压和电流负荷，不要让功率超过电插头功率的设备与电源连接。

(3)接通电源前必须认真检查线路，确认连接是否正确、电压和功率是否符合。

(4)在木质实验台上使用电气设备时，应在设备下垫石棉网、砖头，以防止燃烧。

(5)电气设备有接地的不能忽视。禁止将水和有机物洒在电气设备上，当有液体溅上时应切断电源后擦干电气设备。

(6)实验室内禁止私自安装临时线路,如有需要应上报,由电工来安装。

(7)临时停电要将电源断开,待来电后再接上电源。

(8)在工作结束时必须拔掉电插头并关闭开关。

(9)当通电的电气设备发生燃烧时,应立即切断电源,禁止用水灭火,要用干沙子、四氯化碳、干粉灭火。

(十一)天平的使用技术要求

天平的使用技术要求如下:

(1)使用前先检查零点,登记使用时间、使用者姓名。用完后应记录使用情况。

(2)天平不得随意移动。

(3)天平必须在静止状态加称量物。

(4)称量液体及易挥发物需用密闭容器。

(5)称量粉状物时,粉状物不得撒在天平内,如不慎撒落,必须立即清除。

(6)天平必须轻开、轻闭。

(7)称 10 g 以上物品须先用精度为 0.1 g 的粗天平称量。

(8)不准乱扔纸屑,保持室内清洁。

四、高分子材料加工设备及性能测试仪器的使用规定

为保证设备仪器的正常运转及使用人员的人身安全,学生必须严格遵守下列规定:

(1)使用前,学生必须阅读该设备或仪器的操作规程,了解设备或仪器的基本性能。

(2)学生必须在指导教师或设备仪器管理人员的指导下,在掌握使用方法后方可独立操作(密炼机、注塑机等大型仪器设备须在指导教师或管理人员的监督下使用)。

(3)每次使用仪器设备前,学生都要检查其各部分工作是否正常,有问题应及时与管理人员取得联系;仪器设备使用后,学生要清理干净并与仪器设备管理人员做好交接,方可离开。

(4)使用过程中如仪器设备出现故障,学生要及时报告指导教师或管理人员。如属违反操作规程造成的损坏,将视情节由使用学生进行一定赔偿。

五、高分子材料实验室消防常识及灭火器材的使用

(一)实验室消防常识

高分子材料实验室使用的药品绝大多数是易燃、易爆的,因此必须格外重视并做好消防工作。消防工作要以防为主,防止一切可能出现的燃烧、爆炸事故。燃烧、爆炸的外因是明火、电火花、静电放电和危险药品的反应等,其中最常见的原因是明火,为此规定:除非采取有效的安全措施,实验室内严禁出现和使用明火。此外,在实验室工作的全体人员还需严格执行操作规程,加强安全管理。万一发生火灾,要做到:

(1)控制火势,及时扑救:首先,不慌乱,有秩序地切断火源(如煤气)、电源,尽快将可燃物搬离着火现场,以控制火势的蔓延,再根据下述不同情况采取相应措施,尽量在初期阶段将火灾消除。

①容器内燃烧：可用石棉布、石棉板乃至木板将容器盖住，通过隔绝空气来灭火。

②溶剂流淌在桌面、地板上燃烧：用沙子、石棉布覆盖或用适当的灭火器灭火。

注意：一般情况下，不能用水灭火。因为多数溶剂的相对密度都比水小，若用水灭火，火势会更易蔓延；有些药品如三氯化铝等遇水大量放热，可能使可燃物燃烧甚至爆炸；金属钾、钠等遇水后本身就能燃烧、爆炸；另外，电气设备着火时，用水灭火还会造成触电事故。

(2)及时、准确地报警：根据火势判断，必要时及时拨打火警电话，请求支援。报警时要做到：

①沉着、镇静，讲话清楚、明了。

②讲清发生火灾的单位名称和地址。

③讲清火灾发生的部位、性质和火势大小。

（二）常用灭火器材的使用范围和方法

实验室配备有鸭嘴式二氧化碳灭火器、四氯化碳灭火器、手提式泡沫灭火器和干粉灭火器等四种类型的灭火器。现将其灭火原理、适用范围、使用方法简单介绍如下：

1.鸭嘴式二氧化碳灭火器

充装于钢瓶中的液态 CO_2 喷出以后，形成-78 ℃的干冰，它能降低燃烧物的温度并降低周围空气中 O_2 的浓度，当 CO_2 含量在空气中达到 30%时，即可熄灭火焰。CO_2 是一种不导电、灭火后不留污迹的灭火剂。

适用范围：适用于电气设备、精密仪器等火灾的扑救，亦可扑救初起的、范围不大的油类着火；不能扑救钾、钠、镁等引起的火灾，因为 CO_2 能与它们发生化学反应。

使用方法如下：

(1)左手握住弹簧把手，右手拔掉制动销子。

(2)右手抓住喷射筒柄，对准火源，左手用力下按弹簧把手，液态 CO_2 即喷出。

注意：不要触及喷射筒，以防冻伤；在不宽敞的室内喷射时，要防止 CO_2 导致窒息。

2.四氯化碳灭火器

四氯化碳（CCl_4）灭火器有两种：一种为玻璃瓶 CCl_4 灭火弹；另一种为钢瓶 CCl_4 灭火器。CCl_4 与火焰接触，迅速气化，气态 CCl_4 比空气重，可将燃烧物与周围的空气隔绝，使火熄灭。CCl_4 也是一种不导电、灭火后不留污迹的灭火剂。

适用范围：适用于电气设备方面火灾的扑救，对小面积的易燃液体火灾也有一定的效果；不能用来扑救钾、钠、铝、乙炔、二硫化碳等引起的火灾，因为 CCl_4 能与上述物质发生剧烈的化学反应，甚至引起爆炸。

使用方法如下：

(1)CCl_4 灭火弹：用力将灭火弹准确地投到燃烧中心处，玻璃瓶破碎，CCl_4 放出。

(2)CCl_4 灭火器：握住机筒上部的截门手轮，左手抓住机筒底部的横梁，将筒身倒置，然后用右手逆时针转动截门手轮，使 CCl_4 液体喷出；扑救火灾时要先喷到容器内壁上，使其散落到燃烧液面上。

注意：火熄灭后要立即通风，以防 CCl_4 中毒。

3.手提式泡沫灭火器

手提式泡沫灭火器由外药碳酸氢钠、甘草剂水溶液及内药硫酸铝水溶液组成。外药与内药相遇后起化学反应,并产生大量泡沫,喷射到燃烧物上,使其与空气隔绝,达到灭火的目的。这两种溶液是电的导体,并且灭火后会留下污迹,但灭火效果较好。

适用范围:适用于扑救汽油、煤油、苯、柴油、重油等油类火灾;不能扑救钾、钠、钙、镁等引起的火灾,因为泡沫能与上述物质发生化学反应;不适用于伯胺、甲基异丁基甲醇引起的火灾,因为这些物质对泡沫起破坏作用;也不适用于扑救电气火灾,但切断电源后,可以使用手提式泡沫灭火器灭火。

使用方法如下:

(1)将灭火器开关手柄扳开。

(2)一只手握住手柄,另一只手握住机筒底边,将机筒颠倒过来,摇晃后,喷嘴对准火源。如果容器内着火,不要直接喷到液面上,要射在容器内壁上,使泡沫逐渐覆盖油液表面;扑救流散液体火灾时,要先从边缘开始,逐渐向前推进,使液体全面覆盖;扑救固体火灾时,要从下向上逐渐扑救。

注意:不使用时,不能将机筒上下颠倒,防止混药,一旦使用,则直到药全部喷出为止,不能停用。

4.干粉灭火器

干粉灭火器以CO_2(或N_2)气体作为动力,使干粉形成粉雾喷向燃烧区。干粉灭火剂是由灭火基料(如小苏打、碳酸铵、磷酸铵盐等)、润滑剂(硬脂酸镁、云母粉、滑石粉等)、防潮剂(硅胶)混合后研磨成的细小颗粒。喷射出来的粉末浓度高,颗粒微细,盖在固体燃烧物上能够构成阻碍燃烧的隔离层,同时析出不可燃气体,使空气中的氧气浓度降低。干粉受热分解产物与燃烧分解产物发生反应,生成大量H_2O和CO_2气体,并吸收燃烧区热量,使持续燃烧的连锁反应受到抑制而起到灭火作用。8 kg的干粉灭火器能喷射14~18 s,射程约为4.5 m,是一种灭火速度快、毒性低、不腐蚀、不导电、易贮存的高效灭火器。

适用范围:适用于各种油类、有机溶剂、可燃气体、电气设备的初期火灾的扑救。

使用方法如下:

(1)提起灭火器,上下颠倒几次。

(2)拔出保险销,然后对准火源,向下紧握压把,干粉即喷出。

(3)干粉不能防止火焰复燃,因此一次扑灭后,应稍等片刻,待复燃后再次使用,直到火被完全扑灭为止。

第二节　化学化工实验室安全及应急处理虚拟仿真实验

一、实验目的

(1)通过虚拟仿真实验,使学生认知化学化工实验室常见的安全隐患,提高学生的安全意识。

(2)引导学生学习实验室安全制度并遵守相关规定，学习火灾时的处理方法、危险化学品泄漏的处理方法。

(3)将安全设备使用方法融入具体的实验场景中，使学生在面对不同危急情况时能正确使用安全设备，采取正确行动以保证安全。

二、软件操作

(1)选择统一认证身份登录大连海事大学校级虚拟仿真教学平台：https://xnfz.dlmu.edu.cn/login。

(2)进入“化学化工实验室安全及应急处理”课程。

(3)进入软件，点击“开始实验”，选择正确答案，通过选择题进入虚拟仿真界面。

(4)虚拟仿真界面功能介绍：

①位置移动控制：键盘上的“W”“S”“A”“D”键即对应“前”“后”“左”“右”方向的移动。

②视角变换：按住鼠标右键即可旋转视角。

③工具箱的使用方法：在安全设施模块中，在实验室内点击相应安全设施即可加入工具箱；打开工具箱，右键点击相关工具即可选中，左键点击屏幕中高亮部分即可使用工具。

④任务栏的使用方法：点击任务栏即可查看实验内容的任务说明。

三、实验场景及物品

实验场景：实验室、楼道、电梯、楼梯。

物品：干粉灭火器、二氧化碳灭火器、泡沫灭火器、灭火毯、消防沙、急救箱、洗眼器、喷淋器、防护眼镜、实验服、手套、生物安全柜、通风橱、化学应急防溢箱、生物材料泄漏应急处理包、应急手册、化学手册的安全技术说明书、实验台、储物柜、讲桌、防火垃圾桶等。

四、实验内容

(1)进入实验室前的准备：在进入实验室后，首先进行实验室准备，选择不同人物，根据人物的不同触发不同的准备内容，故，在进入实验室前应找到人物身上不符合实验室规范的地方，如：穿拖鞋、披散头发、未戴好防护眼镜和手套、未穿好实验服等。

(2)安全设施学习：首先对实验室内相关安全设备的信息进行收集、认知，学习相关知识及使用方法，并对灭火器、喷淋器、洗眼器等物品搭配使用动画，点击即可查看完整使用流程，掌握设备的正确使用方法。

(3)火灾处理：火灾处理模块中设置有从小到大多个着火场景，在实验室突发不同情况的火灾时，能够让学生选择正确方法进行灭火处理，在不同火势情况下快速做出正确判断。学习场景包含酒精灯加热起火、易燃物质着火、电气设备着火、衣物着火、发生火灾后逃生等。

(4)危化品泄漏处理：危化品泄漏处理模块中设置了不同物质泄漏场景，并仿真模拟物质泄漏后紧急处理全过程，让学生掌握正确的处理流程，并学会使用化学应急防溢箱与生物材料泄漏应急处理包。学习场景包含浓盐酸溢洒、大肠杆菌菌液溢洒等。

(5)身体伤害处理：身体伤害处理模块中设置了常见的实验室事故场景，模拟事故发生后紧急处理流程。学习场景包含试剂溅到身上、试剂溅入眼睛、被实验小鼠咬伤等。

第三节 实验的准备、记录与报告

科学的研究注重科学的实验习惯的养成。高分子材料科学实验须特别注意实验前的充分预习,实验中的认真记录,实验后的及时总结,这样才能提高实验教学各环节质量。

一、预习报告

预习报告是在实验开始以前,在对实验教材及有关的操作技术认真预习的基础上做出提纲性小结,包括实验目的、实验原理、操作步骤、大致的时间安排及预习中的疑问。预习报告在实验前应交给教师检查。

二、实验记录

实验记录是实验工作的第一手资料,是写出实验报告的基本依据。实验数据要记在专用的记录本上,记录本上要编上页码。实验记录要简明扼要,大体应包括实验日期、实验题目、原料的规模和用量、简单的操作步骤、详细的实验现象及数据。实验记录要求完整、准确、整洁,不要将数据记在纸片上或者其他物品上,尽量采用表格形式记录数据。

实验完全结束后,一般应将实验记录交给教师检查后再离开实验室。

三、实验数据处理和实验报告

完成整个实验后,要及时处理实验数据,做出总结,完成实验报告。

实验报告的内容应包括:实验题目、实验者、日期、简要的目的和原理、实际进行的操作步骤、数据处理结果、图表、对思考题的回答以及讨论和建议。

两人或多人进行的实验应各自独立进行数据处理,分别写出实验报告并按时交给指导教师。

第四节 常用引发剂的精制

一、过氧化二苯甲酰的精制

过氧化二苯甲酰(BPO)的提纯常采用重结晶法。该方法通常以三氯甲烷(也称氯仿)为溶剂,以甲醇为沉淀剂进行精制。过氧化二苯甲酰只能在室温下溶于氯仿中,不能加热,因为加热容易引起爆炸。

其纯化步骤为：在 1 000 mL 烧杯中加入 50 g 过氧化二苯甲酰和 200 mL 氯仿，不断搅拌使其溶解、过滤，将滤液直接滴入 500 mL 甲醇中，会出现白色的针状结晶（即 BPO）。然后，将带有白色针状结晶的甲醇过滤，再用冰冷的甲醇洗净抽干，待甲醇挥发后，称重。根据得到的重量，按以上比例加入氯仿，使其溶解，再加入甲醇，使其沉淀，这样反复再结晶两次后，将沉淀物（BPO）置于真空干燥箱中干燥，称重。BPO 的熔点为 170 ℃（分解）。将产品放在棕色瓶中，保存于干燥器中。20 ℃时过氧化二苯甲酰的溶解度如表 1-1 所示。

表 1-1　过氧化二苯甲酰的溶解度（20 ℃）

溶剂	石油醚	甲醇	乙醇	甲苯	丙酮	苯	氯仿
溶解度/（g/mL）	0.5	1.0	1.5	11.0	14.6	16.4	31.6

二、偶氮二异丁腈的精制

偶氮二异丁腈（AIBN）是广泛应用的引发剂。它的提纯溶剂主要是低级醇，尤其是乙醇，也有用乙醇/水混合物、甲醇、乙醚、甲苯、石油醚等作溶剂进行精制的。它的分析方法是测定生成的氮气，AIBN 的熔点为 102～130 ℃（分解）。

AIBN 的精制步骤如下：在装有回流冷凝管的 150 mL 锥形瓶中，加入 50 mL 浓度为 95%的乙醇，于水浴上加热至接近沸腾，迅速加入 5 g AIBN，摇荡，使其全部溶解（煮沸时间长，分解严重）。热溶液迅速抽滤（过滤所用漏斗及吸滤瓶必须预热）。滤液冷却后得到白色结晶，用布氏漏斗过滤后，结晶置于真空干燥箱中干燥，称重。其熔点为 102 ℃（分解），熔点的测定请参阅有机化学实验。

三、过硫酸钾和过硫酸铵的精制

过硫酸盐中的主要杂质是硫酸氢钾（或硫酸氢铵）和硫酸钾（或硫酸铵），可用少量水反复结晶进行精制。将过硫酸盐在 40 ℃水中溶解并过滤，滤液用冰水冷却，过滤出结晶，并以冰冷的水洗涤，用 $BaCl_2$溶液检验滤液直至无 SO_4^{2-} 为止，将白色柱状及板状结晶置于真空干燥箱中干燥，在纯净干燥状态下，过硫酸钾能保持很久；有湿气时，则逐渐分解出氧。

过硫酸钾和过硫酸铵可以用碘量法来测定纯度。

第五节　常用单体的精制及纯度分析

一、甲基丙烯酸甲酯的精制和纯度分析

（一）甲基丙烯酸甲酯的精制

甲基丙烯酸甲酯是无色透明的液体，其沸点为 100.3～100.6 ℃，密度 $D_4^{20}=0.937$ g/cm^3，折

光率 $n_D^{20}=1.413\,8$。甲基丙烯酸甲酯常含有稳定剂对苯二酚。首先在 1 000 mL 分液漏斗中加入 750 mL 甲基丙烯酸甲酯单体，用浓度为 5%的 NaOH 水溶液反复洗至无色（每次用量为 120～150 mL），再用蒸馏水洗至中性，将无水硫酸镁干燥后静置过夜，然后进行减压蒸馏，收集 46 ℃/13 332.2 Pa（100 mmHg）的馏分，测其折光率。甲基丙烯酸甲酯的沸点与压力的关系如表 1-2 所示。

表 1-2　甲基丙烯酸甲酯的沸点与压力的关系

压力/Pa (mmHg)	2 666.44 (20)	3 999.66 (30)	5 332.88 (40)	6 666.10 (50)	7 999.32 (60)	9 332.54 (70)	10 665.76 (80)	11 998.98 (90)
温度/℃	11.0	21.9	25.5	32.1	34.5	39.2	42.1	46.8
压力/Pa (mmHg)	13 332.20 (100)	26 664.40 (200)	39 996.60 (300)	53 328.80 (400)	66 661.00 (500)	79 993.20 (600)	101 324.72 (760)	
温度/℃	46.0	63.0	74.1	82.0	88.4	94.0	101.0	

（二）用溴化法测定甲基丙烯酸甲酯的纯度

1.实验目的

分析甲基丙烯酸甲酯的纯度，掌握含碳碳双键化合物定量测定的一般方法——溴化法。

2.实验原理

溴化法是含碳碳双键化合物定量测定常用的化学方法，此种方法的原理是测定加成到双键上的溴量，其反应如下：

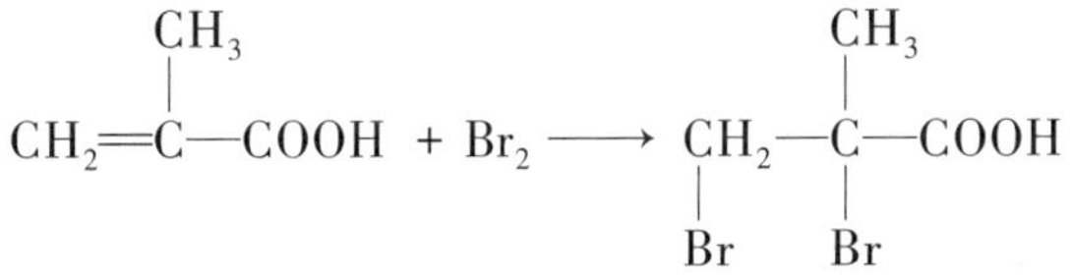

习惯上常用溴值表示加成到双键上的溴量，溴值是指加成到 100 g 被测定物质上所用溴的克数。将实测溴值与理论溴值比较，即可求出该不饱和化合物的纯度。

溴化法是在被测定的试样中加入溴液或能产生溴的物质——溴化试剂。常用的溴化试剂为溴-四氯化碳溶液、溴-乙醇溶液和溴化钾-溴酸钾（KBr-$KBrO_3$）溶液。前两个是强烈的溴化试剂，在溴加成的同时，常伴随取代反应，尤其是带侧链的不饱和化合物，更容易发生取代反应；KBr-$KBrO_3$ 是在酸性介质中进行氧化还原反应生成溴，这种溴化试剂可以大大降低取代反应的发生率，常用于易发生取代反应的不饱和化合物。溴与双键加成，过量的溴使碘化钾析出碘，然后用硫代硫酸钠（$Na_2S_2O_3$）溶液滴定碘，从而间接求出样品的溴值和纯度。

3.实验步骤

用自制的玻璃小泡准确称量 0.180 0～0.200 0 g 甲基丙烯酸甲酯试样（见注释①），放入磨口锥形瓶中，加入 10 mL 37%乙酸作溶剂。用玻璃棒小心地将玻璃小泡压碎，用少量蒸馏水冲洗玻璃棒。用移液管准确吸取 50 mL 0.1 mol/L KBr-$KBrO_3$溶液（见注释②），注入锥形瓶中。迅速加入 5 mL 浓盐酸，盖紧瓶塞，摇匀后，避开直射日光放置 20 min，其间应不断摇动，然后加入 1 g 固体碘化钾，摇动使之溶解后，在暗处放置 5 min，用 0.05 mol/L $Na_2S_2O_3$标准溶液（见注释③)滴定。当溶液呈淡黄色时,加入 2 mL 1%淀粉溶液,继续滴定至蓝色消失。记录读数。重复以上实验两次,并同时做空白实验两次。

4.数据处理

$$\text{溴值}=\frac{(A-B)\times M\times 7.991\ 6}{m}$$

$$\text{纯度}=\frac{(A-B)\times M\times 7.991\ 6}{m}\times 100\%$$

式中:A——空白实验中消耗的 $Na_2S_2O_3$溶液的体积,mL;

B——滴定样品时,消耗的 $Na_2S_2O_3$溶液的体积,mL;

M——$Na_2S_2O_3$溶液的浓度,mol/L;

m——样品的质量,g。

5.注释

①测定挥发性很高的液体样品,需采用玻璃小泡称重取样,因为这类液体即使在磨口锥形瓶中称量也会损失严重。同时,有些液体放出腐蚀性的蒸气或气体易干扰天平的精度。

试样吸入步骤:将准确称量好的玻璃小泡(直径约为 10 mm),在小火焰中微微加热,借膨胀作用赶出小泡中的一些空气,迅速将小泡的支管(毛细管)的尖端插入试样的液面以下。利用小泡中空气收缩把试样吸入小泡内,再小心地用小火将支管封口,注意勿使试样受热分解。准确称量吸入试样小泡的质量,计算出试样的质量。

②0.1 mol/L KBr-$KBrO_3$溶液的配制:称取 17.5 g KBr 和 2.784 g $KBrO_3$,用蒸馏水溶解至 1 L 备用,存放在避光处。

③0.05 mol/L $Na_2S_2O_3$溶液的配制及标定:将 12.5 g $Na_2S_2O_3$用刚煮沸的冷蒸馏水溶解至 1 L,放置 8~14 天后过滤,贮存于棕色瓶中备用。用标准重铬酸钾($K_2Cr_2O_7$)溶液标定。假如要使 $Na_2S_2O_3$长期存放,应加入 0.02%碳酸钠,以防分解,而加入 10 g/L 碘化汞可防止微生物作用。

$Na_2S_2O_3$溶液的标定:将分析纯的 $K_2Cr_2O_7$在 130 ℃烘箱中干燥 3 h 后,准确称取 0.100 0~0.150 0 g,放入 300 mL 磨口锥形瓶中,加入 20 mL 蒸馏水,使之溶解,再加入 15 g 碘化钾和 15 mL 2 mol/L 的盐酸,盖好瓶塞充分摇动,放置于暗处 5 min。用 150 mL 蒸馏水稀释,以 $Na_2S_2O_3$ 溶液滴定到淡黄色为宜,然后加入 2 mL 1%淀粉溶液。继续滴定到蓝色消失,变成绿色为止,按下式计算其浓度:

$$M_{Na_2S_2O_3}=\frac{1\ 000\times m}{VM'}$$

式中:m——$K_2Cr_2O_7$的质量,g;

M'——$K_2Cr_2O_7$的相对分子质量;

V——所消耗的 $Na_2S_2O_3$溶液的体积,mL。

6.思考题

(1)用化学反应方程式表示出溴化法分析甲基丙烯酸甲酯的原理。

(2)试计算甲基丙烯酸甲酯的理论溴值,并推导测定溴值时的计算公式。

(3)在实验中影响准确度的主要因素有哪些?为什么?

(4)在测定样品的溴值时,为什么先要避开直射日光放置 20 min,而加入碘化钾后又要放置于暗处?

二、苯乙烯的精制和纯度分析

苯乙烯为无色或淡黄色透明液体,其沸点为 145.20 ℃,密度 $D_4^{20}=0.906\ 0\ g/cm^3$,折光率 $n_D^{20}=1.554\ 69$。

取 150 mL 苯乙烯于分液漏斗中,用5%氢氧化钠溶液反复洗至无色(每次用量为 30 mL)。再用蒸馏水洗涤至水层呈中性为止。用无水硫酸镁干燥。干燥后的苯乙烯在 250 mL 克氏蒸馏瓶中进行减压蒸馏。收集 44~45 ℃/2 666.44 Pa(20 mmHg)或 58~59 ℃/5 332.88 Pa(40 mmHg)的馏分,测算折光率。苯乙烯的纯度分析可采用溴化法(详见甲基丙烯酸甲酯纯度分析)或气相色谱分析法等。苯乙烯的沸点和压力的关系如表 1-3 所示。

表 1-3 苯乙烯的沸点和压力的关系

压力/Pa (mmHg)	666.61 (5)	1 333.22 (10)	2 666.44 (20)	3 999.66 (30)	5 332.88 (40)	6 666.10 (50)
温度/℃	17.9	30.7	44.6	53.3	59.8	65.1
压力/Pa (mmHg)	7 999.32 (60)	9 332.54 (70)	10 665.76 (80)	11 998.98 (90)	13 332.20 (100)	26 664.40 (200)
温度/℃	69.5	73.3	76.5	79.7	82.4	101.7
压力/Pa (mmHg)	39 996.60 (300)	53 328.80 (400)	66 661.00 (500)	79 993.20 (600)	101 324.72 (760)	
温度/℃	113.0	123.0	130.5	136.9	145.2	

三、乙酸乙烯的精制和纯度分析

(一)乙酸乙烯的精制

1.实验目的

了解单体精制的目的,了解乙酸乙烯中各种杂质对其聚合的影响;掌握乙酸乙烯单体的提纯方法。

乙酸乙烯是无色透明的液体,其沸点为 72.5 ℃,冰点为-100 ℃,密度 $D_4^{20}=0.934\ 2\ g/cm^3$,折光率 $n_D^{20}=1.395\ 6$,在水中的溶解度(20 ℃)为 2.5%,可与醇混溶。

目前,我国工业乙酸乙烯的生产采用乙炔气相法。在此法生产过程中,副产品种类很多,其中对乙酸乙烯聚合影响较大的物质有:乙醛、巴豆醛(丁烯醛)、乙烯基乙炔、二乙烯基乙炔等。

我们在实验室中使用的是乙酸乙烯,为了便于贮存,还在单体中加入了 0.01%~0.03%对苯二酚阻聚剂,以防止单体自聚。此外,单体中还含有少量酸、水分和其他杂质。因此,在进行聚合反应之前,必须对单体进行提纯。

2.实验步骤

把 20 mL 的乙酸乙烯放在 500 mL 分液漏斗中,用饱和亚硫酸氢钠溶液洗涤三次,每次用量为 50 mL，再用蒸馏水洗涤三次；然后用饱和碳酸钠溶液洗涤三次，每次用量为 50 mL，再用蒸馏水洗涤三次；最后将乙酸乙烯放入干燥的 500 mL 磨口锥形瓶中，用无水硫酸镁干燥，静置过夜。

将干燥的乙酸乙烯在装有分馏柱的精馏装置上进行精馏。为了防止暴沸和自聚，在蒸馏瓶中加入几粒沸石及少量对苯二酚阻聚剂。开始加热分馏，并收集 71.8~72.5 ℃的馏分，测其折光率。

3.思考题

(1)为什么乙酸乙烯在聚合前要进行精制？各种杂质对聚合反应有什么影响？

(2)用饱和亚硫酸氢钠溶液和饱和碳酸钠溶液洗涤单体的目的何在？

(3)为什么无水硫酸镁可以作为乙酸乙烯的干燥剂？其干燥的原理是什么？

(4)分馏原理是什么？乙酸乙烯分馏的目的是什么？

（二）乙酸乙烯的纯度分析

乙酸乙烯的纯度分析方法如下：

(1)溴化方法(详见甲基丙烯酸甲酯纯度分析)。

(2)气相色谱法。

(3)其他。

四、丙烯腈的精制和纯度分析

（一）丙烯腈的精制

丙烯腈为无色透明液体，其沸点为 77.3 ℃，密度 $D_4^{20}=0.806\ 0\ g/cm^3$，折光率 $n_D^{20}=1.391\ 1$，在水中的溶解度(20 ℃)为 7.5%。

吸取 200 mL 工业用丙烯腈放于 500 mL 蒸馏瓶中进行普通蒸馏，收集 73~78 ℃的馏分，测其折光率。

注意：丙烯腈有剧毒，操作最好在通风橱中进行，操作过程中绝对不能使丙烯腈进入口中或接触皮肤。仪器装置要严密，毒气应排出室外，残渣要用大量水冲洗掉。

（二）丙烯腈的纯度分析

1.化学分析法

(1)2,3-二巯丙醇法

丙烯腈与 2,3-二巯丙醇在碱性催化剂存在的情况下，进行定量的加成反应，过量的 2,3-二巯丙醇在酸性介质中与碘定量反应，以此确定丙烯腈的含量。此法简单，误差小，对于低浓度的丙烯腈，所得结果较为接近真实值。

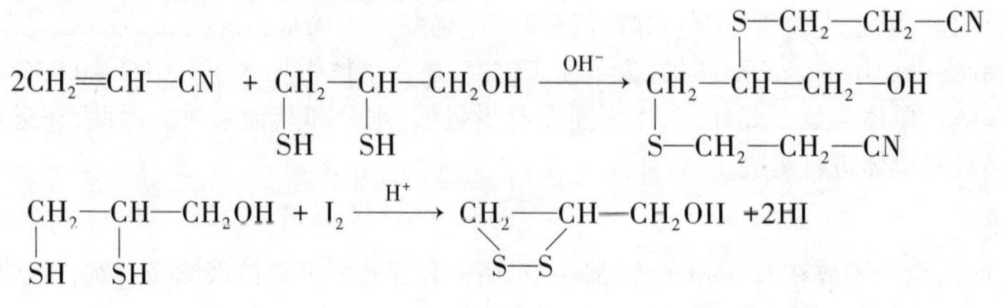

①药品

0.2 mol/L 2,3-二巯丙醇溶液 20 mL(约为 24.9 g)。

2,3-二巯丙醇溶液溶于 2 L 乙醇中,摇匀,避光放置一日。

0.5 mol/L NaOH 溶液,20 g NaOH 溶于 1 L 蒸馏水中。

0.5 mol/L $KOH\text{-}C_2H_5OH$ 溶液,28 g KOH 溶于 1 L 乙醇中。

6 mol/L 盐酸的配制:将 500 mL 浓度为 12 mol/L 的浓盐酸用水稀释至 1 L。

②分析步骤

准确吸取 2,3-二巯丙醇-乙醇溶液 20 mL,置于 100 mL 碘量瓶中,并准确吸取一定量样品[见注释(A)],加入 2~3 滴酚酞指示剂,用 0.5 mol/L NaOH 溶液或 0.5 mol/L $KOH\text{-}C_2H_5OH$ 溶液中和至微红色。再加入 10 mL 2,3-二巯丙醇-乙醇溶液,充分摇动使其反应完全,用 2 mL 浓度为 6 mol/L 的盐酸溶液酸化摇匀[见注释(B)],用 0.1 mol/L 标准碘液滴定至淡黄色[见注释(C)],摇半分钟不褪色即可终止。

同时做空白实验,记录滴定样品与空白实验消耗的碘液体积。

$$\text{丙烯腈},\% = \frac{(V_1 - V_2) \times M \times 0.053\ 06}{m} \times 100\%$$

式中:V_1——做空白实验消耗的碘液的体积,mL;

V_2——滴定样品时消耗的碘液的体积,mL;

M——标准碘液的浓度,mol/L;

0.053 06——丙烯腈的毫摩尔质量;

m——样品质量,g。

③注释

(A)样品含量大于 40%时,用 0.25 mL 注射器量取 0.1~0.2 g 样品。样品含量小于 40%时,用 0.1 mL 或 0.2 mL 移液管取样。

(B)HCl 不宜过多,否则碘液易被分解,使所得含量偏小。

(C)0.1 mol/L 标准碘液的配制和标定。

配制:

用少量水溶解 25 g KI。在不断搅拌的情况下加入 13 g 碘(化学纯),待全部溶解后,移入 1 L 容量瓶中,用水稀释至某一刻度,过滤贮于棕色瓶中,过夜,待标定。

标定:

用移液管吸取 25 mL 碘液三份,均加入 50 mL 蒸馏水和 5 mL 1∶1 的盐酸,用 0.05 mol/L 标准 $Na_2S_2O_3$ 溶液滴定至微黄色后,加入 2 mL 0.5%淀粉溶液,继续以 $Na_2S_2O_3$ 滴定至蓝色刚好消失为止。

$$M_{I_2} = \frac{V \times M}{V_{I_2}}$$

式中:V——滴定时消耗的 $Na_2S_2O_3$ 溶液的体积,mL;

V_{I_2}——标准碘液的体积,mL;

M——$Na_2S_2O_3$ 溶液的浓度,mol/L;

M_{I_2}——碘液的浓度,mol/L。

(2)亚硫酸钠法

丙烯腈与亚硫酸钠在水溶液中起加成反应,并生成定量的 NaOH,用标准盐酸滴定,以茜素黄-百里酚酞作指示剂,溶液滴定至由紫色变为无色为止。同时做空白实验。

$$CH_2{=}CH{-}CN + Na_2SO_3 \longrightarrow \underset{\displaystyle SO_3Na}{\underset{|}{CH_2}}{-}CH{-}CN + NaOH$$

$$NaOH + HCl \longrightarrow NaCl + H_2O$$

此法简便,误差小,适用于高浓度丙烯腈的测定。

①药品

1 mol/L Na_2SO_3溶液:称取 252 g 结晶的 Na_2SO_3或 126 g 无水 Na_2SO_3,用蒸馏水溶解后移入 1 L 容量瓶中,用水稀释至某一刻度。

茜素黄-百里酚酞混合指示剂:称取 0.1 g 茜素黄及 0.2 g 百里酚酞溶于 100 mL 乙醇中,即可使用。颜色变化十分敏锐,当溶液由碱性转为酸性时,颜色由紫色变为淡黄色。

0.5 mol/L 标准盐酸溶液。

②分析步骤

于 250 mL 碘瓶中加入 1 mol/L $Na_2S_2O_3$溶液 25 mL,准确地加入一定量样品(数量根据样品浓度决定),具塞瓶用蒸馏水封好瓶塞,摇匀,静置 15 min,使反应完全,加入茜素黄-百里酚酞混合指示剂 5 滴,用 0.5 mol/L 标准盐酸溶液滴定至紫色消失为止。同时做空白实验。

$$丙烯腈,\% = \frac{(V_1 - V_2)\times M \times 0.053\ 06}{m} \times 100\%$$

式中:V_1——做空白实验时消耗的标准盐酸溶液的体积,mL;

V_2——滴定样品时消耗的标准盐酸溶液的体积,mL;

M——标准盐酸溶液的浓度,mol/L;

m——样品质量,g;

0.053 06——丙烯腈的毫摩尔质量。

第六节 常用有机试剂的纯化

一、丙酮

丙酮的沸点为 56.2 ℃,折光率为 1.358 8,相对密度为 0.789 9。普通丙酮常含有少量的水及甲醇、乙醛等还原性杂质。其纯化方法有:

(1)于 250 mL 丙酮中加入 2.5 g 高锰酸钾回流,若高锰酸钾紫色很快消失,再加入少量高锰酸钾继续回流,至紫色不褪为止。然后将丙酮蒸出,用无水碳酸钾或无水硫酸钙干燥,过滤后蒸馏,收集 55~56.5 ℃的馏分。用此法纯化丙酮时,须注意丙酮中所含还原性物质不能太多,否则会过多消耗高锰酸钾和丙酮,使处理时间延长。

(2)将 100 mL 丙酮装入分液漏斗中,先加入 4 mL 10%硝酸银溶液,再加入 3.6 mL 浓度为 1 mol/L 的氢氧化钠溶液,振摇 10 min,分出丙酮层,再加入无水硫酸钾或无水硫酸钙进行干燥,最后蒸馏收集 55~56.5 ℃的馏分。此方法比方法(1)要快,但硝酸银较贵,只宜作小量纯化用。

二、二氧六环

二氧六环的沸点为 101.5 ℃,熔点为 12 ℃,折光率为 1.442 4,相对密度为 1.033 6。二氧六环能与水随意混合,常含有少量乙二醇、醛类与水,久贮的二氧六环可能含有过氧化物(鉴定和除去参阅乙醚)。二氧六环的纯化方法:在 500 mL 二氧六环中加入 8 mL 浓盐酸和 50 mL 水,回流 6~10 h,在回流过程中,慢慢通入氮气,以除去生成的乙醛;冷却后,加入固体氢氧化钾,直到不能再溶解为止,分去水层,再用固体氢氧化钾干燥 24 h 后过滤,在金属钠存在的情况下加热回流 8~12 h,最后在金属钠存在的情况下蒸馏,压入钠丝密封保存。精制的二氧六环应当避免与空气接触。

三、吡啶

吡啶的沸点为 115.5 ℃,折光率为 1.509 5,相对密度为 0.981 9。分析纯的吡啶含有少量水分,可供一般实验使用。如要制得无水吡啶,可将吡啶与粒状氢氧化钾(钠)一同回流,然后隔绝潮气蒸出备用。干燥的吡啶吸水性很强,保存时应将容器口用石蜡封好。

四、石油醚

石油醚为轻质石油产品,是低相对分子质量的烷烃类混合物。其沸程为 30~150 ℃,收集的温度一般为 30 ℃左右。有 30~60 ℃、60~90 ℃、90~120 ℃等沸程规格的石油醚。石油醚中含有少量不饱和烃,其沸点与烷烃相近,用蒸馏法无法分离。

石油醚的精制通常将石油醚用等体积的浓硫酸洗涤 2~3 次,再用 10%硫酸加入高锰酸钾配成的饱和溶液洗涤,直至水层中的紫色不再消失为止。然后用水洗涤,经无水氯化钙干燥后蒸馏。若需绝对干燥,石油醚中可加入钠丝(与纯化无水乙醚相同)。

五、甲醇

甲醇的沸点为 64.96 ℃,折光率为 1.328 8,相对密度为 0.791 4。普通未精制的甲醇含有 0.02%丙酮和 0.1%水;而工业甲醇中这些杂质的含量达 0.5%~1%。为了制得纯度达 99.9%以上的甲醇,可将甲醇用分馏柱分馏。收集 64 ℃的馏分,再用镁去水(与制备无水乙醇相同)。甲醇有毒,处理时应防止吸入其蒸气。

六、乙醇

乙醇的沸点为 78.5 ℃,折光率为 1.361 6,相对密度为 0.789 3。制备无水乙醇的方法很多,根据对无水乙醇质量的要求不同可选择不同的方法。若要获得 98%~99%的乙醇,可采用下列方法制备:

(1)利用苯、水和乙醇形成低共沸混合物的性质,将苯加入乙醇中,进行分馏,在 64.9 ℃时蒸出苯、水、乙醇的三元恒沸混合物，多余的苯在 68.3 ℃的温度下因与乙醇形成二元恒沸混合物而被蒸出，最后蒸出乙醇。工业多采用此法。

（2）用生石灰脱水。于 100 mL 95%乙醇中加入新鲜的块状生石灰 20 g，回流 3～5 h，然后进行蒸馏。

若要获得 99%以上的乙醇，可采用下列方法制备：

（1）在 100 mL 99%乙醇中，加入 7 g 金属钠，待反应完毕，再加入 27.5 g 邻苯二甲酸二乙酯或 25 g 草酸二乙酯，回流 2～3 h，然后进行蒸馏。金属钠虽能与乙醇中的水作用，产生氢气和氢氧化钠，但所生成的氢氧化钠又与乙醇发生平衡反应。因此，单独使用金属钠不能完全除去乙醇中的水，须加入过量的高沸点酯，如邻苯二甲酸二乙酯，用来抑制氢氧化钠与乙醇的反应，从而达到进一步脱水的目的。

（2）在 60 mL 99%乙醇中，加入 5 g 镁和 0.5 g 碘，待镁溶解生成醇镁后，再加入 900 mL 99%乙醇，回流 5 h 后，蒸馏，可得到 99.9%乙醇。由于乙醇具有非常强的吸湿性，所以在操作时，动作要迅速，尽量减少转移次数，以防止空气中的水分进入，同时所用仪器必须事先干燥好。

七、乙酸乙酯

乙酸乙酯的沸点为 77.06 ℃，折光率为 1.372 3，相对密度为 0.900 3。乙酸乙酯一般含量为 95%～98%，含有少量水、乙醇和乙酸。可用以下方法纯化：于 1 000 mL 乙酸乙酯中加入 100 mL 乙酸酐，10 滴浓硫酸，加热回流 4 h，除去乙醇和水等杂质，然后进行蒸馏。馏液用 20～30 g 无水碳酸钾振荡，再蒸馏。产物沸点为 77 ℃，纯度可达 99%以上。

八、乙醚

乙醚的沸点为 34.51 ℃，折光率为 1.352 6，相对密度为 0.713 7。普通乙醚常含有 2%的乙醇和 0.5%的水。久贮的乙醚常含有少量过氧化物。

（1）过氧化物的检验和除去：在干净的试管中加入 2～3 滴浓硫酸，1 mL 2%碘化钾溶液（若碘化钾溶液已被空气氧化，可用亚硫酸钠稀溶液滴到黄色消失）和 1～2 滴淀粉溶液，混合均匀后加入乙醚，出现蓝色即表示有过氧化物存在。可用新配制的硫酸亚铁稀溶液（配制方法是 60 g $FeSO_4 \cdot H_2O$、100 mL 水和 6 mL 浓硫酸混合）除去过氧化物。将 100 mL 乙醚和10 mL新配制的硫酸亚铁稀溶液放在分液漏斗中洗数次，至无过氧化物为止。

（2）醇和水的检验和除去：乙醚中放入少许高锰酸钾粉末和一粒氢氧化钠。放置后，氢氧化钠表面附有棕色树脂，即证明有醇存在。水的存在用无水硫酸铜检验。先用无水氯化钙除去大部分水，再经金属钠干燥。其方法是：将 100 mL 乙醚放在干燥锥形瓶中，加入 20～25 g 无水氯化钙，瓶口用软木塞塞紧，放置一天以上，并间断摇动，然后蒸馏，收集 33～37 ℃馏分。用压钠机将 1 g 金属钠直接压成钠丝放于盛乙醚的锥形瓶中，用带有氯化钙干燥管的软木塞塞住或在木塞中插一末端拉成毛细管的玻璃管，这样，既可防止潮气侵入，又可使产生的气体逸出。放置至无气泡发生即可使用；放置后，若钠丝表面已变黄变粗，须再蒸一次。

九、二甲基亚砜

二甲基亚砜(DMSO)的沸点为 189 ℃,熔点为 18.5 ℃,折光率为 1.478 3,相对密度为 1.100。它能与水混合,可用分子筛长期放置加以干燥。然后减压蒸馏,收集 76 ℃/1 600 Pa(12 mmHg)馏分。蒸馏时,温度不可高于 90 ℃,否则会发生歧化反应,生成二甲基砜和二甲硫醚;也可用氧化钙、氢化钙、氧化钡或无水硫酸钡干燥,然后减压蒸馏;还可用部分结晶的方法纯化。二甲基亚砜与某些物质(如氢化钠、高碘酸或高氯酸镁等)混合时可能发生爆炸,应予注意。

十、N,N-二甲基甲酰胺

N,N-二甲基甲酰胺的沸点为 149~156 ℃,折光率为 1.430 5,相对密度为 0.948 7。它是无色液体,与多数有机溶剂和水可任意混合,对有机化合物和无机化合物的溶解性能较好。

N,N-二甲基甲酰胺含有少量水分。常压蒸馏时会分解,产生二甲胺和一氧化碳。当有酸或碱存在时,分解加快。因此,加入固体氢氧化钾(钠)在室温放置数小时后,即有部分分解。常用硫酸钙、硫酸镁、氧化钡、硅胶或分子筛干燥,然后减压蒸馏,收集 76 ℃/4 800 Pa(36 mmHg)馏分。含水较多时,可加入其 1/10 体积的苯,在常压及 80 ℃以下的条件下蒸去水和苯,然后用无水硫酸镁或氧化钡干燥,最后进行减压蒸馏。纯化后的 N,N-二甲基甲酰胺要避光贮存。N,N-二甲基甲酰胺中如有游离胺存在,可用 2,4-二硝基氟苯产生颜色变化进行检查。

十一、二氯甲烷

二氯甲烷的沸点为 40 ℃,折光率为 1.424 2,相对密度为 1.326 6。使用二氯甲烷比使用氯仿更安全,因此常常用它来代替氯仿作为比水重的萃取剂。普通的二氯甲烷一般都能直接作萃取剂用。如需纯化,可用 5%碳酸钠溶液洗涤,再用水洗涤,然后用无水氯化钙干燥,蒸馏收集 40~41 ℃馏分,保存在棕色瓶中。

十二、苯

苯的沸点为 80.1 ℃,折光率为 1.501 1,相对密度为 0.878 6。普通苯常含有少量水和噻吩,噻吩的沸点为 84 ℃,与苯接近,不能用蒸馏的方法除去。

噻吩的检验:取 1 mL 苯,加入 2 mL 溶有 2 mg 吲哚醌的浓硫酸,振荡片刻,若酸层呈蓝绿色,即表示有噻吩存在。噻吩和水的除去方法:将苯装入分液漏斗中,加入相当于 1/7 苯体积的浓硫酸,振摇使噻吩磺化,弃去酸液,再加入新的浓硫酸,重复操作几次,直到酸层呈现无色或淡黄色并检验无噻吩为止。将上述无噻吩的苯依次用 10%碳酸钠溶液和水洗至中性,再用氯化钙干燥,进行蒸馏,收集 80 ℃的馏分,最后用金属钠脱去微量的水得到无水苯。

十三、二硫化碳

二硫化碳的沸点为 46.25 ℃,折光率为 1.631 9,相对密度为 1.263 2。二硫化碳为有毒化合物，且具有高度的挥发性和易燃性，因此，使用二硫化碳时应避免与其蒸气接触。

对二硫化碳纯度要求不高的实验，可在二硫化碳中加入少量无水氯化钙干燥几小时，在55～65 ℃的水浴条件下加热蒸馏、收集。如需要制备较纯的二硫化碳，可在试剂级的二硫化碳中加入0.5%高锰酸钾水溶液洗涤三次。除去硫化氢后再用汞不断振荡以除去硫。最后用2.5%硫酸汞溶液洗涤，除去所有的硫化氢（洗至没有恶臭为止），再经氯化钙干燥，蒸馏收集。

十四、氯仿

氯仿的沸点为61.7 ℃，折光率为1.445 9，相对密度为1.483 2。氯仿在日光下易氧化成氯气、氯化氢和光气（剧毒），故氯仿应贮存于棕色瓶中。市场上供应的氯仿多用1%的乙醇作稳定剂，以消除产生的光气。氯仿中乙醇可用碘仿反应检验；游离氯化氢可用硝酸银的醇溶液检验。

除去乙醇：可将氯仿用其1/2体积的水振摇数次分离下层的氯仿，用氯化钙干燥24 h，然后蒸馏。

纯化方法：将氯仿与少量浓硫酸一起振动两三次。每200 mL氯仿用10 mL浓硫酸，分去酸层以后的氯仿用水洗涤，干燥，然后蒸馏。除去乙醇后的无水氯仿应保存在棕色瓶中并避光存放，以免因发生光化反应而产生光气。

十五、四氢呋喃

四氢呋喃（THF）的沸点为66 ℃，折光率为1.405 0，相对密度为0.889 2。四氢呋喃能与水混溶，并常含有少量水分及过氧化物。如要制得无水四氢呋喃，可用氢化铝锂在隔绝潮气下回流（通常1 000 mL需2～4 g氢化铝锂），除去其中的水和过氧化物，然后蒸馏，收集66 ℃馏分。蒸馏时不要蒸干，将剩余少量残液倒出。精制后的液体加入钠丝并应在氮气氛围中保存。

处理四氢呋喃时，应先取少量进行实验，只有在确定其中只有少量水和过氧化物，作用不会过于激烈时，方可进行纯化。四氢呋喃中的过氧化物可用酸化的碘化钾溶液来检验。如过氧化物较多，应另行处理为宜（最好的方法是用金属钠加二苯甲酮回流至呈蓝色，然后蒸出，得到无水无氧的四氢呋喃）。

第二章
高分子化学基础实验

实验一　有机化合物性质实验

一、实验目的

(1)验证代表性有机化合物烷烃、醇、酚、醚、醛、酮和羧酸等的主要性质。
(2)掌握鉴别烷烃、不饱和烃、卤代烃、醇、酚、醚、醛、酮和羧酸等的化学方法。

二、实验原理

通过观察实验现象了解烷烃、不饱和烃、卤代烃、醇、酚、醚、醛、酮和羧酸等的主要性质。

三、主要试剂与仪器

主要试剂:高锰酸钾溶液、液体石蜡、环己烷、环己烯、碳酸钠、硝酸银、仲氯丁烷、叔氯丁烷、正氯丁烷、金属钠、无水乙醇、正丁醇、叔丁醇、氯化铁、苯酚、水杨酸、间苯二酚、邻硝基苯酚、浓硫酸、氢氧化钠、乙醚、2,4-二硝基苯肼、甲醇、丙酮、环己酮、碳酸氢钠、石灰水、甲酸、苯甲酸、硝酸。

主要仪器:50 mL 烧杯 2 个,试管 5 支,玻璃棒 1 根,10 mL 量筒 1 个,电热水浴锅 1 套。

四、实验步骤

1.烷烃的性质

取试管一支，加入 1 mL 高锰酸钾溶液（0.03 mol/L）和 2 滴硫酸（3 mol/L），摇匀，再加入 1 mL 液体石蜡，振荡后观察颜色是否有变化。

样品：环己烷。

2.不饱和烃的性质

在试管中滴入 2 滴样品，再加入 6 滴高锰酸钾溶液（浓度 1%）和 6 滴碳酸钠溶液（浓度 10%），充分振荡，观察高锰酸钾的颜色变化。

样品：环己烯。

3.卤代烃的性质

取 5 支试管，各加入 0.5 mL 硝酸银溶液（浓度 2%），再分别向 5 支试管中滴加 1 滴样品溶液，观察试管中溶液在 5 min 内的变化，记录每个样品生成沉淀的时间，如果没有沉淀生成，将试管放入电热水浴锅中加热，再观察实验现象。随后，在有沉淀的试管中各加入 2 滴硝酸溶液（浓度 5%），观察试管内沉淀的溶解速度。

样品：叔氯丁烷、仲氯丁烷、正氯丁烷。

4.醇的性质

取 3 支试管干燥，分别加入 0.5 mL 液体样品，分别投入 1 粒绿豆大小的金属钠，观察实验现象。如果不反应或反应较慢，可以放在电热水浴锅中加热。

样品：无水乙醇、正丁醇、叔丁醇。

5.酚的性质

取 5 支试管，分别加入 5 滴样品（浓度 1%），随后滴加 2 滴氯化铁溶液（浓度 1%），观察颜色变化。

样品：苯酚、水杨酸、间苯二酚、邻硝基苯酚。

6.醚的性质

在试管中加入 10 滴样品，再滴加 3~5 滴浓硫酸，用力振荡，观察实验现象。再向试管中小心滴加氢氧化钠溶液（浓度 10%），至溶液呈中性，观察实验现象。

样品：乙醚。

7.醛和酮的性质

分别向 4 支试管内各加入 1 mL 乙醇（浓度 95%）和 1 滴样品，摇匀后分别滴加 5 滴 2,4-二硝基苯肼试剂，振荡，摇匀，观察实验现象。

样品：甲醛、丙酮、环己酮。

8.羧酸的性质

取 1 支试管，加入 5 mL 饱和碳酸氢钠溶液，然后加入 1 mL 样品，迅速装上带软木塞的导气管，把气体导入盛有 2 mL 石灰水的试管中，观察现象。

样品：甲酸、苯甲酸、苯酚。

五、思考题

(1)通过查阅相关资料,给出本实验中可能发生的化学反应式。
(2)除了上述鉴别有机化合物的方法外,还有其他的相关方法吗?
(3)在配制上述溶液时,需要注意什么问题?

实验二　环己烯的制备

一、实验目的

(1)学习并掌握由环己醇制备环己烯的原理及方法。
(2)了解分馏的原理及实验操作。
(3)练习并掌握蒸馏、分液、干燥等实验操作方法。

二、实验原理

本实验采用浓磷酸作催化剂使环己醇脱水制备环己烯。
主反应式:

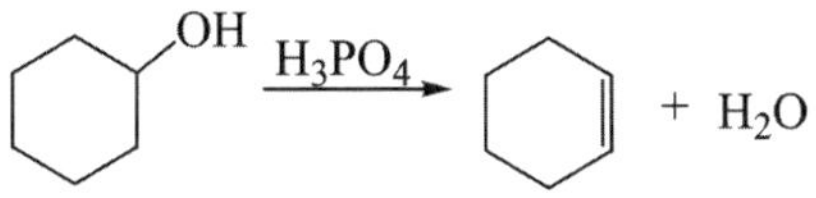

副反应:

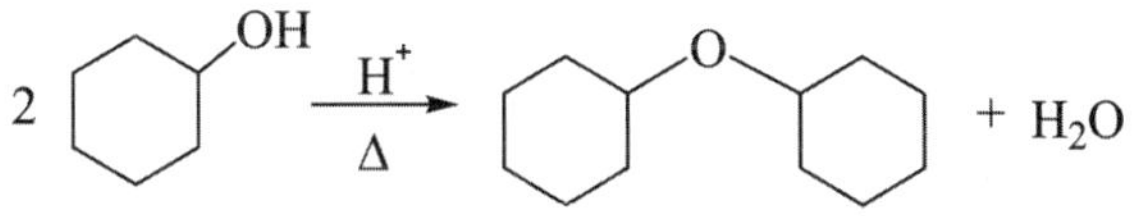

主反应为可逆反应,本实验采用的措施是:反应中不断蒸出生成环己烯和水的二元共沸物(沸点 70.8 ℃,含水 10%);但是原料环己醇也能和水生成二元共沸物(沸点 97.8 ℃,含水 80%)。为了使产物以共沸物的形式蒸出反应体系,而又不夹带原料环己醇,本实验采用分馏装置,并控制分馏柱顶端的温度(以下简称柱顶温度),使其不超过 73 ℃。分馏的原理就是让上升的蒸气和下降的冷凝液在分馏柱中进行多次热交换,相当于在分馏柱中进行多次蒸馏,从而使低沸点的物质不断上升、被蒸出,高沸点的物质不断被冷凝、下降并流回加热容器中,从而将沸点不同的物质分离。

三、主要试剂与仪器

主要试剂:9.6 g(10 mL,0.1 mol)环己醇,5 mL 浓磷酸(浓度 85%),饱和食盐水,无水氯化钙,5%碳酸钠水溶液。

主要仪器：50 mL 圆底烧瓶 1 个，分馏柱 1 个，直形冷凝管 1 个，100 mL 分液漏斗 1 个，100 mL 锥形瓶 1 个，蒸馏头 1 个，接液管 1 个。

环己烯的制备装置如图 2-1 所示。

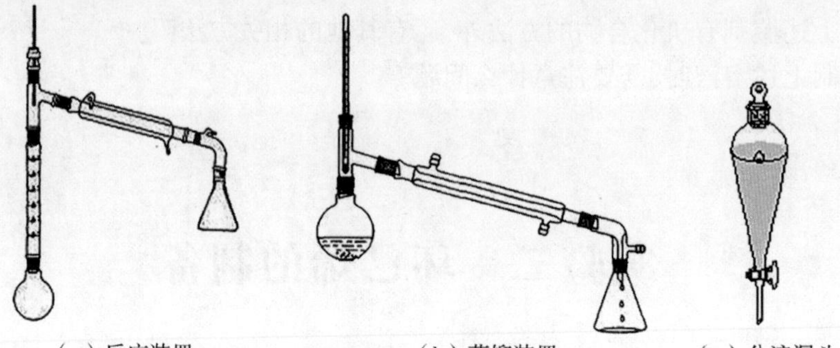

图 2-1 环己烯的制备装置图

四、实验步骤

1.投料

在 50 mL 干燥的圆底烧瓶中加入 10 mL 环己醇、5 mL 浓磷酸充分摇振使之混合均匀，加入几粒沸石，安装反应装置。

2.加热回流、蒸出粗产物

将圆底烧瓶在电热套上缓缓加热至沸腾，控制柱顶温度，使其不超过 73 ℃，馏出液为带水的混浊液。至无液体蒸出时，可升高温度，当温度达到 85 ℃时，即可停止蒸馏。

3.分离并干燥粗产物

锥形瓶中的粗产物用滴管吸去水层，向馏出液加入等体积的饱和食盐水，摇匀静置分层，用吸管吸去水层。将油层转入另一个干燥的锥形瓶中，用 1～2 g 无水氯化钙干燥。

4.蒸出产品

待溶液清亮透明后，小心滤入干燥的圆底烧瓶中，投入几粒沸石后用水浴蒸馏，收集 82～85 ℃馏分于已称量的锥形瓶中。

环己烯的制备实验流程如图 2-2 所示。

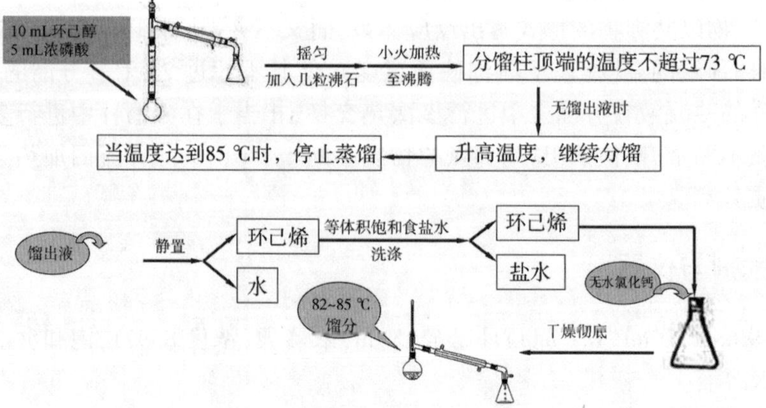

图 2-2 环己烯的制备实验流程图

五、注意事项

注意事项如下：

(1)本反应是可逆的,故采用了在反应过程中将产物从反应体系分离出来的办法,推动反应向正反应方向移动,提高产物的产率。

(2)环已醇在常温下是黏稠状液体,因而若用量筒量取时应注意转移中的损失。取样时,最好先取环已醇后取浓磷酸。

(3)浓磷酸有一定的氧化性,加浓磷酸后要充分摇匀后再加热,否则在加热过程中可能会局部碳化,使溶液变黑。

(4)由于反应中环已烯与水形成二元共沸物(沸点 70.8 ℃,含水 10%),环已醇也能与水形成二元共沸物(沸点 97.8 ℃,含水 80%),因此在加热时温度不可过高,蒸馏速度不宜太快,以减少未反应的环已醇蒸出。(实验要求柱顶温度不超过 73 ℃,但反应速度太慢。本实验为了加快蒸出的速度,可使温度控制在 85 ℃以下。)

(5)反应终点的判断可参考以下几个参数:反应进行 40 min 左右;分馏出的环已烯和水的二无共沸物达到理论计算量;反应圆底烧瓶中出现白雾;柱顶温度下降后又升到 85 ℃以上。

(6)液体物质的干燥通常是通过向带有少量水的液体中加入干燥剂,振荡并密封放置而干燥的。为每一类被干燥的物质选择干燥剂时,其基本原则是干燥剂不能与被干燥的物质起化学反应,干燥剂也不能溶解在被干燥的物质里。

六、试剂物理常数

1.物理常数

相关有机物的物理常数如表 2-1 所示。

表 2-1 相关有机物的物理常数

化学物质	相对分子质量	相对密度/d_4^{20}	沸点/℃	溶解度/g(100 g 水)
环已醇	100	0.96	161.1	3.6(20 ℃)
磷酸	98	1.83	158	易溶于水
环已烯	82.14	0.89	83.3	微溶于水
环已醚	182.3	0.92	243	微溶于水

2.共沸物数据

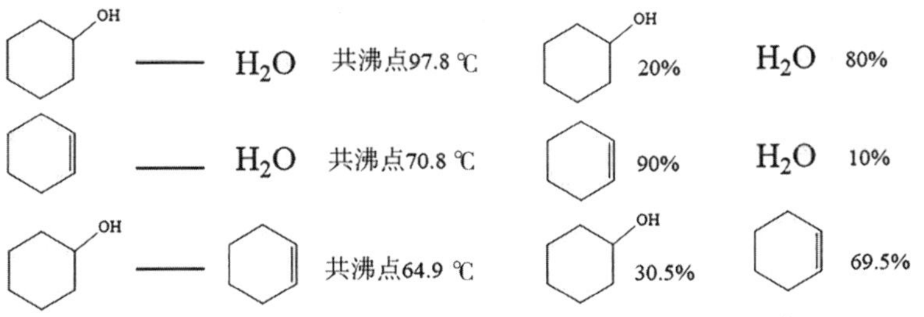

七、思考题

(1)如何确保反应容器的密封性?

(2)如果你的实验产率太低,试分析主要在哪些操作步骤中造成了损失。

(3)在纯化环己烯时,用等体积的饱和食盐水洗涤,而不用水洗涤,目的何在?

(4)实验中为什么要控制柱顶温度不超过 85 ℃?

(5)蒸馏时加入沸石的目的是什么?

实验三　乙酸正丁酯的制备

一、实验目的

(1)学习酯类化合物的制备原理和方法,掌握乙酸正丁酯的制备方法。

(2)掌握带分水器的回流冷凝操作。

(3)掌握共沸蒸馏分水法的原理和分水器(油水分离器)的使用。

二、实验原理

主反应:

$$CH_3COOH+CH_3CH_2CH_2CH_2OH \xrightleftharpoons{\text{浓硫酸}} CH_3COOCH_2CH_2CH_2CH_3+H_2O$$

副反应:

$$2CH_3CH_2CH_2OH \xrightleftharpoons{\text{浓硫酸}} CH_3CH_2CH_2CH_2CH_2OCH_2CH_2CH_2CH_3+H_2O$$

$$CH_3CH_2CH_2CH_2OH \xrightleftharpoons{\text{浓硫酸}} CH_3CH_2=CH_2\uparrow+H_2O$$

用浓硫酸作催化剂可加快反应速度,利用可逆平衡反应制备有机化合物,提高产物的产率。

三、主要试剂与仪器

主要试剂:正丁醇,冰乙酸,浓硫酸,10%碳酸钠溶液,无水硫酸镁。

主要仪器:圆底烧瓶 1 个,电热套 1 套,30 mL 蒸馏烧瓶 1 个,分水器 1 个,球形冷凝管 1 个,直形冷凝管1 个,蒸馏头 1 个,200 ℃温度计 1 支,250 mL 锥形瓶 1 个,分液漏斗 1 个,pH 试纸,50 mL 烧杯 1 个,洗瓶 1 个。

回流分水反应装置如图 2-3 所示。

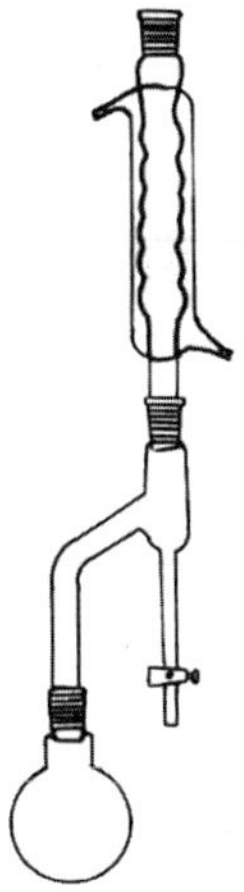

图 2-3 回流分水反应装置图

四、实验步骤

1.投料

在干燥的圆底烧瓶中加入 11.5 mL 正丁醇、7.2 mL 冰乙酸及 3~4 滴浓硫酸，摇匀后，加入几粒沸石，再安装好分水器和回流冷凝管，预先从分水器上端小心加水至略低于分水器支管口处。

2.加热回流

蒸汽回流的高度：超过冷凝管进水口高度 2~3 cm 即可；保持回流时间约 40 min 到水位不再上升为止（当水充满时，可以由活塞放出，记录分水量）。

3.冷却

冷却（不可以拆卸回流冷凝管）后，将圆底烧瓶中的混合物与分水器中的酯层合并，转入分液漏斗中。

4.洗涤

依次用 10 mL 水，10 mL 10%碳酸钠溶液洗至无酸性（pH = 7），再水洗一次，用少许无水硫酸镁干燥。

5.蒸馏

将干燥后的乙酸正丁酯倒入干燥的 30 mL 蒸馏烧瓶中（注意不要把硫酸镁倒进去），加入沸石，安装好蒸馏装置，加热蒸馏，收集 124~126 ℃馏分。

6.称重计算产率

用干燥的烧杯称产品重量（或用量筒量取产品体积）。

纯化流程如图 2-4 所示。

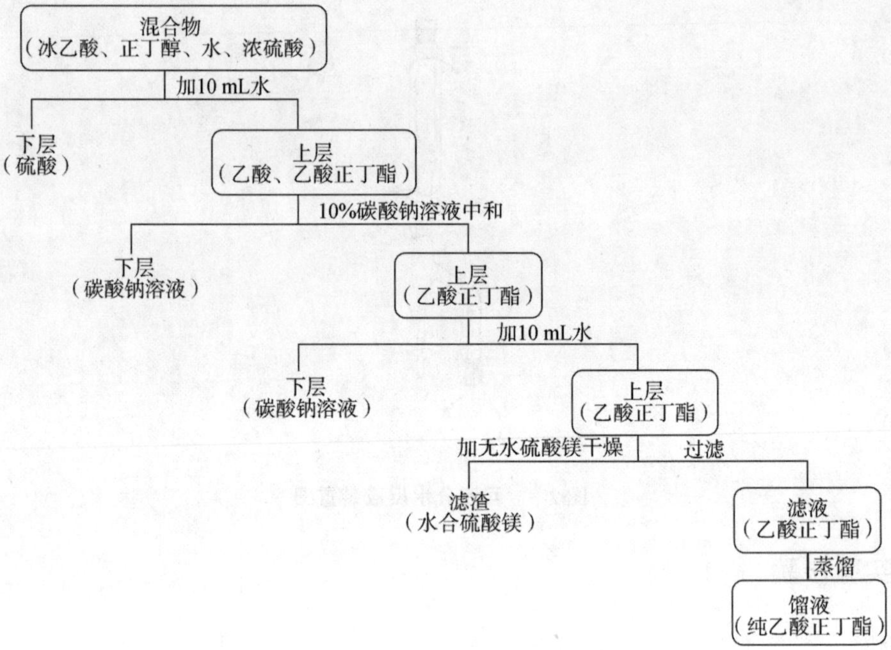

图 2-4　纯化流程图

五、思考题

（1）在加入反应物之前，为什么仪器必须干燥？本实验中为什么不能用无水氯化钙作为干燥剂？

（2）简述洗涤操作。

（3）根据分出的总水量（注意扣去预先加到分水器的水量），是否可以粗略地估计酯化反应完成的纯度？

（4）酯化反应开始之后，是要注意保持酯层在分流装置中的体积不变，还是要保持分流装置中溶液的总体积不变？

实验四　溴丁烷的制备

一、实验目的

（1）掌握以溴化钠、浓硫酸和正丁醇制备溴丁烷的原理和方法。

（2）掌握能吸收有害气体的加热回流操作。

（3）掌握有机合成过程中沸点相差较大的液体的蒸馏分离方法。

（4）掌握分离两种互不混溶液体的操作方法，进一步练习液体产品的纯化方法，洗涤、干燥、蒸馏等操作。

二、实验原理

实验原理如下：

$$NaBr+H_2SO_4 \longrightarrow HBr+NaHSO_4$$

$$C_4H_9OH+HBr \rightleftharpoons C_4H_9Br+H_2O$$

$$C_4H_9OH \xrightarrow{H_2SO_4} C_2H_5CH = CH_2+H_2O$$

$$2C_4H_9OH \xrightarrow{H_2SO_4} C_4H_9OC_4H_9+H_2O$$

$$2HBr+H_2SO_4 \longrightarrow Br_2+SO_2+2H_2O$$

本实验主反应为可逆反应，采用 HBr 过量的方式提高产率；使用 NaBr 和 H_2SO_4代替 HBr 分子，使 HBr 不断生成并直接参与反应，这样可提高 HBr 的利用率，同时 H_2SO_4还起到催化脱水作用。在浓硫酸的催化下，本反应的副产物见上文实验原理的后 3 个反应方程式。

反应中，为防止反应物正丁醇及产物溴丁烷逸出反应体系，反应采用回流装置。由于 HBr 有毒且 HBr 气体难以冷凝，为防止 HBr 逸出，污染环境，需安装气体吸收装置。回流后再进行粗蒸馏，一方面使生成的产物溴丁烷分离出来，便于后面的分离提纯操作；另一方面粗蒸馏过程可进一步使醇与 HBr 的反应趋于完全。粗产物中含有未反应的和副反应生成的醚，用浓硫酸洗涤可将它们除去。

三、主要试剂与仪器

主要试剂：浓硫酸，溴化钠，正丁醇，10%碳酸钠溶液，无水氯化钙。

主要仪器：电热套 1 套，100 mL、50 mL 圆底烧瓶各 1 个，回流装置 1 套，球形冷凝管 1 个，蒸馏头 1 个，200 ℃温度计 1 支，200 mL 锥形瓶 1 个，50 mL 分液漏斗 1 个，滴管，pH 试纸，50 mL 烧杯 1 个，长颈玻璃漏斗 1 个。

溴丁烷的制备装置如图 2-5 所示。

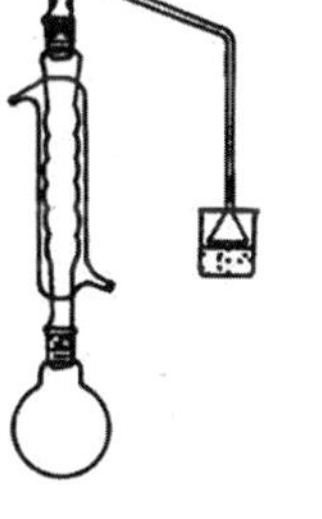

（a）带气体吸收的回流装置

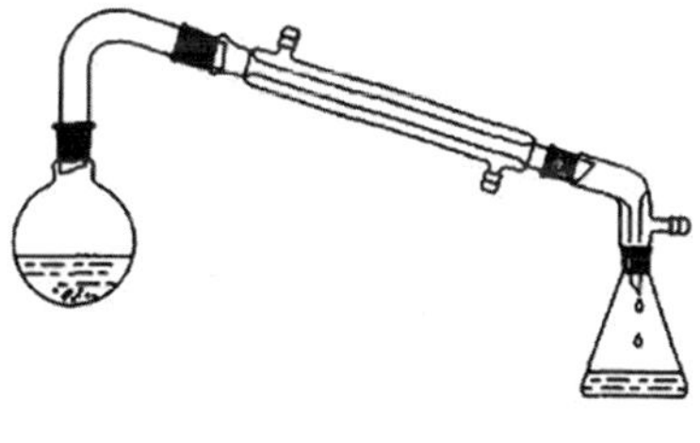

（b）简易蒸馏装置

图 2-5　溴丁烷的制备装置图

四、实验步骤

实验步骤如下：

(1)配制稀硫酸：在烧杯中加入 10 mL 水，将 10 mL 浓硫酸分批加入水中，并振摇。用冷水浴冷却，备用。

(2)在 100 mL 圆底烧瓶中依次加入 NaBr 8.3 g，正丁醇 6.2 mL，沸石 2 粒，摇匀。

(3)安装带气体吸收的回流装置，取 1 个温度计套管及 1 个长颈玻璃漏斗，用橡皮管将温度计套管及长颈玻璃漏斗相连，温度计套管装在球形冷凝管上口，长颈玻璃漏斗倒置在一盛有水的烧杯上，使长颈玻璃漏斗口接近水面但不要没入水中，以防水倒吸。从球形冷凝管上口分 4 次加入配制好的稀硫酸，每次加入稀硫酸后均须摇动反应瓶。

(4)加热回流 30 min。

(5)冷却 5 min 后，加沸石 2 粒，改成简易蒸馏装置。

(6)加热蒸馏直至无油滴蒸出为止。

(7)在分液漏斗中将馏出物静置分层。下层倒入干燥的锥形瓶，加入 3 mL 浓硫酸洗涤，在分液漏斗中静置分层。

(8)分出下层（硫酸层），上层用 10 mL 水洗，静置分层。

(9)下层用 5 mL 10%碳酸钠溶液洗涤，静置分层。

(10)下层用 10 mL 水洗，静置分层。

(11)下层倒入干燥的锥形瓶中，加无水氯化钙干燥，加塞放置。时时振摇，至澄清透明为止。

(12)将干燥好的粗产物溴丁烷倒入 50 mL 圆底烧瓶（注意勿使氯化钙干燥剂掉入烧瓶中），加 2 粒沸石，装好蒸馏装置，用小火加热，收集 99～102 ℃馏分。量产物体积，回收，计算产率。

溴丁烷制备实验流程如图 2-6 所示。

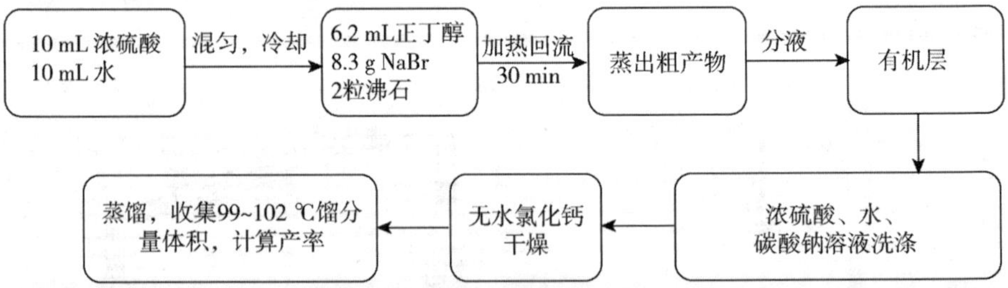

图 2-6　溴丁烷制备实验流程图

五、注意事项

注意事项如下：

(1)在分液漏斗中洗涤时，振荡要充分，并不时打开塞子放出气体；静置分层时要取下塞子。

(2)分液漏斗静置后，要先放出下层液体，再从上口倒出上层液体。

六、思考题

(1)在溴丁烷制备实验中,加入浓硫酸到粗产物中的目的是什么?硫酸浓度太高或太低会带来什么结果?

(2)溴丁烷制备实验为什么选择回流装置?

(3)溴丁烷制备实验选择的冷凝管为什么用球形冷凝管?

(4)溴丁烷制备实验采用浓硫酸有什么好处?

(5)在溴丁烷制备实验中,粗产物用75°弯管连接冷凝管和蒸馏瓶进行蒸馏,能否改成用一般蒸馏装置进行粗蒸馏?

(6)什么时候用气体吸收装置?怎样选择吸收剂?

实验五　己二酸的制备

一、实验目的

(1)学习用环己醇氧化制备己二酸的原理和方法。

(2)掌握电动搅拌(或磁力搅拌)、浓缩、过滤及重结晶等操作技能。

二、实验原理

主反应:

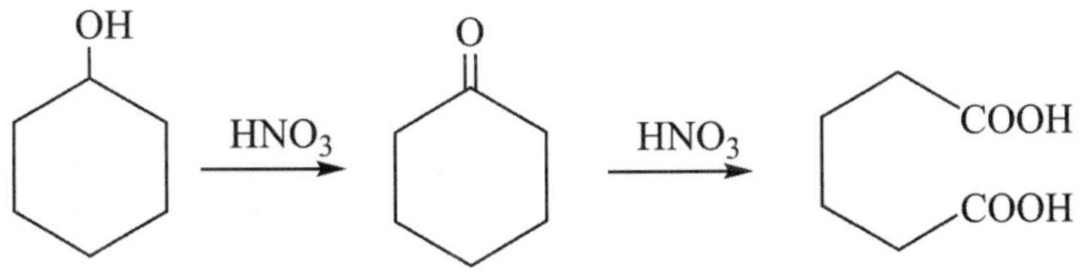

三、主要试剂与仪器

主要试剂:环己醇,硝酸。

主要仪器:水浴锅 1 台,50 mL 三口圆底烧瓶 1 个,带缺口木塞 1 个,100 ℃温度计1 支,布氏漏斗 1 个,250 mL 吸滤瓶 1 个,50 mL 烧杯 1 个,10 mL 量筒 1 个,滤纸,水泵等。

己二酸的制备装置如图 2-7 所示。

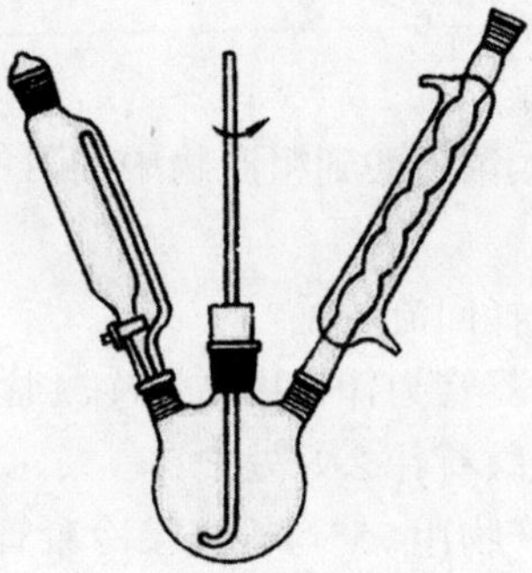

图 2-7　己二酸的制备装置图

四、实验步骤

实验步骤如下：

（1）在 50 mL 三口圆底烧瓶中放 1 支温度计，其水银球要尽量接近瓶底。用有直沟单孔软木塞将温度计夹在铁架台上。

（2）在 50 mL 三口圆底烧瓶中加入 5 mL 水和 5 mL 硝酸，混合均匀后水浴加热至 80 ℃后缓慢从侧边口滴加 2 滴环己醇，反应立即开始，即有红棕色二氧化氮气体放出，温度随即上升到 85～90 ℃。

（3）维持反应温度在 85～90 ℃（必要时向水浴中添加冷水），将剩余的环己醇小心地逐渐滴加完毕，总量为 2.1 mL。加完后继续振荡，并用 85～90 ℃水浴加热 2～3 min。直到无红棕色气体逸出，反应即结束。

（4）将反应液在室温水中冷却后析出的晶体，倒入布氏漏斗中抽滤，用滤液洗出反应瓶中的剩余晶体。晶体再用 3 mL 自来水洗涤一次，再抽滤，晾干，称重。

五、注意事项

注意事项如下：

（1）搭装置：仪器的选用，搭配顺序，各仪器的高度位置要合理。

（2）检验气密性：实验产生的二氧化氮气体有毒，所以装置要在通风橱中进行。

（3）加料：环己醇和硝酸切不可用同一量筒量取。

（4）滴加：本实验为强烈放热反应，所以滴加环己醇的速度不宜过快，以免反应太过剧烈引起爆炸。

（5）加热：可选择水浴加热，滴加完后继续用 80～90 ℃水浴加热约 15 min，同时要摇动反应瓶，至几乎无红棕色二氧化氮气体放出为止。

六、思考题

（1）根据实验原理计算出理论产值和实际产值，并解释原因。

（2）量取反应物的时候选择什么样的滴管或量筒？环己醇和硝酸可以共用同一种取样容器吗？

(3)写出反应装置搭建的顺序。

(4)为什么必须严格控制环己醇的滴加速度?

实验六　乙酰苯胺的制备

一、实验目的

(1)学习实验室制备芳香族聚酰胺的原理和方法。

(2)学习分馏柱的原理及使用方法。

(3)掌握固体有机物的热过滤、脱色、洗涤、重结晶、干燥等纯化技术。

4.熟悉固体样品熔点的测定方法。

二、实验原理

主反应:

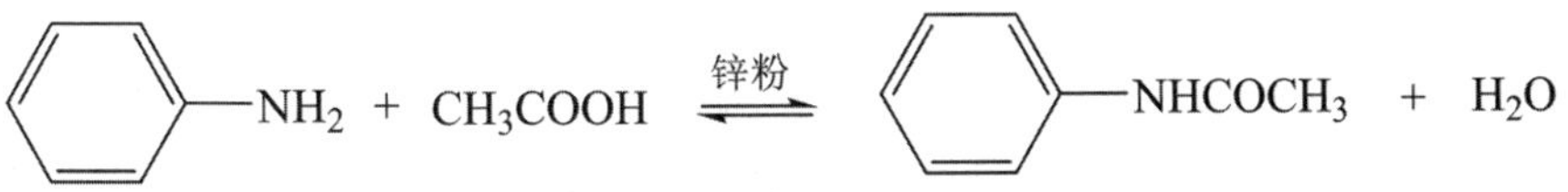

副反应:

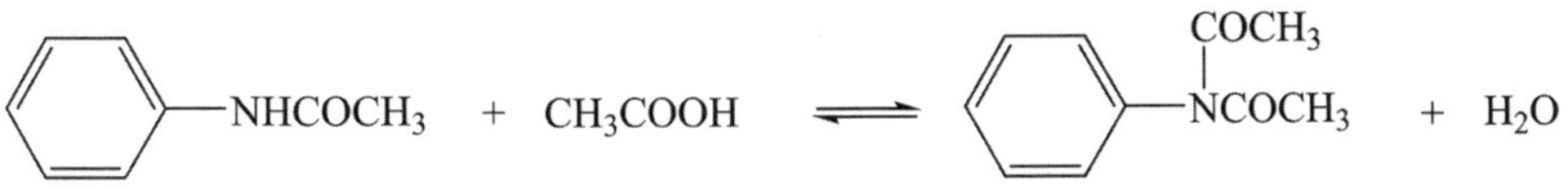

乙酸与苯胺的反应速度较慢,且反应是可逆的,为了提高乙酰苯胺的产率,一般采用冰乙酸过量的方法,同时利用分馏柱将反应中生成的水从平衡中移去。由于苯胺易氧化,因此加入少量锌粉,防止苯胺在反应过程中氧化。为了让生成的水蒸出,而尽可能地减少乙酸的损失,本实验采用分馏柱进行分馏。

三、主要试剂与仪器

主要试剂:苯胺、冰乙酸、锌粉、活性炭。

主要仪器:25 mL 锥形瓶 1 个,分馏柱 1 个,球形冷凝管 1 个,50 mL、250 mL 烧杯各1 个,量程为 10 mL、50 mL 的量筒各 1 个,布氏漏斗 1 个,抽滤瓶 1 个,水循环真空泵 1 台,锥形短颈漏斗 1 个,加热套 1 套,150 ℃温度计 1 支,锥形瓶 1 个。

制备乙酰苯胺的装置如图 2-8 所示。

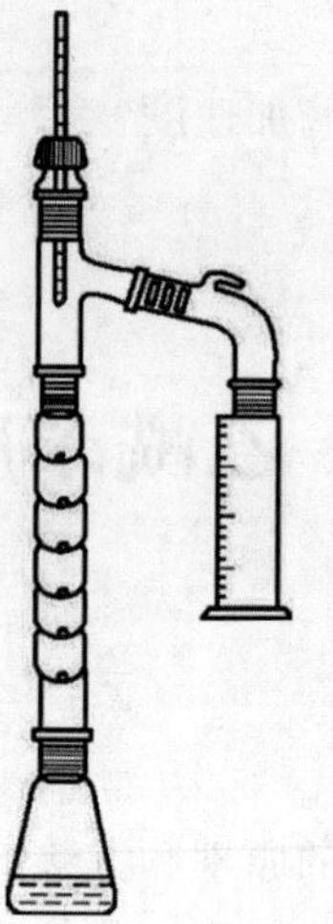

图 2-8　制备乙酰苯胺的装置

四、实验步骤

实验步骤如下：

（1）安装分馏装置：在 25 mL 锥形瓶上装 1 个分馏柱，柱顶插 1 支 150 ℃温度计，用 1 个量筒收集乙酸稀溶液。

（2）加药品：在 25 mL 锥形瓶中放入 5 mL 新蒸馏过的苯胺、7.4 mL 冰乙酸和 0.1 g 锌粉。

（3）加热反应：用加热套缓慢加热至沸腾。控制温度，保持温度计读数在 105 ℃左右。经过 40~60 min，反应所生成的水（含少量乙酸）可完全蒸出。当温度计的读数发生上下波动或自行下降时（有时，反应容器中出现白雾），表明反应达到终点，停止加热。这时，蒸出的水和乙酸大约有 4 mL。

（4）倒入冷水中析出产品：在不断搅拌下把反应混合物趁热以细流慢慢倒入盛有 100 mL 冷水的烧杯中。继续剧烈搅拌，并冷却烧杯，使粗乙酰苯胺呈细粒状完全析出。

（5）抽滤：用布氏漏斗抽滤析出的固体，用玻璃瓶塞把固体压碎，用 5~10 mL 冷水洗涤以除去残留的酸液。

（6）重结晶纯化：①溶解：把粗乙酰苯胺放入 150 mL 热水中，加热至沸腾。如果仍有未溶解的油珠，需补加热水，直到油珠完全溶解为止。②活性炭脱色：稍冷后加入约 0.5 g 粉末状活性炭，用玻璃棒搅动并煮沸 1~2 min。③趁热过滤：趁热用保温漏斗过滤。④冷却析出：冷却滤液，乙酰苯胺呈无色片状晶体析出。⑤抽滤：减压过滤，尽量挤压以除去晶体中的水分。

（7）干燥：将产品放在表面皿上用热水浴烘干。

（8）称重。

五、注意事项

注意事项如下：

（1）苯胺极易氧化，在空气中放置会变成红色，使用时必须重新蒸馏除去其中的杂质。应在反应过程中加入少许锌粉。锌粉在酸性介质中可还原苯胺中的有色物质，防止苯胺继续氧化。

(2)水沸点为100 ℃,乙酸沸点为117 ℃,两者仅差17 ℃,若要分离出水而不夹带更多的乙酸,必须使用分馏反应装置,而不能用蒸馏反应装置。本实验用分馏柱。

(3)一般有机反应用耐压、耐液体沸腾的圆形瓶作反应器。由于乙酰苯胺的熔点为114 ℃,稍冷即固化,不易从圆形瓶中倒出,因此用锥形瓶作反应器更方便。

(4)分出的水量很少,分馏柱可以不连接球形冷凝管,在分馏柱支口上直接连尾接管,兼作空气冷凝管即可,使装置更简单。为控制反应温度,在分馏柱顶口插温度计。

(5)保持分馏柱顶端的温度低于105 ℃的稳定操作,开始缓慢加热,使反应进行一段时间,有水生成后,再调节反应温度使蒸汽缓慢进入分馏柱,只要生成水的速度大于或等于分出水的速度,即可稳定操作,要避免开始强烈加热。

(6)反应终点的判断:①反应进行40~60 min;②分出水量超过理论水量(1 g),但这与操作情况和分馏柱的效率有关,如果乙酸蒸出量大,分出的“水量”就应该多;③反应液温度升高,瓶内出现白雾。

(7)在重结晶操作时,乙酰苯胺不宜长时间加热煮沸。热过滤的滤纸要用优质滤纸。滤纸要剪好,防止穿滤。减压抽滤时,真空度不宜太高,否则滤纸在热溶液作用下易破。

六、思考题

(1)为什么反应开始时要低温加热10 min?

(2)为什么要用分馏柱而不用蒸馏头?反应时为什么要控制分馏柱顶端的温度在105 ℃左右?温度过高或过低有什么影响?

(3)既然反应过程中过量乙酸要被蒸出,为何一开始还要加入过量乙酸?还可以怎样用苯胺制备乙酰苯胺?

(4)在重结晶操作中,必须注意哪几点才能使产品产率高,质量好?

(5)合成乙酰苯胺时,锌粉起什么作用?加多少合适?

(6)合成乙酰苯胺时,反应达到终点时为什么温度计读数会出现上下波动?

第三章

聚合物合成实验

实验七　苯乙烯本体聚合速度的测定

一、实验目的

(1)学习用膨胀计法测定聚合速度的原理,掌握其实验技能。
(2)了解引发剂用量对自由基聚合反应速度的影响。

二、实验原理

1.反应机理

本实验采用过氧化二苯甲酰为引发剂,引发苯乙烯聚合。

过氧化二苯甲酰受热分解为活性中心:

$$(C_6H_5COO)_2 \longrightarrow 2C_6H_5COO\cdot \longrightarrow 2C_6H_5\cdot + 2CO_2$$

生成的活性中心开始链引发:

$$C_6H_5OO\cdot + M \longrightarrow C_6H_5OOM\cdot$$

然后以连锁形式进行链的增长、链的终止及链的转移。聚合速度与反应温度、引发剂用量、溶剂种类等因素有关。因此,聚合速度必须在一定条件下测定。

2.反应速度的测定

在聚合过程中,不同的聚合体系和聚合条件具有不同的反应速度,聚合反应速度的测定对工业生产和理论研究具有重要的意义。聚合反应速度的测定一般可分为化学方法和物理方法两大类。化学方法是在聚合反应过程中,用化学分析的方法测定生成的聚合物量和残存的单体量。物理方法则是利用聚合反应过程中某物理量的变化测定聚合速度,这些参数必须正比于反应物或产物的浓度。聚合速度的测定方法也分为直接法和间接法两类。直接法有化学分析法、蒸发法、沉淀法。最常用的直接法是沉淀法,即在聚合过程中定期取样,加沉淀剂使聚合物沉淀,然后分离、精制、干燥、称重,求得聚合物量。间接法是测定聚合过程中的比容、黏度、折光率、介电常数、吸收光谱等物性的变化,间接求得聚合物量。

本实验采用膨胀计法测定聚合速度。单体转化为聚合物时,由于聚合物密度比单体密度大,因此在聚合过程中体系体积不断缩小,体积的变化与转化率成正比。如果将这种体积的变化置于一根直径很小的毛细管中观察,测试灵敏度将大大提高,这种方法就叫作膨胀计法。

根据自由基聚合反应机理,在一定假设和条件下可推导出聚合初期的动力学微分方程:

$$V_{\mathrm{p}}=-\frac{\mathrm{d}C_{\mathrm{M}}}{\mathrm{d}t}=kC_{\mathrm{I}}^{\frac{1}{2}}C_{\mathrm{M}}$$

在转化率低的情况下,可假定引发剂浓度保持恒定,将微分式积分可得:

$$V_{\mathrm{p}}=-\frac{\mathrm{d}C_{\mathrm{M}}}{\mathrm{d}t}=KC_{\mathrm{M}}\text{,其中 }K=kC_{\mathrm{I}}^{\frac{1}{2}}$$

积分后为:

$$\ln\frac{C_{\mathrm{M},0}}{C_{\mathrm{M}}}=Kt$$

式中:$C_{\mathrm{M},0}$——起始单体浓度;

C_{M}——t 时刻单体浓度;

k、K——常数。

此式是直线方程,即 $\ln\frac{C_{\mathrm{M},0}}{C_{\mathrm{M}}}$ - t 是一条直线,斜率为 K。由此可验证聚合速度与单体浓度间的动力学关系式。

t 时刻体系的单体浓度为:

$$C_{\mathrm{M}}=(1-x_{\mathrm{M,t}})C_{\mathrm{M},0}$$

$$x_{\mathrm{M,t}}=\frac{\Delta V_{\mathrm{t}}}{\Delta V}$$

则:

$$\frac{C_{\mathrm{M},0}}{C_{\mathrm{M}}}=\frac{1}{1-x_{\mathrm{M,t}}}=\frac{1}{1-\frac{\Delta V_{\mathrm{t}}}{\Delta V}}$$

$$\ln\frac{C_{\mathrm{M},0}}{C_{\mathrm{M}}}=\ln\frac{1}{1-\frac{\Delta V_{\mathrm{t}}}{\Delta V}}$$

$$\Delta V=V_{\mathrm{M}}-V_{\mathrm{p}}=V_{\mathrm{M}}-\frac{m}{d_{\mathrm{p}}}=V_{\mathrm{M}}-\frac{V_{\mathrm{M}}d_{\mathrm{M}}}{d_{\mathrm{p}}}=\left(1-\frac{d_{\mathrm{M}}}{d_{\mathrm{p}}}\right)V_{\mathrm{M}}$$

式中:$x_{\mathrm{M,t}}$——t 时间单体 M 的转化率;

V_{t}——t 时间内的体积收缩值;

V——单体全都转化为聚合物时的体积收缩值;

V_M——聚合体系起始体积，cm³；

V_p——聚合体系单体完全转化为聚合物的体积，cm³；

d_p——聚合物密度，g/cm³；

d_M——单体密度，g/cm³。

因此，测出不同时间的体积收缩值（V_t）就可算出 $\ln\dfrac{C_{M,0}}{C_M}$值，作 $\ln\dfrac{C_{M,0}}{C_M}$与 t 的关系图，即可验证苯乙烯聚合初期聚合反应速度与其浓度的一级线性关系。

聚合反应速度为：

$$v_p=\frac{\mathrm{d}C_M}{\mathrm{d}t}=-\frac{\Delta C_M}{\Delta t}=-\frac{C_{M,0}-C_M}{t}=\frac{C_{M,0}-(1-x_{M,t})C_{M,0}}{t}=\frac{x_{M,t}C_{M,0}}{t}=\frac{\Delta V_t C_{M,0}}{t\Delta V}$$

三、主要试剂和仪器

主要试剂：苯乙烯（需精制提纯去除阻聚剂后使用），过氧化二苯甲酰（分析纯）。

主要仪器：膨胀计（内径已标定，$r=0.2\sim0.4$ mm，如图 3-1 所示）1 个，恒温水浴装置（控温精度 0.1 ℃）1 套，100 ℃温度计 1 支，100 mL 碘瓶 1 个，50 mL 烧杯 2 个，1 mL 和 2 mL 注射器各 1 支，分析天平（最小精度为 0.1 mg）1 台。

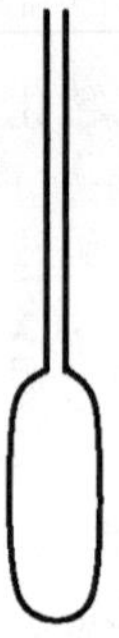

图 3-1 膨胀计

四、实验步骤

实验步骤如下：

（1）在天平上称取 0.8 g 过氧化二苯甲酰，放入 100 mL 碘瓶中，再称取 20 g 精制苯乙烯放入碘瓶中，轻轻摇荡碘瓶使引发剂全部溶解于单体中。

（2）将膨胀计放入烧杯中，连同烧杯一起称重得 W_1（准确到 0.01 g）。

（3）用注射器取此溶液装满膨胀计的下部容器。

（4）放回原烧杯中称重得 W_2，则加入膨胀计中的苯乙烯重量 $W=W_2-W_1$。

（5）将膨胀计固定在夹具上，让下部容器浸入 66 ℃恒温水浴装置内。

（6）开始由于热膨胀，毛细管内液面不断上升，当液面稳定不动时，达到热平衡。记下此时液柱高度 h_0，这时要注意液面的变动情况，当液面开始下降时，表示聚合反应开始，记下时间 t_0。以后每 5 min 记录一次，1 h 可结束读数。

（7）从恒温水浴装置中取出膨胀计，把黏稠液倒入回收瓶中。将膨胀计放入废物桶内。

五、数据处理

1.$C_{M,0}$

按定义，在本体聚合中：

$$C_{M,0}=\frac{W/M}{V}=\frac{d_M}{M}$$

式中：M——苯乙烯的分子量；

V——苯乙烯的体积，cm^3；

d_M——聚合温度下苯乙烯的密度，g/cm^3；

W——苯乙烯的质量，g。

2.ΔV_t

$$\Delta V_t = V_M - V_t$$

式中：V_M——热平衡时体积，即初始单体体积，cm^3；

V_t——t 时刻的体积，cm^3。

如果膨胀计中毛细管读数是体积，则 V_M 和 V_t 可直接读出。在本实验中毛细管读数是液柱高度，因此需要使用每个膨胀计的仪器参数进行换算，方法是：

$$\Delta V_t = (h_0 - h_t)A$$

式中：h_0——热平衡时液柱高度，cm；

h_t——t 时刻的液柱高度，cm；

A——膨胀计的毛细管每厘米长度的体积毫升数（事先标定）。

3.ΔV

$$\Delta V = V_M - V_p$$

式中：V_p——完全转化后聚合物体积，cm^3；

V_M——参加反应的单体体积，cm^3，可表示为：

$$V_M = V_{50} - (50 - h_0)A$$

式中：V_{50}——膨胀计（包括下部容器）至毛细管最高刻度 50 cm 处的总体积毫升数（事先标定）。

$$V_p = \frac{W}{d_p} = \frac{V_M d_M}{d_p}$$

式中：d_M——单体在该温度下的密度，g/cm^3；

d_p——聚合物在该温度下的密度，g/cm^3。

因此：

$$\Delta V = V_M - V_p = V_M\left(1 - \frac{d_M}{d_p}\right)$$

六、思考题

(1)膨胀计法测动力学的原理是什么？

(2)为何只能在低转化率时测定反应速度？

(3)在操作过程中应注意哪些问题？

七、实验记录和数据处理

（一）实验记录

1.数据记录

膨胀计的 A:__________ mL/cm;引发剂质量:__________ g;

单体质量:__________ g;聚合温度:__________ ℃;热平衡时液柱高度 h_0 = __________。

2.聚合中刻度读数

聚合反应数据记录和动力学处理如表 3-1 所示。

表 3-1 聚合反应数据记录和动力学处理

时间 t_0/min	刻度 h_t/cm	ΔV_t/mL	x_M	$\ln[1/(1-\Delta V_t/\Delta V)]$
5				
10				
15				
20				
25				
30				
35				
40				
45				
50				
55				
60				

（二）数据处理

数据处理如下:

(1)聚合起始体积 V_M 的计算:$V_M = W/d_M$ = ______________ 。

其中:d_M(66 ℃) = 0.864 g/mL;W 为膨胀计中单体重量:$W = W_2 - W_1$。

(2)聚合完全时体积收缩值:$\Delta V = V_M - V_p = (1 - d_M/d_p)V_M$ = __________ 。

其中:d_p(66 ℃) = 1.040 g/mL。

起始单体浓度:$C_{M,0} = d_M/M$ = ______________ 。

其中:M 为苯乙烯的相对分子质量。

(3)验证动力学关系式:作 $\ln[1/(1-\Delta V_t/\Delta V)]$ 与 t 的关系图,求出直线斜率进行验证。线性回归求得斜率,乘以单体初始浓度 $C_{M,0}$,即得聚合初期反应速度。

实验八 甲基丙烯酸甲酯的本体聚合及有机玻璃板制备

一、实验目的

(1)掌握自由基本体聚合的原理和聚合方法。

(2)熟悉有机玻璃板的制备方法,了解其工艺过程。

二、实验原理

本体聚合是指单体仅在少量的引发剂存在下进行的聚合反应,或者直接在热、光和辐照作用下进行的聚合反应。本体聚合具有产品纯度高和无须后处理等优点,可直接聚合成各种规格的型材。

本体聚合进行到一定程度,体系黏度大大增加,大分子链的移动困难,而单体分子的扩散受到的影响不大。链引发和链增长反应照常进行,而增长链自由基的终止受到限制,使聚合反应速度加快,聚合物分子量变大,出现自动加速效应。更快的聚合速度导致更多的热量生成,如果聚合热不能及时散去,轻则导致产品发黄,出现气泡,从而影响产品的质量;重则使局部反应"雪崩"式地加速进行而失去控制。因此,在自由基本体聚合中,控制聚合速度使聚合反应平稳进行是获取无瑕疵型材的关键。

本实验以甲基丙烯酸甲酯(MMA)进行本体聚合,制备有机玻璃。MMA 在过氧化二苯甲酰(BPO)引发剂存在的情况下进行聚合反应:

$$n\mathrm{CH_2{=}C(CH_3){-}COOCH_3} \xrightarrow{\mathrm{BPO}} \mathrm{\left[CH_2{-}C(CH_3)(COOCH_3)\right]_n}$$

聚甲基丙烯酸甲酯(PMMA)由于有较大的侧基存在,为无定形聚合物,具有高度的透明性,可见光透光率为 90%~93%,因此又被称为有机玻璃。它的密度小,耐低温性能好,在 -183~60 ℃温度下冲击强度几乎没有变化,且其电性能优良,是航空工业与光学仪器制造业的重要材料。有机玻璃表面光滑,在一定的曲率内光线可在其内部传导而不逸出,因此在光导纤维领域得到广泛应用。但是,PMMA 耐磨性差、表面易磨损,可以用 MMA 与苯乙烯等单体共聚来改善其耐磨性。

MMA 单体的密度(0.94 g/cm^3)小于聚合物的密度,在聚合过程中会出现较为明显的体积收缩。工业上为了解决散热、避免自动加速作用引起的爆聚现象以及单体转化为聚合物时产生的体积收缩等问题,往往采用预聚-浇铸两步法制备有机玻璃。在 BPO 引发下,MMA 聚合初期平稳反应,当转化率超过 20%后,聚合体系黏度增加,聚合速度显著加快。此时,应该停止第一阶段反应,将聚合浆液转移到模具中进行第二阶段反应,并将温度控制在一定的范围内。当转化率超过90%后,聚合物已经成型,再升温使单体完全聚合。

三、主要试剂与仪器

主要试剂:过氧化二苯甲酰(BPO),甲基丙烯酸甲酯(MMA),硅油。

主要仪器:250 mL三口烧瓶1个,冷凝管1个,电热水浴锅1套,机械搅拌装置1套,搅拌棒1根,密封(玻璃或四氟)1个,100 ℃温度计1支,50 mL烧杯1个,玻璃板2块,天平(精度0.001 g)1台。

四、实验步骤

1.预聚物的制备

准确称取50 mg的BPO、50 g的MMA,混合均匀,加入配有冷凝管的三口烧瓶中,开动机械搅拌装置。然后水浴升温至80~90 ℃,反应时间为30~60 min。当体系达到一定黏度(相当于甘油黏度的2倍,转化率为7%~15%)时,停止加热,自然冷却至室温,使聚合反应缓慢进行。

2.制模

取2块玻璃板洗净、烘干,在玻璃板的一面涂上一层硅油作为脱模剂。玻璃板外沿垫上适当厚度的垫片(涂硅油面朝内),并在四周糊上厚牛皮纸,预留一加料口。

3.成型

将上述预聚物浓溶液通过加料口加入模腔内,注意排出气泡。待模腔灌满后,用牛皮纸密封。保持模具的加料口朝上垂直放入烘箱内,在40 ℃的条件下继续聚合20 h;再升温至80 ℃,保温1 h;然后升温至100 ℃,保温1 h;打开烘箱,自然冷却至室温。除去玻璃板模具,即可得到产品。

五、实验结果

观察样品形状,如产品有缺陷,应确定其原因。

六、思考题

(1)自动加速效应是怎样产生的?对聚合反应有哪些影响?

(2)制备有机玻璃,为什么要先进行预聚合?

(3)在本体聚合反应过程中,为什么必须严格控制不同阶段的反应温度?

(4)工业上采用本体聚合的方法制备有机玻璃有何优点?

实验九　苯乙烯自由基悬浮聚合

一、实验目的

(1)学习悬浮聚合的操作方法,理解悬浮聚合法中各组分的作用和配方特点。
(2)掌握自由基悬浮聚合制备珠状树脂的原理和控制方法。

二、实验原理

悬浮聚合是指在较强的机械搅拌下,借助分散剂的作用,将溶有引发剂的单体分散在另一与单体不溶的介质中(一般为水)所进行的聚合。根据聚合物在单体中溶解与否,可得透明珠状聚合物或不透明、不规整的颗粒状聚合物。像苯乙烯、甲基丙烯酸甲酯,其悬浮聚合物多是透明珠状物,故称为珠状聚合;而聚氯乙烯因不溶于其单体中,故为不透明、不规整的乳白色小颗粒,故称为颗粒状聚合。

悬浮聚合的聚合机理与本体聚合相似,方法上兼有本体聚合的优点。悬浮聚合由于水为分散介质,聚合热可以迅速排出,因而容易控制其反应温度,解决了本体聚合中不易散热的问题,产物容易分离,清洗后可以得到纯度较高的颗粒状聚合物,因而在工业上有广泛的应用。

悬浮聚合是单体小液滴状悬浮在水中进行的聚合,单体中溶有引发剂,一个小液滴相当于本体聚合中的一个单元。从单体液滴转变为聚合物固体粒子,中间经过聚合物-单体黏性粒子阶段,为了防止粒子相互粘连在一起,体系中需另加分散剂,以便在粒子表面形成保护膜。因此,悬浮聚合一般由单体、引发剂、水、分散剂四个基本组分组成。两类物质可作为分散剂:一类是可以溶于水的高分子化合物,如聚乙烯醇(PVA)、明胶、聚甲基丙烯酸钠等;另一类是不溶于水的无机盐粉末,如硅藻土,钙、镁的碳酸盐、硫酸盐和磷酸盐等。分散剂的性能和用量对聚合物的颗粒大小和分布有很大影响。一般来讲,分散剂用量越大,所得聚合物的颗粒越细,如果分散剂为水溶性高分子化合物,那么相对分子质量越小,所得的树脂颗粒就越大,因此分散剂相对分子质量的不均会造成树脂颗粒分布变宽。如果是固体分散剂,用量一定时,分散剂粒度越细,所得树脂的颗粒也越小,因此,分散剂粒度的不均匀也会导致树脂颗粒大小的不均匀。

本实验采用苯乙烯为单体,过氧化二苯甲酰(BPO)为引发剂,聚乙烯醇为分散剂,去离子水为介质,按自由基历程进行悬浮聚合。反应式如下:

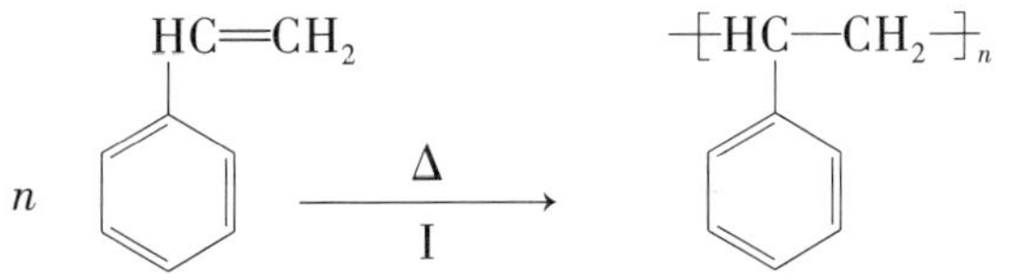

三、主要试剂与仪器

主要试剂:苯乙烯,过氧化二苯甲酰,聚乙烯醇,去离子水。

主要仪器：250 mL 三口烧瓶 1 个，球形冷凝管 1 个，电热水浴锅 1 套，机械搅拌装置 1 套，搅拌棒 1 根，密封（玻璃或四氟）1 个，100 ℃温度计 1 支，量程为 10 mL、50 mL 的量筒各 1 个，100 mL 烧杯 1 个，真空水泵装置 1 套，布氏漏斗 1 个，250 mL 抽滤瓶 1 个，天平（精度 0.001 g）1 台。

苯乙烯悬浮聚合装置如图 3-2 所示。

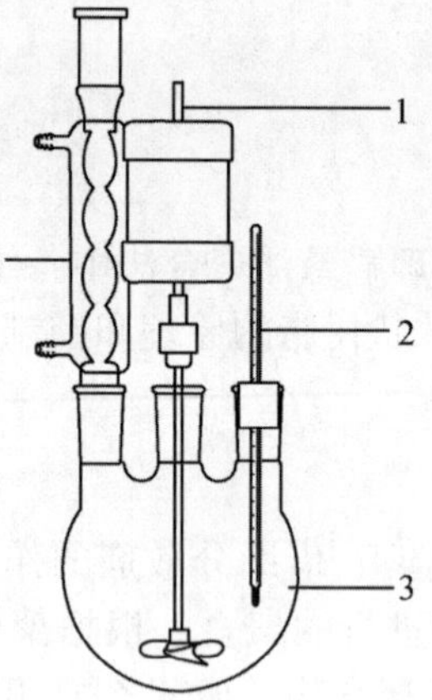

图 3-2　苯乙烯悬浮聚合装置图

1—电动搅拌器；2—温度计；3—三口烧瓶；4—球形冷凝管

四、实验步骤

按图 3-2 安装好带有球形冷凝管、温度计、三口烧瓶、电动搅拌器的机械搅拌装置，保证搅拌速度均匀、整套装置安装规范。

（1）在 250 mL 三口烧瓶上，装上电动搅拌器和球形冷凝管。量取 100 mL 去离子水，称取 0.15 g PVA 加入三口烧瓶中，开动电动搅拌器并水浴加热至 90 ℃左右，待 PVA 完全溶解后（10 min 左右），将水温降至 80 ℃左右。

（2）称取 0.25 g BPO 置于干燥、洁净的 100 mL 烧杯中，并加入 10 mL 单体苯乙烯使之完全溶解。

（3）将溶有引发剂的单体倒入三口烧瓶中，此时需小心调节搅拌速度，使液滴分散成合适的颗粒度（注意开始时搅拌速度不要太快，否则颗粒分散得太细），继续升高温度，控制水浴温度在 86～89 ℃，使之聚合。一般在达到反应温度后 2 h 内为反应危险期，此时搅拌速度控制不好（速度太快、太慢或中途停止等），就容易使珠子黏结变形。

（4）在反应 3 h 后，可以用大吸管吸出一些反应物，检查珠子是否变硬，如果已经变硬，即可将水浴温度升高至 90～95 ℃，反应 1 h 后即可停止反应。

（5）过滤反应物，将得到的产物用布氏漏斗过滤分离，水洗数次后，置产物于 50～60 ℃烘箱内干燥，计算产率，查看颗粒的分布情况。

五、思考题

（1）如何控制聚苯乙烯颗粒的大小？

（2）怎样避免液滴互相粘连、结块？

(3)分散剂的作用原理是什么？聚乙烯醇可用什么代替？

六、注意事项

注意事项如下：

(1)搅拌太快，易生成沙粒状聚合体；搅拌太慢，易结块，附着在反应器内壁或搅拌棒上。

(2)PVA 难溶于水，必须待 PVA 完全溶解后，才可以使用。

(3)使用塑料匙或竹匙称量 BPO，避免使用金属匙。

(4)是否能获得均匀的珠状聚合物与搅拌速度有密切的关系。在聚合过程中，不宜随意改变搅拌速度。

实验十　苯乙烯-甲基丙烯酸甲酯自由基悬浮共聚合

一、实验目的

(1)学习二元自由基共聚合的反应机理。

(2)理解无机分散剂在悬浮聚合中的作用。

(3)掌握悬浮共聚合的操作。

二、实验原理

甲基丙烯酸甲酯(MMA)和苯乙烯均不溶于水，单体靠机械搅拌形成的分散体系是不稳定，为了使单体液滴在水中保持稳定，避免粘连，需在反应体系中加入分散剂。实验证明，采用磷酸钙乳浊液作悬浮剂效果较好，磷酸三钠与过量的氯化钙在碱性条件下发生化学反应生成磷酸钙。磷酸钙难溶于水，聚集成极微小的颗粒，可在水中悬浮相当长的时间而不沉降，这种悬浮液呈牛奶状，搅拌能使某些体系的单体小液滴分散在体系中而不聚集。这是由于单体(油相)和介质(水相)对磷酸钙的润湿程度不同，所以磷酸钙起到悬浮剂的作用，悬浮剂浓度增加可提高体系的稳定性。实践证明，磷酸钙加入量为单体总质量的 0.7%左右为宜。

MMA 和苯乙烯通过悬浮共聚得到聚苯乙烯-甲基丙烯酸甲酯的无规共聚物(PS-co-PMMA)，该共聚物俗称 372 有机玻璃模塑粉。372 有机玻璃模塑粉是以甲基丙烯酸甲酯为主单体与少量苯乙烯共聚合的无规共聚物，其相对分子质量要达到 13 万~15 万才能被加工成具有一定物理机械性能的产品，其结构可表示为：

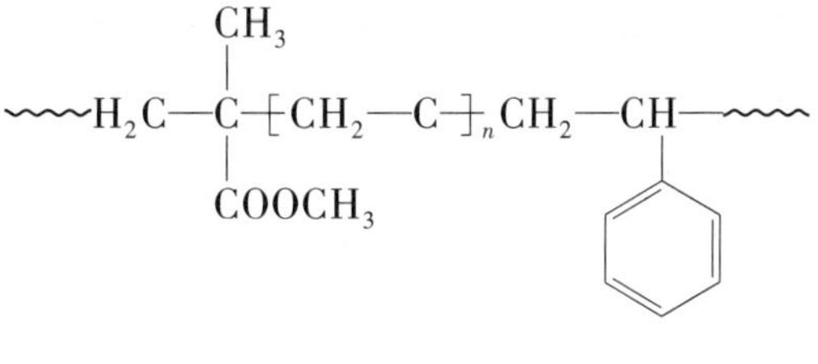

即在以 MMA 结构单元为主链的分子链中掺杂有一个或少数几个苯乙烯结构单元，在共聚反应中，因参加反应的单体是两种（或两种以上），由于单体的相对活性不同，它们参与反应的概率也就不同，共聚物组成 $d[M_1]/d[M_2]$ 与原料组成 $[M_1]/[M_2]$ 之间的关系为：

$$\frac{d[M_1]}{d[M_2]}=\frac{[M_1]}{[M_2]}\cdot\frac{r_1[M_1]+[M_2]}{[M_1]+r_2[M_2]}$$

式中：$d[M_1]/d[M_2]$——共聚物组成中两种结构单元的摩尔比；

$[M_1]/[M_2]$——原料组成中两种单体的摩尔比；

r_1, r_2——均聚和共聚链增长速度常数之比，表征两单体的相对活性，称作竞聚率。

三、主要试剂与仪器

主要试剂：苯乙烯，甲基丙烯酸甲酯，过氧化二苯甲酰（BPO），硬脂酸，去离子水，氯化钙，磷酸三钠，氢氧化钠。

主要仪器：500 mL 三口烧瓶 1 个，250 mL 四口烧瓶 1 个，球形冷凝管 1 个，电热水浴锅 1 套，机械搅拌装置 1 套，搅拌棒 1 根、密封（玻璃或四氟）1 个，100 ℃ 温度计 1 支，量程为 10 mL、50 mL 的量筒各 1 个，500 mL 烧杯 1 个，真空水泵装置 1 套，布氏漏斗 1 个，250 mL 抽滤瓶 1 个，天平（精度 0.001 g）1 台。

四、实验步骤

（一）分散剂的制备

分散剂的制备如下：

（1）氯化钙溶液的配制：按配方称取 6 g 氯化钙，放入 500 mL 三口烧瓶中，加入去离子水 165 mL，搅拌，使之溶解，呈无色透明水溶液，备用。

（2）磷酸三钠和氢氧化钠溶液的配制：按配方称取 6 g 磷酸三钠、0.8 g 氢氧化钠放入 500 mL 烧杯中，加入去离子水 165 mL，搅拌，使之溶解，得到无色透明的溶液，备用。

（3）将三口烧瓶中氯化钙溶液在水浴锅内加热溶解至水浴沸腾，另将盛有磷酸三钠、氢氧化钠溶液的烧杯放于热水浴中。在搅拌下用滴管将此溶液连续滴加至三口烧瓶中，在 20～30 min加完，然后在沸腾的水浴中保温 30 min，停止反应。反应后的悬浮剂呈乳白色混浊液，用滴管取 20 滴（或 1 mL）悬浮剂放入干净试管中，加入 10 mL 去离子水，摇匀，放置 30 min，如无沉淀，即为合格，备用。制得的悬浮剂要在 8 h 内使用，如有沉淀，即不能再用，需另行制备。

（二）MMA 与苯乙烯共聚合反应

MMA 与苯乙烯共聚合反应如下：

（1）在 250 mL 的四口烧瓶上，装上密封搅拌器、真空系统，加入 50 mL 去离子水、22 mL 分散剂，再抽真空至 86 659.3 Pa（650 mmHg）。

（2）称取 4 g MMA 和 6 g 苯乙烯，混合均匀，加入 0.7 g 硬脂酸和 0.35 g 引发剂使其溶解，然后放入四口烧瓶中（加料时尽量避免空气进入）。

（3）升温，控制加热速度，使体系的温度快速升至 75 ℃，然后以 1 ℃/min 的升温速度升至

80 ℃,并保温 1 h;再以 5 ℃/min 的升温速度升至 90 ℃,待真空度升至最高点而下降时,表示反应即将结束;为了使单体完全转化为聚合物,应继续升温至 110~115 ℃,并在 110~115 ℃下保温 1 h,聚合反应完毕。

(三)聚合物后处理

反应后所得物料为 372 有机玻璃模塑粉悬浮液,需经酸洗、水洗、过滤、干燥等处理。

1.酸洗

反应所得物料为碱性,且含有悬浮剂磷酸钙,需除去,方法是加入 2 mL 化学纯盐酸。

2.水洗、过滤

水洗的目的是除去产物中的 Cl^-,方法是先用自来水洗涤 4~5 次,再用去离子水洗涤 2 次(每次用量为 50 mL 左右),用 $AgNO_3$溶液检验有无 Cl^-存在(如无白色沉淀即不存在),采用抽滤瓶过滤,使粉料与水分开。

3.干燥

将白色粉状聚合物放入瓷盘中,置于 100 ℃的烘箱中烘干。

4.计算

计算产率。

五、思考题

(1)以有机玻璃模塑粉为例,讨论自由基共聚合的反应历程。
(2)以聚乙烯醇和磷酸钙为例,讨论高分子悬浮剂与无机悬浮剂的悬浮作用机理。
(3)在聚合反应过程中,为什么要严格控制反应温度?若未严格控制会产生什么后果?

实验十一 交联聚苯乙烯阳离子交换树脂的制备

一、实验目的

(1)了解通过悬浮法制备珠状苯乙烯和二乙烯基苯交联聚合物的方法。
(2)通过共聚物的磺化反应,了解制备功能高分子的方法。
(3)了解离子交换树脂体积交换量的测定方法。

二、实验原理

在悬浮聚合过程中,分散介质(一般为水)、分散剂和搅拌速度是影响颗粒大小的三个主要因素。水量太少,则不足以将单体分散开;水量太多,则所需反应容器的容积增大,产率不高。通常情况下水与单体的比值在 2~5。分散剂的常用量一般为单体量的 0.2%~1%,用量多则易产生乳化现象。通过搅拌才能将单体分散开，因此调整好搅拌速度是制备粒度均匀的珠状聚合物的关键。为方便使用，离子交换树脂都做成球形小颗粒，因此离子交换树脂对粒度的要求尤其高。用悬浮聚合方法制备珠状聚合物是制取离子交换树脂的重要实施方法。

按功能基分类，离子交换树脂分为阳离子交换树脂和阴离子交换树脂。当把阴离子基团固定在树脂骨架上，可进行交换的部分为阳离子时，称为阳离子交换树脂；当可进行交换的部分为阴离子时，则称为阴离子交换树脂。可见，其类型是根据可交换部分离子的性质来确定的。不带功能基的大孔树脂，称为吸附树脂。

阳离子交换树脂用酸处理后，得到的都是酸性（阳离子交换）树脂，根据酸性的强弱又可分为强酸性树脂和弱酸性树脂。一般磺酸型树脂为强酸性树脂，羧酸型树脂为弱酸性树脂，膦酸型树脂介于这两者之间。

离子交换树脂的应用极为广泛。它可用于水处理，用在原子能工业、化学工业、食品工业以及分析检测、环境保护和海洋资源的开发等领域。

本实验制备的是强酸性阳离子交换树脂。首先利用悬浮聚合法进行苯乙烯与二乙烯基苯的共聚合，合成交联聚苯乙烯珠状颗粒；其次对交联聚苯乙烯进行溶胀后采用浓硫酸进行磺化；最后得到强酸性阳离子交换树脂。

三、主要试剂与仪器

主要试剂：苯乙烯（St），二乙烯苯（DVB），过氧化二苯甲酰（BPO），5%聚乙烯醇（PVA）溶液，0.1%次甲基蓝溶液，二氯乙烷，浓硫酸，5%NaOH 溶液，5%盐酸，丙酮，NaCl 溶液，0.1 mol/L 标准 NaOH 溶液。

主要仪器：500 mL 三口烧瓶 1 个，球形冷凝管 1 个，回流冷凝管 1 个，交换柱 1 个，量程为 50 mL、100 mL 的量筒各 1 个，50 mL 烧杯 1 个，量程为 100 mL、500 mL 的锥形瓶各 2 个，500 mL 容量瓶 1 个，电动搅拌器 1 套，搅拌棒 1 根、密封（玻璃或四氟）1 个，100 ℃温度计 1 支，天平（精度 0.001 g）1 台。

四、实验步骤

1.St 和 DVB 的悬浮共聚合

在 500 mL 三口烧瓶中，依次加入 200 mL 蒸馏水、5 mL 5%PVA 溶液和数滴次甲基蓝溶液（见注释①）。开启电动搅拌器，将事先在烧杯中混合好的溶有 0.4 g BPO、40 g St 和 10 g DVB 的混合物倒入三口烧瓶内。开始转速要慢，待单体全部散开后，用细玻璃管吸出部分油珠放在表面皿上，观察珠滴大小。如珠滴偏大，可缓慢加速。过一段时间继续检查珠滴大小，如仍不合格，再继续加速。如此调整搅拌速度，以控制珠滴大小，一直到符合要求为止。珠滴大小合格后，以 1~2 ℃/min 的速度升温至 70 ℃，保温 1 h，再升温至 85~87 ℃继续反应 1 h。在此阶段应避免改变搅拌速度或停止搅拌，以防止珠滴不均匀或发生粘连。当珠滴定形后升温到 95 ℃，继续反应 2 h。之后停止搅拌，在油浴锅上煮 2~3 h。然后将冷却后得到的小球倒入尼龙纱袋中（见注释②），用自来水洗涤 2 次，再用蒸馏水洗涤 2 次。将水甩干后，把小球转移到瓷盘内。自然晾干或在60 ℃烘箱中干燥 3 h 后称重。用 30~70 目标准筛过筛后再称重，计算小球的合格率。

2.共聚小球的磺化

称取上面制得的合格小球 20 g，放入装有搅拌和回流冷凝管的 250 mL 三口烧瓶中，再加入 20 g 二氯乙烷。溶胀 10 min 后加入 92.5%的浓硫酸 100 g。开启电动搅拌器，慢速搅动，以防把树脂甩到瓶壁上。继而用油浴加热，1 h 内升温至 70 ℃，在 70 ℃下反应 1 h 后再升温至80 ℃，在此温度下反应 6 h。然后改成蒸馏装置，搅拌下升温至 110 ℃，于常压下蒸出二氯乙烷，撤去油浴锅。

冷却至近室温后，用玻璃砂芯漏斗抽出浓硫酸，然后把这些浓硫酸慢慢倒入一定量的水中，使其浓度降低 15%。把树脂小心地倒入被稀释的浓硫酸中，搅拌 20 min，再抽滤。滤出的硫酸取一半再稀释，使其浓度降低 30%。将树脂倒入该二次稀释的硫酸中，搅拌 15 min，再抽滤。滤出液取一半再次稀释，使其浓度降低 40%。然后把上述树脂倒入被三次稀释的硫酸中，搅拌 15 min（见注释③）后再次抽滤。如此处理过的树脂再放到 50 mL 饱和食盐水中，逐渐加水稀释，同时不断把水倒出，直至洗至中性。

取约 8 mL 经上述处理过的树脂放入交换柱中，保持液面超过树脂层 0.5 cm，并赶出树脂层内的气泡。先加 5% NaOH 溶液 100 mL，逐滴加入，树脂就转为 Na 型；然后用蒸馏水洗至中性，再加 5%盐酸 100 mL，使树脂转为 H 型；再用蒸馏水洗至中性。如此反复操作三遍。

3.树脂性能的测定

树脂性能主要包括下述几项：

（1）重量交换量——单位重量的 H 型干燥树脂可以交换的阳离子的量（mol）。

（2）体积交换量——湿态单位体积 H 型树脂可以交换的阳离子的量（mol）。

（3）膨胀系数——树脂在水中从 H 型（无多余酸）转变为 Na 型（无多余碱）时的体积变化。

（4）视密度——单位体积（包括树脂空隙）干燥树脂的重量。

本实验只测体积交换量。其测定方法如下：

取 5 mL 处理好的 H 型树脂放入交换柱中，倒入 300 mL 1 mol/L 的 NaCl 溶液，用 500 mL 锥形瓶接流出液，流速为 1~2 滴/分钟，最后要用少量水冲洗交换柱。将流出液按定量要求全部转移到 500 mL 容量瓶中，用蒸馏水稀释至一定刻度。然后取两份 50 mL 该液体，置于两个 100 mL 锥形瓶中，分别用 0.1 mol/L 的 NaOH 标准溶液滴定。同时做空白实验，即取 300 mL 1 mol/L 的 NaCl 溶液，置于 500 mL 容量瓶中，加蒸馏水稀释至一定刻度，按同样的办法取样滴定。由滴定结果算出体积交换量 E：

$$E=M(V_1-V_2)/V$$

式中：M——NaOH 标准溶液的浓度，mol/L；

V——样品体积，cm^3；

V_1、V_2——样品滴定和空白滴定所消耗的 NaOH 标准溶液的体积，cm^3。

注释：

①次甲基蓝为水溶性阻聚剂，此实验中其作用是防止体系内发生乳液聚合。若水相内出现乳液聚合，将影响产品的外观质量。

②这次洗涤的目的是洗除 PVA。小球放在尼龙纱袋中洗涤较为方便。

③为防止酸液溅出，可准备一空烧杯，先将树脂放入烧杯中再慢慢倒入硫酸溶液。

五、实验结果

(1)计算珠状颗粒离子交换树脂的产率。

(2)记录强酸性阳离子交换树脂的体积交换量。

六、思考题

(1)欲使制得的小球合格率高,实验中应注意哪些问题?

(2)磺化时为什么温度不能太高?在磺化后的处理过程中,为什么要逐步加酸稀释,而不是直接加水稀释?

实验十二　乙酸乙烯酯的乳液聚合

一、实验目的

(1)通过乙酸乙烯酯的乳液聚合,了解乳液聚合中各组分的作用及乳液聚合的特点。

(2)掌握制备聚乙酸乙烯酯胶乳的方法。

二、实验原理

市场上的"白乳胶"就是用乳液聚合方法制备的聚乙酸乙烯酯胶乳,可用作漆料、涂料和胶黏剂。该胶乳作为漆料,具有水基漆的特点,即黏度小、可不用有机溶剂;作为涂料,在纸张、织物、地板及墙壁等表面均可涂用;作为胶黏剂,无论是木材、纸张还是织物,只要是多孔性表面均可使用。因此,聚乙酸乙烯酯胶乳是很重要的高分子材料。

乳液聚合是指单体在乳化剂的作用下,分散在介质中形成乳液,再加入水溶性引发剂,在机械搅拌或振荡下进行非均相聚合的反应过程。它不同于溶液聚合,也不同于悬浮聚合,是在乳液的胶束中进行的聚合反应,产品为具有胶体溶液特征的聚合物胶乳。

乳液聚合体系主要包括:单体、水(分散介质)、乳化剂、引发剂,还有调节剂、pH 缓冲剂及电解质等其他辅助试剂。

它们的比例大致如下:

(1)水(分散介质):60%~80%(占乳液总质量)。

(2)单体:20%~40%(占乳液总质量)。

(3)乳化剂:0.1%~5%(占单体质量)。

(4)引发剂:0.1%~0.5%(占单体质量)。

(5)调节剂:0.1%~1%(占单体质量)。

(6)其他:少量。

乳液聚合的优点是:聚合速度快,产物相对分子质量高。由于使用水作介质,因此易于散热,温度容易控制,费用也低。由于聚合形成稳定的乳液体系黏度不大,故可直接用作涂料、黏合剂、织物浸渍剂等。如需要将聚合物分离,除采用高速离心外,亦可将胶乳冷冻,或加入电解质将聚合物凝聚,然后进行分离,经净化干燥后,可得到固体状产品。

它的缺点是:聚合物中常带有未洗净的乳化剂和电解质等杂质,从而影响成品的透明度、热稳定性、电性能等。尽管如此,乳液聚合仍是工业生产的重要方法,特别是在合成橡胶工业中应用得最多。

三、主要试剂与仪器

主要试剂:乙酸乙烯酯,聚乙烯醇(PVA),烷基酚聚氧乙烯醚(OP-10),过硫酸铵($NH_4S_2O_8$),正辛醇,邻苯二甲酸二丁酯,去离子水。

主要仪器:250 mL 三口烧瓶 1 个,球形冷凝管 1 个,回流冷凝管 1 个,电热水浴锅 1 套,电动搅拌器 1 套,搅拌棒 1 根,密封(玻璃或四氟)1 个,100 ℃ 温度计 1 支,量程为 10 mL、50 mL、100 mL 的量筒各 1 个,50 mL 烧杯 2 个,1 000 mL 移液枪 1 把,天平(精度 0.001 g)1 台。

实验装置如图 3-3 所示。

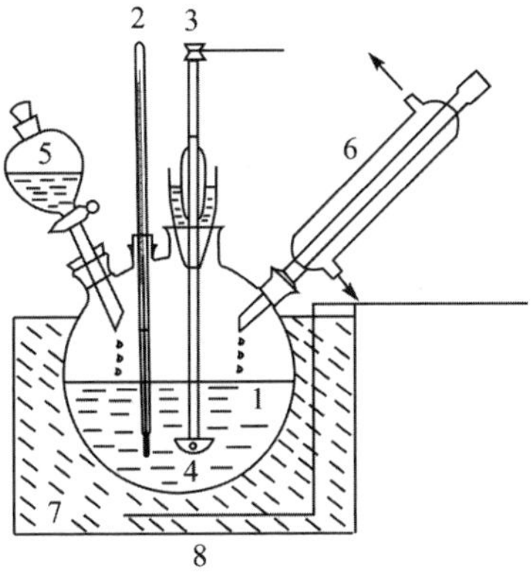

图 3-3 实验装置图

1—三口烧瓶;2—温度计;3—搅拌马达;4—电动搅拌器;5—滴液漏斗;6—球形冷凝管;7—电热水浴锅;8—玻璃缸

四、实验步骤

实验步骤如下:

(1)引发剂溶液的配制:在 50 mL 烧杯中,称取引发剂 $NH_4S_2O_8$ 0.4 g,溶于 10 mL 去离子水。

(2)在装有电动搅拌器、球形冷凝管和温度计的 250 mL 三口烧瓶中,加入 60 mL 去离子水、3 g 乳化剂 PVA,开始搅拌,并水浴加热,冷凝管通冷却水冷却,水浴温度控制在 90 ℃左右,使 PVA 溶解。

(3)降温到 67 ℃,并用移液枪加入正辛醇 0.3 mL。先加入 $NH_4S_2O_8$ 水溶液 6 mL,然后将 30 g 乙酸乙烯酯由恒压滴液漏斗在 40 min 内慢慢滴加,温度保持在 66~68 ℃,不得高于 76 ℃。

滴加完单体后,再加引发剂水溶液 1 mL,在 70 ℃左右保持 30 min。如有回流再滴加引发剂水溶液 1 mL,然后逐渐升温至 80~90 ℃,再反应约 30 min,直到无回流出现为止。

(4)将体系冷却至50 ℃后加入3 g邻苯二甲酸二丁酯,搅拌5~15 min,充分混合后停止搅拌,出料(pH=4~6),即得到白色黏稠、均匀、无明显粒子的聚乙酸乙烯酯胶乳(即市场上的"白乳胶")。

(5)计算固含量:称取约5 g乳液,在90 ℃的环境下烘干,称取残留的固体质量,计算固含量:

固含量=固体质量/乳液质量×100%

(6)评价乳液稳定性:取10 mL乳液和90 mL水搅拌后,于100 mL量筒中静置一天,观察乳胶粒子的沉降量,评价乳液的稳定性。

五、思考题

(1)在实验操作中,单体为什么要分批加入?

(2)试对比本体聚合、悬浮聚合、乳液聚合、溶液聚合的特点。

(3)根据乳液聚合机理和动力学,解释乳液聚合反应速度快和相对分子质量高的特点。

实验十三　苯乙烯乳液聚合

一、实验目的

(1)理解乳液聚合的特点,掌握乳液聚合中各组分的作用,尤其是乳化剂的作用。

(2)掌握制备聚苯乙烯胶乳的方法,以及用电解质凝聚胶乳和净化聚合物的方法。

二、实验原理

在乳液聚合中,当单体用量、引发剂用量、水的用量和反应温度一定时,若改变乳化剂的用量,则改变形成胶束的数目,也会改变最终形成的聚合物颗粒的数目。乳化剂用量多时,最终形成的聚合物颗粒的数目也多,它的聚合反应的速度及聚合物的相对分子质量就大。

乳化剂是乳液聚合的主要组分,当乳化剂水溶液超过临界胶束浓度时,胶束开始形成。在一般的乳液配方条件下,由于胶束数量极多,胶束内有增溶的单体,所以聚合早期的链引发与链增长绝大部分在胶束中发生,胶束逐渐转变为聚合物颗粒,乳液聚合的反应速度和产物的相对分子质量与反应温度、反应地点、单体浓度、引发剂浓度和单位体积内单体-聚合物颗粒数目等有关。体系中最终有多少聚合物颗粒主要取决于乳化剂和引发剂的种类和用量。当温度、单体浓度、引发剂浓度、乳化剂种类一定时,在一定范围内,乳化剂用量越多、反应速度越快,产物的相对分子质量就越大。乳化剂的另一作用是减少分散相与分散介质间的界面张力,使单体与单体-聚合物颗粒分散在介质中,形成稳定的乳浊液。

本实验的目的就是通过改变乳化剂的用量,在相同的聚合时间内,测量它的转化率及聚合物的相对分子质量。通过这些数据,讨论乳化剂用量对聚合反应的速度及聚合物的相对分子质量的影响。

三、主要试剂与仪器

主要试剂：苯乙烯，过硫酸钾，十二烷基硫酸钠，硫酸铝钾，氢氧化钠，去离子水。

主要仪器：250 mL 三口烧瓶 1 个，球形冷凝管 1 个，回流冷凝管 1 个，电热水浴锅 1 套，机械搅拌装置 1 套，搅拌棒 1 根，密封（玻璃或四氟）1 个，100 ℃温度计 1 支，量程为 10 mL、50 mL 的量筒各 1 个，50 mL 烧杯 2 个，200 mL 烧杯，1 000 mL 移液枪 1 把，天平（精度 0.001 g）1 台。

四、实验步骤

本实验分两组进行，第一组乳化剂用量为 0.3 g，第二组乳化剂用量为 0.6 g。乳化剂选用十二烷基硫酸钠。

引发剂的配制：每组称取 $K_2S_2O_8$ 0.3～0.35 g，放于干净的 50 mL 烧杯中，加入10 mL 去离子水（或蒸馏水），使之溶解，备用。

在装有温度计、机械搅拌装置、回流冷凝管的 250 mL 三口烧瓶中加入 50 mL 去离子水（或蒸馏水）、乳化剂及 1 mL 10% NaOH 溶液（用移液枪移取）。开始搅拌并水浴加热，当乳化剂溶解，瓶内温度达 80 ℃左右时，加入 10 mL $K_2S_2O_8$溶液及 10 mL 苯乙烯单体，迅速升温至 88～90 ℃，并维持此温度 1.5 h，而后停止反应。

把乳状胶乳从三口烧瓶中倒入 200 mL 烧杯中，再将预先以量筒计量好的硫酸铝钾溶液加热后加入，静置 5 min，将凝聚的共聚物经过布氏漏斗抽滤，用蒸馏水洗涤三次并抽干后移于表面皿上（尽量散开），先在空气中初步干燥，然后放入真空干燥箱内（60 ℃）干燥至恒重。计算转化率并测定分子量。

五、思考题

（1）根据乳液聚合机理和动力学，解释乳液聚合反应速度快和相对分子质量高的特点。

（2）观察记录实验特殊现象，并解释。

（3）根据实验结果，讨论乳化剂在乳液聚合中的作用。

（4）如果用氯化钠破乳，其效果如何？

（5）试对比本体聚合、悬浮聚合、溶液聚合和乳液聚合的特点。

实验十四　苯乙烯-丙烯酸丁酯乳液共聚合及性能测定

一、实验目的

（1）了解乳液共聚合的工艺特点和配方。

（2）掌握乳液共聚合的操作方法。

3.掌握乳液性能测定的方法。

二、实验原理

乳液聚合是连锁聚合反应的一种实施方法，具有十分重要的工业价值。合成橡胶中产量最大的丁苯橡胶和丁腈橡胶就是采用乳液聚合法生产的，聚氯乙烯糊状树脂、丙烯酸酯乳液等也都是乳液聚合的产品。

乳液聚合有许多优点，如：聚合热容易排出；聚合速度快，同时可获得较高的分子量；在直接使用乳液的场合，可避免重新溶解、配料等工艺操作等。

乳液聚合的缺点是：产品纯度较低；在需要获得固体产品时，存在凝聚、洗涤、干燥等复杂的后处理问题等。乳液聚合产物的颗粒粒径为0.05~1 μm，比悬浮聚合产物的粒径（50~200 μm）小得多。

在丙烯酸酯乳液中，苯乙烯-丙烯酸酯乳液（苯丙乳液）是较重要的品种之一。苯丙乳液是由苯乙烯和丙烯酸酯（通常为丙烯酸丁酯）通过乳液聚合法共聚而成的，具有成膜性能好、耐老化、耐酸碱、耐水、价格低廉等特点，是建筑涂料、黏合剂、造纸助剂、皮革助剂、织物处理剂等产品的重要原料。此实验中的苯丙乳液指苯乙烯-丙烯酸丁酯乳液。

苯丙乳液的主要用途是制备建筑乳胶漆，这类乳液通常由苯乙烯和丙烯酸丁酯共聚而成。丙烯酸丁酯的聚合物具有良好的成膜性和耐老化性，但其玻璃化转化温度仅为-58 ℃，不能单独用作涂料的基料。将苯乙烯与丙烯酸丁酯共聚后，涂层表面硬度大大增加，生产成本也有所下降。为了提高乳液的稳定性，共聚单体中通常还加入少量丙烯酸。丙烯酸是一种水溶性单体，参加共聚后主要存在于乳胶颗粒表面，羧基指向水相，因此颗粒表面呈负电性，使得颗粒不容易凝聚结块，同时适当比例的丙烯酸有利于提高涂料的附着力。

用于建筑乳胶漆的苯丙乳液的固含量为48%±2%，最低成膜温度为16 ℃，成膜后，涂层无色透明。为了使建筑乳胶漆在冬天也能使用，通常还需加入成膜助剂，如苯甲醇等，使涂料的最低成膜温度达到5 ℃。

三、主要试剂与仪器

主要试剂：苯乙烯，丙烯酸丁酯，丙烯酸，过硫酸钾，十二烷基硫酸钠，山梨糖醇酐单硬脂酸酯（Span 60）。

主要仪器：250 mL四口烧瓶1个，球形冷凝管1个，恒压滴液漏斗1个，电热水浴锅1套，电动搅拌器1套，搅拌棒1根、密封（玻璃或四氟）1个，100 ℃温度计1支，量程为50 mL、10 mL的量筒各1个，50 mL烧杯1个，天平（精度0.001 g）1台。

四、实验步骤

（一）苯丙乳液的制备

苯丙乳液的制备过程如下：

（1）在装有电动搅拌管、球形冷凝管、温度计和滴液漏斗的四口烧瓶中，取0.5 g十二烷基硫酸钠，2 g Span 60置于四口烧瓶中，加70 mL蒸馏水，水浴升温至80 ℃左右，待固体完全溶解

(组分 1)。

(2)称取 0.3 g 过硫酸钾置于烧杯中,加水 20 mL,摇晃使其溶解(组分 2)。

(3)量取苯乙烯 30 mL、丙烯酸丁酯 30 mL、丙烯酸 2 mL,在烧杯中混合均匀(组分 3),装入滴液漏斗。

(4)使水浴温度为 80 ℃,保温。加入约 30%的组分 3 和 30%的组分 2,体系逐渐呈乳白色,约 30 min 后,液面边缘呈淡蓝色,同时液面上的泡沫消失,表明聚合反应已开始,保持 15 min。

(5)同时开始滴加组分 2 和组分 3,控制在 2 h 左右滴完,其滴加速度之比为 1∶5,使组分 3 略先于组分 2 滴完。

(6)保温 1 h,撤去热源,搅拌下自然冷却至室温,产品倒入试剂瓶中备用。

注:可改变苯乙烯与丙烯酸丁酯的比例,让学生进行对比实验。

(二)乳液主要性能测定

1.聚合物乳液固含量测定

先称量 2 cm×2 cm 的铝箔纸的重量 m_1;将 1 g 左右的聚合物乳液试样滴在铝箔上,称量重量 m_2;然后将其置于设有通风装置的烘箱中,在 100 ℃的温度下干燥 24 h,取出铝箔,冷却至室温称量重量 m_3。

$$乳液固含量=(m_3-m_1)/(m_2-m_1)\times100\%$$

2.pH 值稳定性测定

pH 值代表了聚合物体系中氢离子的浓度,它是乳液放置稳定性的重要影响因素。其测试方法为:取两个同样的试管分别装入 5 mL 待测乳液试样,然后分别逐滴加入 1%的盐酸溶液和 1%的氢氧化钠溶液,边加边摇动,让其充分均匀混合,观察乳液稳定性变化,找到使被测聚合物乳液稳定的 pH 值范围。

3.稀释稳定性测定

稀释稳定性是聚合物乳液应用时加水稀释的一项重要参考指标。测试方法为:将待测乳液的固含量稀释为 3%,把 30 mL 稀释后的乳液置入试管中,液柱高度为 20 cm,放置 72 h。若无分层现象,则稀释稳定性通过;否则为不通过,清液层高度越高,稀释稳定性越差。

4.钙离子稳定性测定

用聚合物乳液承受钙离子的能力来表征其承受电解质的能力,这种能力叫作钙离子稳定性。测定方法为:在 20 mL 的刻度试管中,加入 16 mL 聚合物乳液试样,再加入 4 mL 0.5%的 $CaCl_2$ 溶液,摇匀,静置 48 h。若不出现凝胶,且无分层现象,则钙离子稳定性通过;否则为不通过,清液层高度越高,钙离子稳定性越差。

5.聚合物乳液的最低成膜温度测定

将聚合物乳液涂布在底板上,在适宜的温度条件下,聚合物乳液中的水分挥发时,乳胶粒会互相融合、互相渗透,聚结为一体而形成连续均匀的薄膜。能够成膜的温度下限值叫作聚合物乳液的最低成膜温度,通常用 *MFT* 表示。*MFT* 为聚合物乳液的一个重要技术指标,对于聚合物乳液的生产和应用均具有重要的指导意义。生产者可根据所要求的 *MFT* 来进行配方设计,用户可根据聚合物乳液的 *MFT* 来确定其应用的条件和工艺。测试原理:在一块位于热源和冷源之间的金属(铝、不锈钢或铜)板上,形成一个合适的温度梯度,这块板可以是平滑的,也可以是从冷端到热端中间开几道槽。将乳液涂布在金属板上,或将乳液注入所开的槽中。用干燥空气流或干燥剂(硅胶、分子筛)干燥,测定乳液形成连续均匀的透明薄膜的极限温度,即为 *MFT*。用 QMB 型最低成膜温度测定仪测定乳液的最低成膜温度。

五、注意事项

注意事项如下:

(1)聚合反应开始后,有一自动升温过程。应严格控制聚合温度,使其不得高于 85 ℃,否则乳化剂的乳化效率将降低,并有溢料的危险。

(2)聚合过程中液面边缘若无淡蓝色现象出现,产物的稳定性将较差。若遇到此种情况,应重新进行实验。

六、思考题

讨论乳液聚合的工艺特点,指出其优缺点,并与悬浮聚合进行比较。

实验十五　苯乙烯-丙烯酸正丁酯核壳乳液共聚合

一、实验目的

(1)通过苯乙烯(St)-丙烯酸正丁酯(n-BA)核壳乳液共聚合,了解乳液共聚合的特点。

(2)掌握制备核壳结构复合聚合物乳液的方法。

二、实验原理

合成核壳聚合物乳液的方法实际上是种子乳液聚合,即首先通过一般乳液聚合制备第一单体的聚合物乳液作为种子乳液(核聚合),然后在种子乳液存在的情况下,加入第二单体(或几种单体的混合物)继续聚合(壳聚合),这样就形成了以第一单体的聚合物为核、第二单体的聚合物为壳的核/壳结构的核壳聚合物乳液。

如果以苯乙烯为主单体,同时加入少量的丙烯酸(AA)单体进行核聚合,而以丙烯酸正丁酯为单体,同时加入少量的丙烯酸单体进行壳聚合,即得到以聚苯乙烯(PS)为核、聚丙烯酸正丁酯为壳的核壳结构的复合聚合物乳液。

在第一阶段聚合中,以合成的聚苯乙烯(PS)乳胶粒作为种子乳液,再加入第二单体丙烯酸正丁酯、引发剂过硫酸钾和少量乳化剂进行第二阶段乳液聚合时,此时的聚合机理按接枝涂层理论机理进行。单体 n-BA 富集在种子乳胶粒 PS 的周围,PS 乳胶粒成为 n-BA 单体聚合的主要场所,所生成的聚合物 Pn-BA 富集在 PS 的周围形成以 PS 为核、Pn-BA 为壳的核壳结构聚合物,且核壳之间存在着 PS-Pn-BA 接枝共聚物,理想情况下不生成新的乳胶粒。在聚合过程中,少量的 PS-Pn-BA 接枝共聚物形成,使得核壳结构的复合聚合物的性能优于任何一种均聚物

(PS、Pn-BA 和 PS-Pn-BA 无规共聚物)的性能,如耐水性能、耐溶剂性能、软化点、弹性和机械强度等均有大幅度提高。特别是用于外墙涂料的基料,其最低成膜温度低、玻璃化温度(T_g)低、附着力好、耐水性能好、光泽度高,大大改善了夏季回黏性,从而提高了涂料的性能并延长了施工期。由此可见,制备复合聚合物是一种对聚合物改性的方法。

三、主要试剂与仪器

主要试剂:苯乙烯,碳酸氢钠,丙烯酸正丁酯,邻苯二甲酸二丁酯,丙烯酸,烷基酚聚氧乙烯醚(OP-10),过硫酸钾,十二烷基硫酸钠(SDS),去离子水。

主要仪器:250 mL 三口烧瓶 1 个,球形冷凝管 1 个,回流冷凝管 1 个,恒压滴液漏斗 1 个,电热水浴锅 1 套,电动搅拌器 1 套,搅拌棒 1 根、密封(玻璃或四氟)1 个,100 ℃温度计 1 支,量程为 10 mL、50 mL 的量筒各 1 个,50 mL 烧杯 1 个,天平(精度 0.001 g)1 台。实验装置如图 3-3 所示。

四、实验步骤

1.单体预乳化

在装有电动搅拌器、回流冷凝管和温度计的 250 mL 三口烧瓶中加入去离子水 45 mL,乳化剂 SDS 0.2 g、OP-10 1.0 g。水浴加热至 50~60 ℃,搅拌,当乳化剂完全溶解后,加入核单体(20 mL St 和 0.8 mL n-BA),使单体乳化 30~40 min。倒出已预乳化的核单体备用。

在上述装置中加入去离子水 15 mL,乳化剂 SDS 0.06 g、OP-10 0.2 g。水浴加热至 50~60 ℃,搅拌,当乳化剂完全溶解后,加入壳单体(6.5 mL n-BA 和 0.3 mL St),使单体乳化 30~40 min。倒出已预乳化的壳单体备用。

2.种子乳液聚合(核聚合)

在上述装置中加入引发剂溶液 8 mL(称取 0.4 g 过硫酸钾溶于 20 mL 去离子水中,配制成 2.0% 的引发剂溶液,供两组使用),将已乳化的核单体倒入滴液漏斗中。将体系加热至 80 ℃,并保持此温度,在搅拌下以半连续状态滴加已乳化的核单体。当体系中出现蓝色荧光时开始计时,1 h 后即可停止反应, 此时得到的白色乳状液即为种子乳液。

3.核壳乳液共聚合(壳聚合)

在上述种子乳液中补加引发剂溶液 2 mL,将已预乳化的壳单体倒入滴液漏斗中。以半连续状态滴加已乳化的壳单体,并控制反应温度为 80 ℃,当壳单体滴加完后升温至 90 ℃,保温,再反应 1 h 聚合完毕。加入 10%的碳酸氢钠溶液,调节体系的 pH 值为 7~8,再加入 2 mL 增塑剂邻苯二甲酸二丁酯,再搅拌 15 min,降温至 40 ℃以下出料,即得到以 PS 为核、Pn-BA 为壳的核壳结构复合乳液。

五、思考题

(1)何谓核壳乳液共聚合?

(2)写出以过硫酸钾为引发剂、苯乙烯为核单体、丙烯酸正丁酯为壳单体进行复合乳液聚合可能发生的有关聚合反应方程式。

(3)核壳乳液聚合得到的复合聚合物在性能上有什么特点?为什么?

(4)核壳乳液用作外墙涂料的基料有什么优点?

实验十六 丙烯酰胺溶液聚合

一、实验目的

(1)掌握溶液聚合的方法和原理。

(2)了解溶液聚合中溶剂对聚合反应的影响。

(3)掌握溶液聚合产物的处理方法。

二、实验原理

将单体溶于溶剂中进行聚合的方法叫作溶液聚合。如果由单体聚合得到的聚合产物溶解于该溶剂,则称为均相聚合;如果不溶,则称为沉淀聚合。自由基聚合、离子型聚合和缩聚反应均可采用溶液聚合的方法。

在沉淀聚合中,由于聚合物处在不良溶剂中,聚合物大分子链处于卷曲状态,端基被包裹,聚合一开始就出现自动加速现象,不存在稳态阶段。随着转化率的提高,包裹程度加深,自动加速效应也相应增强,不易发生双基终止而只能进行单基终止,故聚合速度将与引发剂浓度成正比。在均相聚合中,由于聚合物处在良溶剂中,聚合物大分子链处于比较伸展的状态,包裹程度浅,链端扩散容易,活性链端基容易相互靠近而发生双基终止。只有在高转化率时,才开始出现自动加速现象。若单体浓度不高,则有可能消除自动加速效应,使反应遵循正常的自由基聚合动力学规律。因此,溶液聚合是实验室中研究聚合机理及聚合动力学常用的方法之一。

进行溶液聚合时,由于溶剂并非完全是惰性的,其对反应会产生各种影响,故选择溶剂时应考虑以下几个问题:

(1)对引发剂分解的影响:偶氮类引发剂(如偶氮二异丁腈)的分解速度受溶剂的影响很小,但溶剂性质对有机过氧化物引发剂有较大的诱导分解作用。这种作用按下列顺序依次增大:芳烃、烷烃、醇类、醚类、胺类,诱导分解的结果是使引发剂的引发效率降低。

(2)溶剂的链转移作用:自由基是一个非常活泼的反应中心,它不仅能引发单体分子,还能与溶剂反应,夺取溶剂分子的一个原子,如氢或氯,以满足它的不饱和原子价。溶剂分子提供这种原子的能力越强,链的转移作用就越强。链转移的结果是使聚合物分子量降低。若反应生成的自由基活性降低,聚合速度也将降低。

(3)对聚合物的溶解性能:溶剂溶解聚合物的性能控制着活性链的形态(卷曲或伸展)及其黏度,它们决定了链终止的速度与分子量的分布。

与本体聚合相比,溶液聚合体系具有黏度低、混合及传热较容易、不易产生局部过热、温度容易控制等优点。但由于有机溶剂费用高、回收困难等,溶液聚合在工业上应用较少。在直接使用聚合物溶液的情况下,涂料、胶黏剂、浸渍剂和合成纤维纺丝液等采用溶液聚合的方法。

丙烯酰胺为水溶性单体,其聚合物也溶于水。本实验采用水作为溶剂进行溶液聚合,其优点是:价廉、无毒、链转移常数小、对单体及聚合物溶解性能好,为均相聚合。聚丙烯酰胺是一种优良的絮凝剂,水溶性好,被广泛应用于石油开采、选矿、化学工业及污水处理等方面。

三、主要试剂与仪器

主要试剂:丙烯酰胺,甲醇,过硫酸铵,去离子水。

主要仪器:250 mL 三口烧瓶 1 个,球形冷凝管 1 个,电热水浴锅 1 套,电动搅拌器 1 套,搅拌棒 1 根、密封(玻璃或四氟)1 个,100 ℃温度计 1 支,干燥管 1 根,量程为 10 mL、50 mL的量筒各 1 个,500 mL 烧杯 1 个,25 mL 烧杯 1 个,真空水泵装置 1 套,布氏漏斗 1 个,250 mL 抽滤瓶 1 个,天平(精度 0.001 g)1 台,表面皿 1 个。

四、实验步骤

实验步骤如下:

(1)在 250 mL 三口烧瓶上,装上电动搅拌器、球形冷凝管和温度计,同时将干燥管装在球形冷凝管上方。

(2)将 5 g(0.07 mol)丙烯酰胺和 40 mL 去离子水加入三口烧瓶中,开动搅拌,水浴加热至 30 ℃,使单体溶解。

(3)在 25 mL 烧杯中,称取 0.025 g 过硫酸铵,溶于 5 mL 去离子水中。

(4)把过硫酸铵水溶液从球形冷凝管上口加入反应瓶中,并用 5 mL 去离子水冲洗球形冷凝管。逐步升温至 90 ℃(注意升温速度不要过快),聚合物便逐渐生成。在 90 ℃下反应 2~3 h。

(5)反应完毕后,将所得产物倒入盛有 150 mL 甲醇的 500 mL 烧杯中,边倒边搅拌,这时聚丙烯酰胺便沉淀出来。静置片刻,向烧杯中加入少量甲醇,观察是否仍有沉淀生成。若还有,则再加少量甲醇,使聚合物沉淀完全,然后用布氏漏斗抽滤。沉淀物用少量甲醇洗涤3 次后,转移到表面皿上,在 30 ℃真空烘箱中干燥至恒重,称重,计算产率。

五、思考题

(1)进行溶液聚合时,选择溶剂应注意哪些问题?

(2)工业上在什么情况下采用溶液聚合?溶液聚合有哪些优缺点?

(3)反应中为何不能升温太快?

实验十七 低相对分子质量聚丙烯酸(钠盐)的合成和分析

一、实验目的

(1)掌握低相对分子质量聚丙烯酸的合成方法。

(2)了解链转移剂对聚合度的影响及原理。

(3)学习用端基滴定法测定聚丙烯酸的相对分子质量。

二、实验原理

聚丙烯酸是水质稳定剂的主要原料之一。高相对分子质量聚丙烯酸(相对分子质量在几万或几十万以上)多用于皮革工业、造纸工业等方面,作阻垢用的聚丙烯酸相对分子质量都在一万以下。聚丙烯酸相对分子质量的大小对阻垢效果有极大影响。各项实验表明,低相对分子质量聚丙烯酸阻垢作用显著,而高相对分子质量聚丙烯酸丧失阻垢作用。

丙烯酸单体极易聚合,因此可以通过本体、溶液、乳液和悬浮等聚合方法得到聚丙烯酸。它符合一般的自由基聚合反应规律,本实验用控制引发剂用量和应用调聚剂异丙醇合成低相对分子质量聚丙烯酸,并用端基滴定法测定其相对分子质量。

三、主要试剂与仪器

主要试剂:丙烯酸,过硫酸铵,异丙醇,氯化钠,氢氧化钠标准溶液,浓氢氧化钠溶液。

主要仪器:250 mL 四口烧瓶 1 个,回流冷凝管 1 个,恒压滴液漏斗 1 个,电热水浴锅 1 套,电动搅拌器 1 套,搅拌棒 1 根、密封(玻璃或四氟)1 个,100 ℃温度计 1 支,量程为 10 mL、50 mL 的量筒各 1 个,100 mL 烧杯 1 个,pH 计 1 支,天平(精度 0.001 g)1 台。

四、实验步骤

1.低相对分子质量聚丙烯酸的合成

(1)在装有电动搅拌器、回流冷凝管、恒压滴液漏斗和温度计的 250 mL 四口烧瓶中,加入 100 mL 蒸馏水和 2 g 过硫酸铵。待过硫酸铵溶解后,加入 10 g 丙烯酸单体和 16 g 异丙醇。开启电动搅拌器,加热,使瓶内温度达到 65~70 ℃。

(2)将 40 g 丙烯酸单体和 2.5 g 过硫酸铵在 40 mL 水中溶解,由恒压滴液漏斗渐渐滴入瓶内,由于聚合过程中放热,瓶内温度有所升高,反应液逐渐回流。丙烯酸和过硫酸铵溶液用约 0.5 h 滴完。

(3)在 90 ℃温度下继续回流 1 h,反应即可完成。聚丙烯酸的相对分子质量为 500~4 000。

(4)如要得到聚丙烯酸钠盐,则在已制成的聚丙烯酸水溶液中,加入浓氢氧化钠溶液(浓度为 30%),边搅拌边进行中和,使溶液的 pH 值达到 10~12 即停止,即制得聚丙烯酸钠盐。

2.端基滴定法测定聚丙烯酸的相对分子质量

准确称量约 0.2 g 样品放入 100 mL 烧杯中,加入 1 mol/L 的氯化钠溶液 50 mL,用 0.2 mol/L 的氢氧化钠标准溶液滴定,测定其 pH 值,用所消耗的氢氧化钠标准溶液毫升数对 pH 值作图,找出终点所消耗的碱量。

利用下式计算聚丙烯酸的相对分子质量

$$\overline{M}_n=\frac{2}{\frac{1}{72}-\frac{VM}{1\ 000m}}$$

式中：$\overline{M}_n$——聚丙烯酸相对分子质量；

V——试样滴定所消耗的氢氧化钠标准溶液体积，cm^3；

M——氢氧化钠标准溶液的摩尔浓度，mol/L；

m——试样质量，g；

72——每 1 g 样品所含有的羧基摩尔理论值；

2——聚丙烯酸 1 个分子链两端各有 1 个酯基。

五、注意事项

注意事项如下：

(1)聚丙烯酸样品需经薄膜蒸发器干燥处理或在石油醚中沉淀，沉淀物晾干后在 50 ℃烘箱中烘干，再于 50 ℃真空烘箱中烘干。

(2)丙烯酸聚合物的酸性较其对应单体要弱，其滴定曲线随中和程度的增加而上升缓慢。当聚丙烯酸只溶于水时，不易被精确地滴定，但是如果滴定在 0.01~1 mol/L 的中性盐类溶液中进行，滴定终点是清楚的，滴定是准确的。

(3)样品加入盐类溶液后的浓度对滴定情况有很大影响。如果样品浓度大，加入的中性盐类溶液的浓度也会相应增大，否则浓度大的样品的滴定曲线终点转折不明显(即不易确定终点)。这是因为加入中性盐类溶液，被电离的羧基周围的电离电偶层的厚度减小，从而降低了对其相邻羧基的电离效果，进而引起酸强度的增加。中性盐类溶液对电离度的作用基本上取决于它们的浓度及阳离子大小，但几乎不受阴离子特性的影响。

六、思考题

(1)连锁聚合合成高聚物的方法有哪几种？本实验采用的聚合方法是什么？

(2)如何控制聚丙烯酸的低相对分子质量？

(3)端基滴定法测定聚丙烯酸相对分子质量的原理是什么？

(4)本实验中需注意的操作有哪些？

实验十八　乙酸乙烯酯溶液聚合

一、实验目的

(1)了解向溶剂的链转移反应对聚合度的影响。

(2)通过乙酸乙烯酯溶液聚合，加强对溶液聚合特点的认识，进一步学习溶液聚合的方法。

二、实验原理

溶液聚合是单体、引发剂在适当的溶剂中进行的聚合反应。根据聚合物在溶剂中溶解与否，溶液聚合分为均相聚合和非均相聚合（或沉淀聚合）。自由基聚合、离子型聚合和缩聚反应均可采用溶液聚合。

在均相聚合中，当聚合物处在良溶剂中时，聚合物大分子链处于比较伸展的状态，包裹程度较浅，链端扩散容易，活性链端基容易靠近而发生双基终止。只有在高转化率时，才开始出现自动加速现象。如果单体浓度不高，则有可能观察不到自动加速现象，聚合反应可遵循正常的自由基聚合动力学规律。因此，溶液聚合方法是实验室中研究聚合机理、聚合动力学常用的方法之一。

在沉淀聚合中，由于聚合物处在不良溶剂中，聚合物大分子链处于卷曲状态，端基被包裹，聚合一开始就出现自动加速现象，不存在稳态阶段。随着转化率的提高，包裹程度加深，自动加速现象加剧。沉淀聚合的动力学行为与均相聚合有明显的不同。均相聚合阶段按双基终止机理，聚合速度与引发剂浓度的平方根成正比。沉淀聚合一开始就呈非稳态，包裹程度极深，只能单基终止，聚合速度与引发剂浓度成正比。

溶液聚合的一个突出特点就是在聚合过程中存在链转移问题。高分子链自由基向溶剂分子的链转移可在不同程度上使产物的分子量降低。若以 C_S 表示溶剂的链转移常数，以 $[S]$ 表示溶剂的浓度，以 $[M]$ 表示单体的浓度，则溶剂对聚合物分子量的影响可以用下式表示：

$$\frac{1}{\overline{DP}_0}=\frac{1}{\overline{DP}}+C_S\cdot\frac{[S]}{[M]}$$

式中：$\overline{DP}_0$——无溶剂存在时的平均聚合度；

$\overline{DP}$——有溶剂存在时的平均聚合度。

聚合温度也很重要，随着温度的升高，反应速度加快，相对分子质量降低。当其他条件固定时，随着温度的升高，链转移反应速度也会加快，所以选择合适的温度，对保证聚合物的质量是很有意义的。表 3-2 列出了乙酸乙烯酯自由基在甲醇中聚合时，在不同反应温度下的链转移常数值。

表 3-2　乙酸乙烯酯自由基在不同反应温度下聚合的链转移常数值（甲醇中）

温度/℃	50	60	70
$C/(\times10^4)$	2.55	3.20	3.80

单体转化率对相对分子质量及相对分子的质量分布也有一定影响，因为随着转化率的变化，影响相对分子质量的因素，如引发剂、单体、溶剂及生成的大分子等的浓度均发生了变化，所以在不同时期里，生成的高聚物相对分子质量也不同。转化率越高，相对分子质量分布宽度也就越宽。

在溶剂浓度较小的乙酸乙烯酯聚合反应中，一般随着转化率的增加，反应速度逐渐提高，这说明有自动加速现象存在。当转化率达到 50%左右时，反应速度开始急剧下降。在这种条件下，要达到高转化率，聚合时间就要延长。因此，在工业生产中，转化率一般控制在 50%左右。一般在工业化生产中，乙酸乙烯酯溶液聚合条件如下：

（1）乙酸乙烯酯：甲醇＝80∶20（质量比）；偶氮二异丁腈：乙酸乙烯酯＝（0.02%～0.05%）∶1。

（2）聚合温度：65 ℃。

（3）转化率：50%。

三、主要试剂与仪器

主要试剂：乙酸乙烯酯，偶氮二异丁腈，无水乙醇，去离子水。

主要仪器：250 mL 三口烧瓶 1 个，球形冷凝管 1 个，电热水浴锅 1 套，电动搅拌器 1 套，搅拌棒 1 根、密封（玻璃或四氟）1 个，100 ℃温度计 1 支，量程为 10 mL、50 mL 的量筒各 1 个，1 000 mL 大烧杯 1 个，50 mL 烧杯 2 个，天平（精度 0.001 g）1 台，搪瓷碗 1 个。

四、实验步骤

实验步骤如下：

(1) 在装有电动搅拌器、回流冷凝管、温度计的干燥洁净的 250 mL 三口烧瓶中依次加入新精制过的乙酸乙烯酯 30 mL、0.03 g 偶氮二异丁腈和 10 mL 无水乙醇，在搅拌下水浴加热（为了便于观察，用 1 000 mL 大烧杯做水浴），使其回流（水浴温度控制在 70 ℃），反应温度控制在 65 ℃。

(2) 当反应物变得黏稠，转化率为 50% 左右时，加入 20 mL 乙醇，使三口烧瓶中反应物稀释，然后将溶液慢慢倒入盛水的搪瓷碗中。聚乙酸乙烯酯呈薄膜析出，待膜不黏结时，用水反复洗涤，晾干后，剪成碎片，放入烘箱内进行干燥。计算产率。

五、注意事项

注意事项如下：

(1) 当反应进行到一定程度时，由于聚合物不断形成，体系越来越黏稠，在转化率为 50% 左右时，体系很黏，以致所有聚合物完全脱离瓶壁粘在搅拌棒上，形成一大块，这时即可停止反应。

(2) 干燥聚合物时，最好在真空烘箱中进行，温度控制在 40～50 ℃（真空度为 -0.09 MPa），至聚合物恒重，这样能更好地除去未反应的单体、溶剂和水。普通干燥箱需要更长的时间干燥，才能达到基本要求。

六、思考题

(1) 计算聚乙酸乙烯酯的产率。

(2) 试以乙酸乙烯酯溶液聚合为例，说明溶液聚合的特点，并分析影响溶液聚合反应的因素。

(3) 请根据本实验投料量计算实验配方，并与有机化工厂工艺配方相比较，看在哪些方面做了变更。预计一下这些变更对聚合反应和产物有什么影响。

实验十九　苯乙烯的阴离子聚合

一、实验目的

(1)了解苯乙烯的阴离子聚合反应机理。

(2)掌握苯乙烯的阴离子聚合方法。

二、实验原理

本实验为苯乙烯于环己烷中在阴离子引发剂正丁基锂作用下进行的阴离子聚合反应：

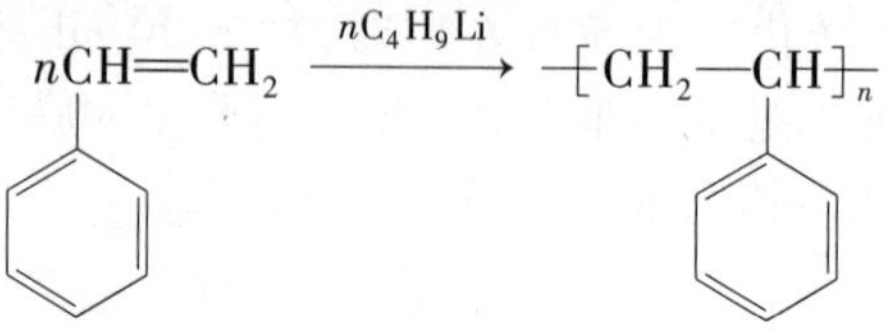

其链引发、链增长和链终止反应如下：

(1)链引发：

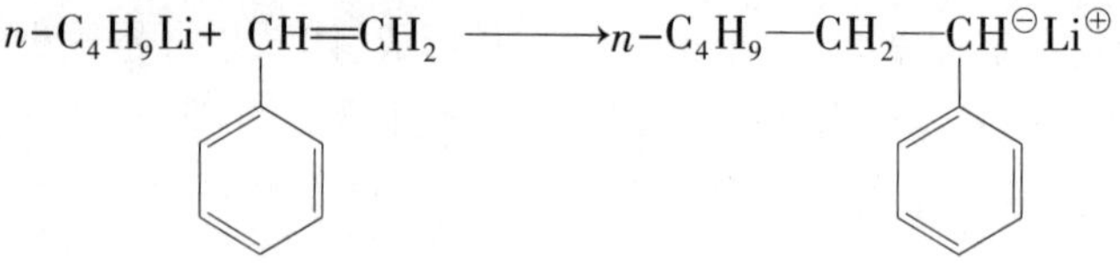

正丁基锂与苯乙烯单体加成，形成碳阴离子活性中心，引发速度快，生成的苯乙烯的阴离子呈橘红色。

(2)链增长：

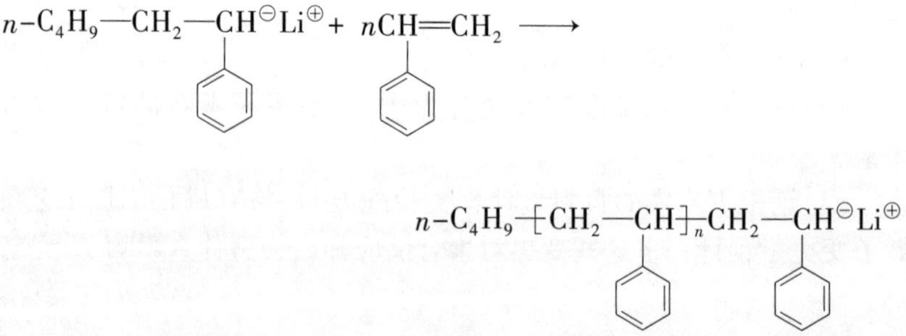

生成的阴离子活性种继续与苯乙烯单体进行加成反应，生成长链活性种，颜色保持橘红色。

(3)链终止：因为阴离子聚合中活性种在没有杂质和链转移剂存在的情况下是不会自发终止的，即“活性聚合”，所以在聚合反应完成后须加入终止剂，如水、醇等终止反应。

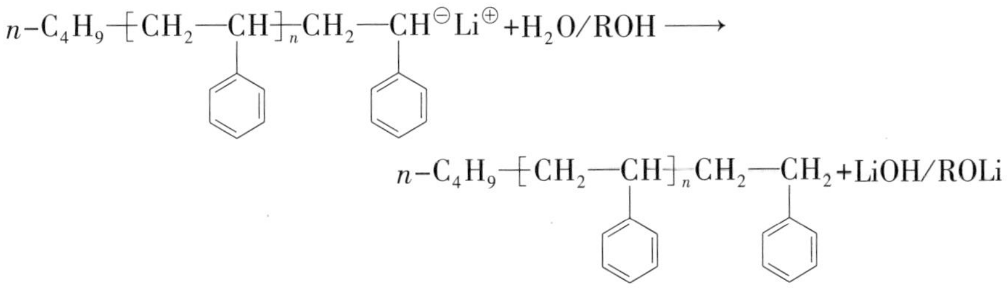

也可加入 CO_2、环氧乙烷等合成末端带有官能团的聚合物：

$$\sim\sim\sim S^{\ominus}Li^{\oplus} + CO_2 \longrightarrow \sim\sim\sim SCOO^{\ominus}Li^{\oplus} \xrightarrow{H^+} \sim\sim\sim SCOOH$$

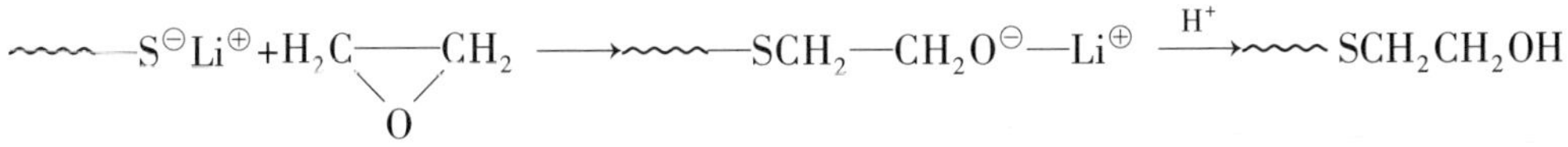

阴离子连锁聚合反应具有“快引发、慢增长、无终止”的特点，其聚合反应速度(R_p)及平均聚合度(X_n)可用下式表述：

$$R_p = K_p[M^-][M]$$

$$X_n = n[M]/[C]$$

在聚合反应速度表达式中：$[M]$为单体浓度；$[M^-]$为活性种浓度。在一般情况下，阴离子聚合时$[M^-]$为$10^{-3} \sim 10^{-2}$ mol/L，而自由基聚合反应时活性种浓度$[M^-]$为 $10^{-9} \sim 10^{-7}$ mol/L，因此一般阴离子聚合速度比自由基聚合速度快 $10^4 \sim 10^7$倍。在平均聚合度表达式中，$[C]$为引发剂浓度，对于单阴离子引发剂 $n=1$，对于双阴离子引发剂 $n=2$，其分子量分布服从 Flory 分布，即：

当重均聚合度 X_W很大时，X_W/X_n接近于 1，所以阴离子聚合所制备的聚苯乙烯分子量分布宽度很窄，常用于分子量及分子量分布测定的标准样品。

三、主要试剂与仪器

主要试剂：苯乙烯，环己烷，正丁基锂溶液，高纯氮(99.99%)，异丙醇，乙醇(浓度 95%)。

主要仪器：氮气干燥净化器 1 套，真空油泵 1 台，25 mL 聚合瓶 1 个，注射器 1 个，电热水浴锅 1 套，100 ℃温度计 1 支，天平(精度 0.001 g)1 台。

四、实验步骤

取聚合瓶 1 个，接好氮气净化器和真空油泵，抽空、火烤、充氮 3 次。用经氮气及少量环己烷洗涤后的注射器分别向聚合瓶中注入 10 mL 环己烷、4 mL 苯乙烯，摇匀。边摇边用注射器注入正丁基锂溶液，待溶液出现淡黄色后，证明体系中残余杂质已除尽，接着加入定量的正丁基锂溶液(用量由产物设计分子量确定)，此时溶液立即变成苯乙烯阴离子的橘红色。在电热水浴锅中 50 ℃恒温反应 3 h，用注射器注入 0.2 mL 异丙醇终止反应，橘红色消失，把聚合物溶液在搅拌下加到 30 mL 乙醇(浓度 95%)中使聚合物沉淀，过滤得到聚苯乙烯。经真空干燥后，称重，测定转化率。

五、实验结果

合成设计分子量为 6 万、8 万、10 万、12 万的聚苯乙烯，测定转化率，所得产品用凝胶渗透色谱仪(GPC)测定其分子量及分布,并与自由基聚合所得聚苯乙烯做比较。

六、思考题

为什么聚合前要加入少量正丁基锂溶液?

实验二十　丙烯腈的阴离子聚合

一、实验目的

了解阴离子型聚合反应的特点,掌握低温聚合操作方法。

二、实验原理

离子型聚合是合成高聚物的方法之一。与自由基聚合反应不同,离子型聚合是在无机引发剂的作用下,通过离子反应历程进行的。根据增长活性中心不同,离子型聚合可分为阳离子聚合、阴离子聚合和定向聚合。

离子型聚合对单体结构有更好的选择,具有较强的推电子取代基以及共轭取代基的烯类单体如异丁烯、乙烯基醚类,以及共轭二烯烃,有利于进行阳离子聚合。另外,某些环醚类单体如四氢呋喃也可以进行阳离子聚合。具有较强的吸电子取代基以及共轭取代基的烯类单体(如丙烯腈、甲基丙烯酸甲酯等)则有利于进行阴离子聚合。不同的聚合反应对单体的选择性不仅取决于反应前单体的结构,更重要的是取决于形成的增长活性中心的结构和稳定性。

离子型聚合对于聚合反应的条件较为敏感,对于试剂的纯度和干燥度要求很严格。为了更好地控制反应,通常都是在低温和溶液中及在氮气保护下进行聚合反应的。

本实验以石油醚为溶剂,以乙醇钠为引发剂,使丙烯腈进行阴离子聚合。其反应机理如下:

(1)链引发反应:

$$CH_3ONa + CH_2{=}\underset{\underset{CN}{|}}{CH} \longrightarrow CH_3O{-}CH_2{-}\underset{\underset{CN}{|}}{CH^{\ominus}}Na^{\oplus}$$

(2)链增长反应:

$$CH_3O{-}CH_2{-}\underset{\underset{CN}{|}}{CH^{\ominus}}Na^{\oplus} + nCH_2{=}\underset{\underset{CN}{|}}{CH} \longrightarrow CH_3O{+}CH_2{-}\underset{\underset{CN}{|}}{CH}{+}_n CH_2{-}\underset{\underset{CN}{|}}{CH^{\ominus}}Na^{\oplus}$$

(3)链终止反应:

$$CH_3O{+}CH_2{-}\underset{\underset{CN}{|}}{CH}{+}_n CH_2{-}\underset{\underset{CN}{|}}{CH^{\ominus}}Na^{\oplus} + HCl \longrightarrow$$

$$CH_3O{+}CH_2{-}\underset{\underset{CN}{|}}{CH}{+}_n CH_2{-}\underset{\underset{CN}{|}}{CH_2} + NaCl$$

聚合反应的速度取决于单体浓度、引发剂的浓度及反应的温度。聚合物的相对分子质量取决于单体浓度和引发剂的浓度。

三、主要试剂与仪器

主要试剂:丙烯腈,石油醚,甲醇,金属钠,盐酸,酚酞,去离子水。

主要仪器:250 mL 四口烧瓶 1 个,回流冷凝管 1 个,恒压滴液漏斗 1 个,球形冷凝管 1 个,250 mL 锥形瓶 1 个,50 mL 量筒 1 个,5 mL 移液管 1 个,电热水浴锅 1 套,电动搅拌器 1 套,搅拌棒 1 根、密封(玻璃或四氟)1 个,100 ℃温度计 1 支,天平(精度 0.001 g)1 台。

四、实验步骤

1.引发剂甲醇钠的制备

量取无水甲醇 25 mL,倒入带有回流冷凝管的 250 mL 锥形瓶中,开始用电热水浴锅加热,待甲醇回流后,称取表面清洁并用滤纸擦净煤油的金属钠 2 g(见注释①),切成小块,慢慢地从回流冷凝管上端放入锥形瓶中,加完后继续回流 1 h,停止加热,冷却备用。

2.甲醇钠溶液的标定

用移液管吸取甲醇钠 5 mL,放入锥形瓶中,加入 2 滴酚酞,用已知浓度的盐酸滴定至红色消失。计算甲醇钠溶液的浓度(见注释②)。

3.聚合

在装有电动搅拌器、球形冷凝管、恒压滴液漏斗和温度计的 250 mL 四口烧瓶中,加入 20 mL石油醚(沸点 30~60 ℃)和 10 mL 新蒸馏的丙烯腈,开启电动搅拌器,使瓶内温度冷却到 −15 ℃(见注释③),并保持此温度。然后用移液管吸取 2 mL 甲醇钠溶液向恒压滴液漏斗中滴加。由于反应放热,温度自动上升,此时需设法用冷冻剂控制反应温度,使体系的温度保持在 −15 ℃,继续反应 45 min,加入 6 mol/L 的盐酸 15 mL,再搅拌 15 min,停止反应。将聚合物倒入冰水中,然后过滤聚合物,用水洗,再用少量甲醇洗,以除去未反应的单体,再用水洗至中性。最后用少量去离子水洗 2 次,抽干后,在 60 ℃烘箱中烘干。

五、注释

①金属钠要用干燥的镊子取出,放在干燥洁净的瓷板上,用干净的小刀切,如表面有黄色物质需切去,动作要快,以免在空气中氧化。

②甲醇钠作引发剂使丙烯腈聚合,其引发剂的浓度为 2~5 mol/L。

③冷冻剂可采用干冰−丙酮或冰−氯化钙,其质量比均为 3∶2。冰块要小些,并需与氯化钙混合均匀。

六、思考题

(1)有下列单体:

$CH_2{=}CH(CH_3)$; $CH_2{=}CH(Cl)$; $CH_2{=}CH(OCOCH_3)$

需采用哪种引发剂才能制得高相对分子质量聚合物？

(2)试计算本实验中聚丙烯腈的理论相对分子质量。

(3)要制备结构比较规整、相对分子质量比较大的聚丙烯腈，应采用何种聚合方法？

实验二十一　四氢呋喃阳离子开环聚合

一、实验目的

(1)通过四氢呋喃阳离子开环聚合，了解阳离子开环聚合反应的机理和反应条件。

(2)制备的低相对分子质量的聚四氢呋喃(简称聚醚)可作为聚醚型聚氨酯的原料和环氧树脂的改性剂。

二、实验原理

四氢呋喃为五元环的环醚类化合物。其环上氧原子具有未共用电子对，为亲电中心，可与亲电试剂，如 Lewis 酸、含氢酸(如硫酸、高氯酸、乙酸等)发生反应进行阳离子开环聚合。但四氢呋喃为五元环单体，环张力较小，聚合活性较低，反应速度较慢，在较强的含氢酸引发作用下，才能发生阳离子开环聚合。实验证明，四氢呋喃在高氯酸引发(存在乙酸酐)作用下，可合成相对分子质量为 1 000~3 000 的聚四氢呋喃。化学反应原理如下：

(1)链引发反应：

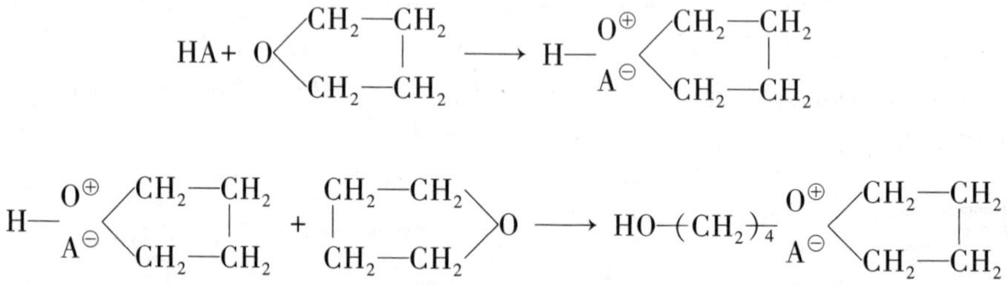

(2)链增长反应：

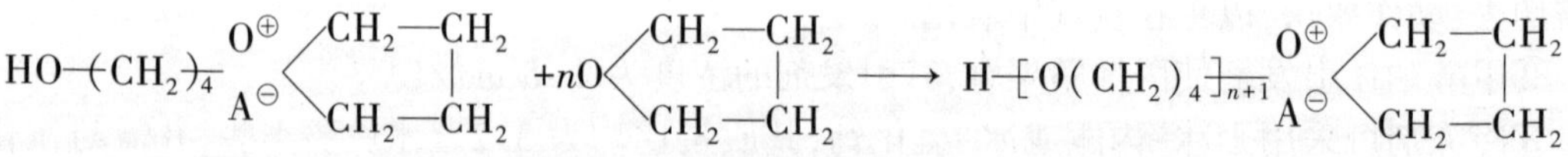

(3)链终止反应：

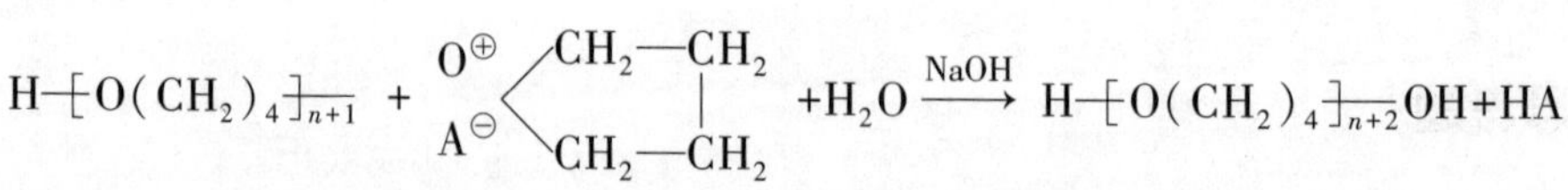

$$HA+NaOH \longrightarrow NaA+H_2O$$ (HA 代表高氯酸 $HClO_4$)

由以上聚合反应过程可知，该反应的主产物是聚四氢呋喃，副产物是高氯酸钠和乙酸钠。

三、主要试剂与仪器

主要试剂：四氢呋喃，乙酸酐，高氯酸，氢氧化钠，甲苯。

主要仪器：500 mL 四口烧瓶 2 个，恒压滴液漏斗 2 个，电动搅拌器 2 套，搅拌棒 2 根、密封(玻璃或四氟)2 个，(−50～+50 ℃)低温温度计 2 支，分液漏斗 1 个，蒸馏装置 1 套，1 000 mL 大烧杯 1 个，回流装置1 套，天平(精度 0.001 g)1 台。

四、实验步骤

1.原料用量比

乙酸酐：高氯酸：四氢呋喃：氢氧化钠 = 1：0.067：5.9：2.92(物质的量比) = 1.02：6.7：430：116.8(质量比)。

2.催化剂制备

在装有电动搅拌器、低温温度计(量程为−50～50 ℃)、恒压滴液漏斗的 500 mL 四口烧瓶中，加入乙酸酐 102 g，冷却至(−10±2)℃(见注释①)，在低速搅拌下缓慢滴加高氯酸 6.7 g，温度控制在(2±2)℃，加完高氯酸后再搅拌 5～10 min，即制成催化剂(金黄色)，放入冰箱中备用。

3.聚四氢呋喃的合成

在装有电动搅拌器、低温温度计(量程为−50～+50 ℃)、恒压滴液漏斗的 500 mL 四口烧瓶中，加入四氢呋喃 430 g，并冷却至(−10±2)℃，在搅拌下加入上述催化剂，温度控制在(2±2)℃。加完催化剂后于(2±2)℃温度下反应 2 h(缓慢搅拌)，再升温至(10±2)℃反应 2 h，然后将体系冷却至(5±2)℃，滴加 NaOH 溶液(浓度 40%)(见注释②)，使体系 pH 值为 6～8。

换上蒸馏装置，蒸出未反应的四氢呋喃，收集 65～67 ℃的馏分(回收)。再换上回流装置，继续加热，使体系温度保持在 116～120 ℃，强烈搅拌 4～5 h，反应完毕。当物料温度降至 50 ℃以下时出料，将反应物料倒入 1 000 mL 的大烧杯中。

4.聚合物后处理

在反应物料中加入 100～150 mL 甲苯、100 mL 蒸馏水，并用乙酸酐或氢氧化钠溶液将体系的 pH 值调节为 7～8。将上层物料倒入分液漏斗中，分去下层的水层，用蒸馏水洗涤 4～5 次(每次加蒸馏水 50～100 mL)至体系的 pH 值为 7。

再换上蒸馏装置蒸出甲苯−水，收集 110.6 ℃的馏分(回收)，即得到聚四氢呋喃。将聚四氢呋喃置于温度为 50～60 ℃、压力为 21.3 kPa(160 mmHg)的真空干燥箱中干燥脱水 3 h，最后得到相对分子质量为 2 000～3 000 的聚四氢呋喃。

五、相对分子质量测定

端羟基聚四氢呋喃相对分子质量的测定方法可参照“实验三十　凝胶渗透色谱(GPC)法测分子量”。

六、注释

①体系的低温控制可采用熔融氯化钙−冰体系或氯化钠−冰体系，根据温度要求，将两者按

一定比例混合，冰块小些、氯化钠多些，则体系的温度较低。

②在滴加 NaOH 溶液（浓度 40%）时，需注意滴加速度，开始时需慢慢滴加，随着终止反应的进行，反应速度逐渐减慢，可以加快滴加速度，但注意不要使体系的温度超过 40 ℃，否则，由于反应剧烈，物料有冲出的危险。

七、思考题

（1）阳离子聚合时，对单体和催化剂有什么要求？

（2）阳离子聚合时，为什么不能有水？为什么需要在低温下进行？

实验二十二　己二酸和乙二醇的缩聚反应及其反应动力学

一、实验目的

（1）了解平衡缩聚反应的机理及反应条件对聚合反应的影响。

（2）掌握缩聚反应及其反应动力学的研究方法。

二、实验原理

通常的缩聚反应是带有双官能团或多官能团的单体，按照逐步反应历程生成长链高分子，同时有低分子副产物产生。以二元醇和二元酸合成聚酯为例，二元醇和二元酸第一步反应形成二聚体，然后产生三聚体及四聚体：

$$\text{HOROH} + \text{HOOCR'COOH} \rightleftharpoons \text{HOROCOR'COOH} + H_2O$$

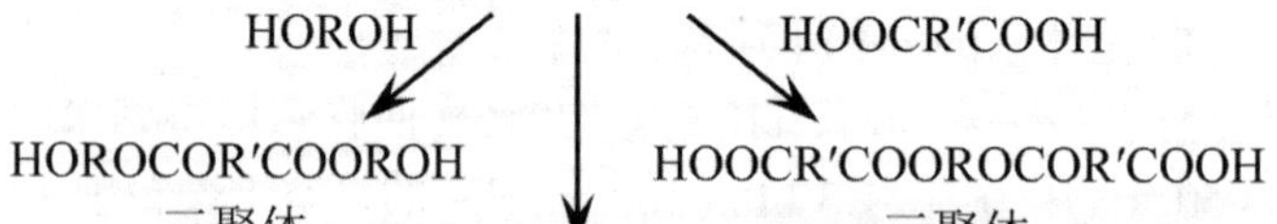

三聚体和四聚体可以相互反应，可以自身反应，也可以与单体、二聚体反应，含羟基的任何聚体和含羧基的任何聚体都可以进行反应，形成通式如下：

$$n\text{-聚体}+m\text{-聚体} \rightleftharpoons (n+m)\text{-聚体}+\text{水}$$

大部分线性缩聚反应是可逆反应，但可逆程度有差别，可逆程度可由平衡常数来衡量，如聚酯化反应：

$$—\text{OH} + —\text{COOH} \underset{k_{-1}}{\overset{k_1}{\rightleftharpoons}} —\text{OCO}— + H_2O$$

$$K=\frac{k_1}{k_{-1}}=\frac{[\text{—OCO}][H_2O]}{[\text{—OH}][\text{—COOH}]}$$

聚酯缩聚反应属于平衡缩聚反应,其平衡常数 K 为 4~10。当反应条件改变时,平衡即被破坏。影响反应的主要因素有:配料比、反应温度、催化剂、反应程度、反应时间、去水程度等。

本实验通过己二酸与乙二醇进行缩聚反应制备聚酯,并了解平衡缩聚反应机理及排除小分子的实施方法,同时掌握缩聚反应动力学的研究方法。

$$nHOOC(CH_2)_4COOH+nHOCH_2CH_2OH \rightleftharpoons HO\text{—}[CO(CH_2)_4COOCH_2CH_2]_n\text{—}OH+(2n-1)H_2O$$

如果体系中羧基和羟基的摩尔质量相等,即起始浓度都为 $[C_0]$,则可得到反应程度 p 与反应物浓度的关系式:

无外加酸催化剂,密闭体系达到平衡时,反应级数为 3:

$$\frac{1}{(1-p)^2}=2[C_0]^2kt+1$$

有外加酸催化剂时,反应级数为 2:

$$\frac{1}{1-p}=k'[C_0]t+1$$

反应程度 p 可通过析出的副产物水的量计算:

$$p=(C_0-C_t)/C_0=n/n_0$$

式中:n——收集到的水量;

n_0——反应理论应产生的水量。

测定不同反应时间 t 后的 p 值,可求出反应速度常数 k 或 k'。又根据 Arrhenius 方程:

$$k=A\exp\left(-\frac{E_a}{RT}\right)$$

即:

$$\ln k=\ln A-\frac{E_a}{RT}$$

用不同温度 T 下测得的 $\ln k$ 值对 $1/T$ 作图,由直线的斜率和截距即可求得反应活化能 E_a 和频率因子 A。

三、主要试剂与仪器

主要试剂:己二酸,乙二醇,对甲苯磺酸。

主要仪器:250 mL 三口烧瓶 1 个,回流冷凝管 1 个,电热水浴锅 1 套,电动搅拌器 1 套,搅拌棒 1 根、密封(玻璃或四氟)1 个,100 ℃温度计 1 支,10 mL 量筒 1 个,天平(精度 0.001 g)1 台。

反应装置如图 3-4 所示。

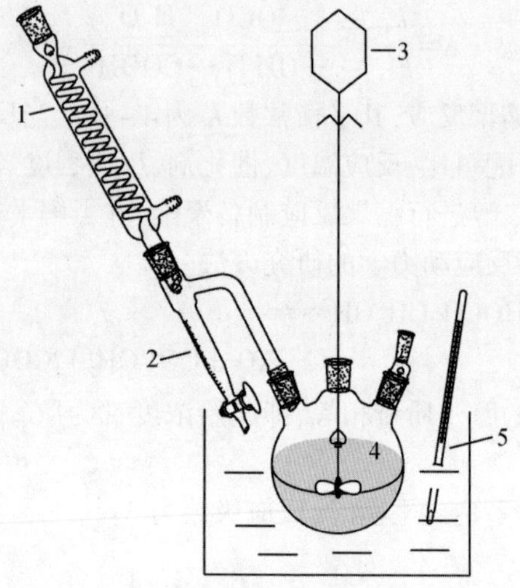

图 3-4　反应装置图

1—回流冷凝管；2—油水分离器；3—电动搅拌器；4—三口烧瓶；5—温度计

四、实验步骤

实验步骤如下：

（1）将三口烧瓶（干燥）架入集热式电热套中，往瓶内依次放入搅拌棒、0.25 mol（36.5 g）己二酸、0.25 mol（14 mL）乙二醇和 0.06 g 对甲苯磺酸。开始升温并安装仪器的其余部分，包括温度计和带刻度的油水分离器，分离器上安回流冷凝管。

（2）迅速加热至回流温度（约 150 ℃），并保持恒温直至出水量达到理论总水量的 1/4 左右，在此期间每分钟记录一次时间、温度和出水量。

（3）将反应温度迅速升至约 165 ℃，并恒温直至出水量达到理论总水量的 1/2，每分钟记录一次时间、温度和出水量。

（4）将反应温度迅速升至约 175 ℃，并恒温直至出水量达到理论总水量的 3/4，同样每分钟记录一次时间、温度和出水量。

（5）再将反应温度迅速升至约 185 ℃，并恒温至出水速度显著减小，其间要坚持记录，在出水速度很慢后出水量的记录间隔可以适当延长，但仍要十分注意保持反应温度的恒定。

（6）再将反应温度迅速升至约 195 ℃，使反应进行完全。

五、实验结果

（1）根据出水量计算反应程度。

（2）绘制出水量、反应程度及聚合度与聚合时间的变化曲线。实验数据记录表如表 3-3 所示。

表 3-3 实验数据记录表

温度/℃	时间/min	出水量/mL	羧基浓度/($mmol \cdot L^{-1}$)	反应程度 p	反应速度常数 k'/($L \cdot mmol^{-1} \cdot S^{-1}$)

(3)用不同温度 T 下测得的 $\ln k'$ 值对 $1/T$ 作图,由直线的斜率和截距计算反应活化能 E_a 和频率因子 A。

六、思考题

(1)在聚酯缩聚反应中,哪些因素对产物的聚合度有影响?
(2)为什么聚酯缩聚反应在初始阶段出水较快?
(3)如何保证投料配比按等物质的量进行?

七、注意事项

注意事项如下:
(1)本实验单独完成时间较长,可以将全班学生分成数组,共同完成实验,每组只测一个温度下的 k 值。
(2)每次取样都应在当时反应温度下进行。

实验二十三 癸二酰氯与己二胺的界面缩聚

一、实验目的

(1)深入了解逐步聚合机理及界面缩聚原理。
(2)掌握采用界面缩聚实施方法制备聚癸二酰己二胺的方法。

二、实验原理

很多缩聚反应中所使用的单体因其官能团不是特别活泼，所以聚合速度慢，需要高温；或者反应是平衡反应，需要除去小分子副产物来促使反应完全。如果使用带活泼官能团的单体，则反应速度快，在室温下就可以进行聚合物的制备。低温缩聚中典型的工艺有溶液缩聚和界面缩聚，而界面缩聚又是相转移聚合中典型的实施方法。界面缩聚是将两种单体分别溶于两种不互溶的溶剂中，再将这两种溶液倒在一起，在两液相的界面上进行缩聚反应，聚合产物不溶于溶剂，在界面析出。

由于反应只在界面上进行，所以它在机理上不同于一般的逐步聚合反应，某些特征有点类似于连锁聚合，其主要特点是：

（1）界面缩聚是一种不平衡缩聚反应，小分子副产物可被溶剂中某一物质消耗吸收。

（2）由于反应温度低，要求单体的反应活性高，反应速度常数高达 $10^4 \sim 10^5\ L \cdot mol^{-1} \cdot S^{-1}$。

（3）聚合速度比单体的扩散速度快，反应活性高的单体来不及扩散穿过处在界面上的聚合物膜生成新的增长链，就和聚合物分子链端的官能团发生反应，因此该反应一般是受扩散控制的反应。

（4）两种单体无须以严格的当量比投料，它们在从两相扩散到界面时会自动形成等当量关系。

（5）高分子量聚合物的生成与总转化率无关。

（6）反应温度低，可避免因高温而导致的副反应，有利于高熔点耐热聚合物的合成。

界面缩聚主要分为不搅拌的界面缩聚、搅拌的界面缩聚及可溶的界面缩聚，其中只有搅拌的界面缩聚已应用于工业化生产。本实验利用不搅拌的界面缩聚来合成聚癸二酰己二胺，反应式如下：

$$nClOC\text{-}(CH_2)_8\text{-}COCl + nH_2N\text{-}(CH_2)_6\text{-}NH_2 \longrightarrow Cl\text{-}[OC\text{-}(CH_2)_8\text{-}COHN\text{-}(CH_2)_6\text{-}NH]_n\text{-}H + (2n-1)HCl$$

因此在实验中可以通过多次观察界面的形成和聚合的发生来掌握界面缩聚的方法和影响因素，直观地反映界面缩聚的原理和特点。

三、主要试剂与仪器

主要试剂：癸二酰氯，己二胺，无水四氯化碳，氢氧化钠。

主要仪器：量程为 100 mL、250 mL 的烧杯各 1 个，量程为 10mL、50 mL 的量筒各 1 个，玻璃棒 1 根，镊子 1 个，表面皿 1 个，天平（精度 0.001 g）1 台。

反应装置如图 3-5 所示。

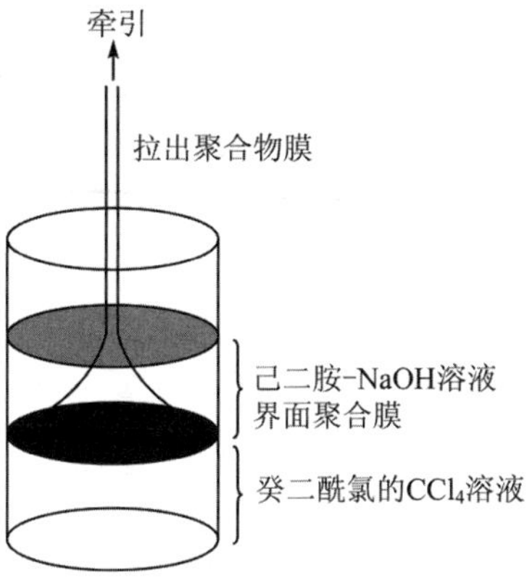

图 3-5 反应装置图

四、实验步骤

在干燥的 250 mL 烧杯中加入 60 mL 无水四氯化碳，加入 2 mL 新蒸馏的癸二酰氯并搅拌混合均匀。取一个 100 mL 的烧杯，加入 30 mL 水、3 g 己二胺和 1.5 g 氢氧化钠，混合均匀配成水相。将水溶液小心地加到癸二酰氯的 CCl_4 溶液里面，马上就可以观察到聚合物膜在界面生成。用镊子将膜小心提起，并缠绕在一玻璃棒上，转动玻璃棒将聚合物膜连续卷绕在玻璃棒上。

所得的聚合物在乙醇(浓度 50%)及去离子水中洗涤，压干剪碎，干燥，称重。

五、实验结果

计算产率。

六、思考题

为什么要在水相中加入氢氧化钠？若不加对反应有什么影响？

实验二十四 热塑性酚醛树脂的合成

一、实验目的

(1) 了解酸性条件和碱性条件下酚醛缩聚的机理。
(2) 掌握酸性条件下酚醛树脂的制备方法。

二、实验原理

酚醛树脂是最早研制成功并商业化的合成材料之一，具有高强度、尺寸稳定性好、抗蠕变等优点，主要用作模制品、层压板、胶黏剂、涂料等。酚醛树脂主要以苯酚和甲醛为原料，介质的pH值对苯酚甲醛缩聚反应有很大影响。当苯酚和甲醛溶液混合时，酚与醛的反应进行得很慢，如果反应系统加入酸性催化剂使其pH值小于3或加入碱性催化剂使其pH值大于7，则反应进行得迅速。酸性条件合成的酚醛树脂可称为酸法酚醛树脂，碱性条件合成的树脂则称为碱法酚醛树脂。

1.在酸性条件下

苯酚与甲醛首先进行加成反应得到羟甲基苯酚，在酸性条件下，羟甲基苯酚的羟甲基很活泼，能很快与另一苯酚分子上的邻位、对位氢原子发生缩水反应，从而形成线型酚醛树脂。一般醛与酚的用量比（物质的量比）小于1。

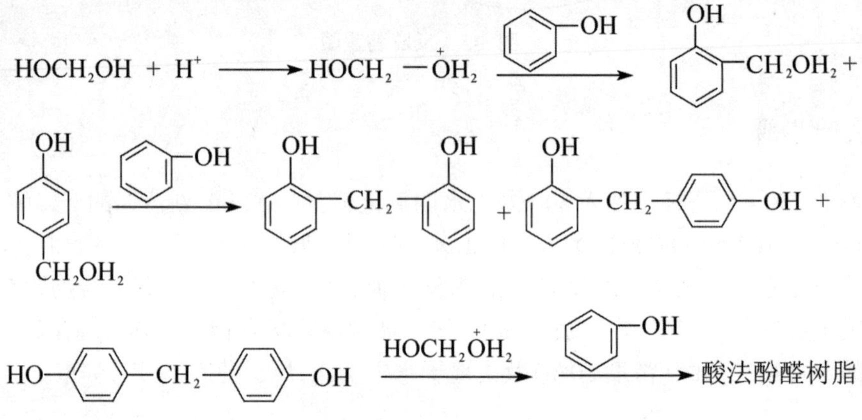

各种连接方式的相对含量与催化剂类型和反应条件等有关，强酸催化剂（如硫酸、磺酸、草酸等）作用下，苯酚的对位比邻位更活泼，因此得到的酚醛树脂分子中邻位连接含量较少；用较弱的Lewis酸催化剂（如乙酸锌、乙酸镁等）几乎可以得到100%的邻位酚醛树脂。

酸法酚醛树脂又称线型酚醛树脂。大分子结构中没有能进一步缩合的羟甲基，不会因受热而交联。要得到体型结构的酚醛树脂，必须加入能与树脂分子中酚环上活性点反应的多官能团固化剂，如多聚甲醛、六次甲基四胺等。

2.在碱性条件下

在碱性催化剂存在的条件下，甲醛与苯酚进行加成反应生成多羟基甲基酚。因为苯酚的官能度为3，甲醛的官能度为2，因而要制取理想的网状结构聚合物，需要酚：醛=1：1.5（物质的量比），实际应用一般采用1：1.2（物质的量比）的比例。要制取水溶性或低黏度的甲阶酚醛树脂，需要酚：醛=1：（1.5~2.5）（物质的量比）。

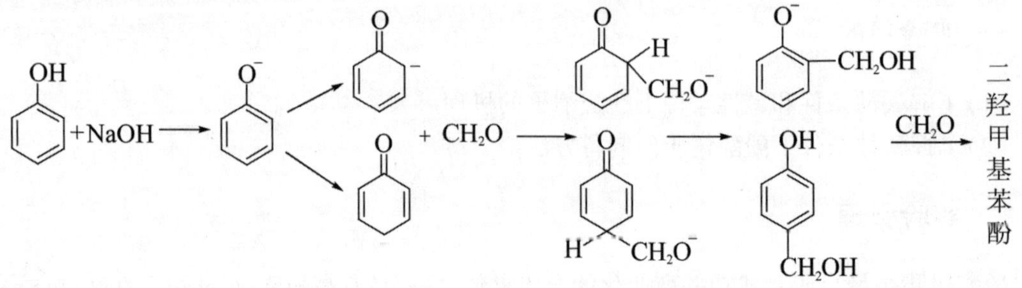

碱法酚醛树脂的分子中含有羟甲基和活性氢原子,所以单独受热就可以固化为体型结构聚合物。碱法酚醛树脂受热时,先由甲阶酚醛树脂转变为乙阶酚醛树脂,最后变为已交联且分子量极大的、不溶/不熔的体型结构丙阶酚醛树脂。

三、主要试剂与仪器

主要试剂:苯酚,甲醛溶液,浓盐酸,酚酞指示剂,配制 0.1 mol/L 氢氧化钠溶液、0.5 mol/L 标准盐酸溶液和 1 mol/L 亚硫酸钠溶液。

主要仪器:250 mL 三口烧瓶 1 个,球形冷凝管 1 个,电热水浴锅 1 套,集热式磁力搅拌仪 1 套,磁转子 1 个,密封(玻璃或四氟)1 个,100 ℃温度计 1 支,250 mL 锥形瓶 1 个,坩埚 1 个,天平(精度 0.001 g)1 台。

反应装置如图 3-6 所示。

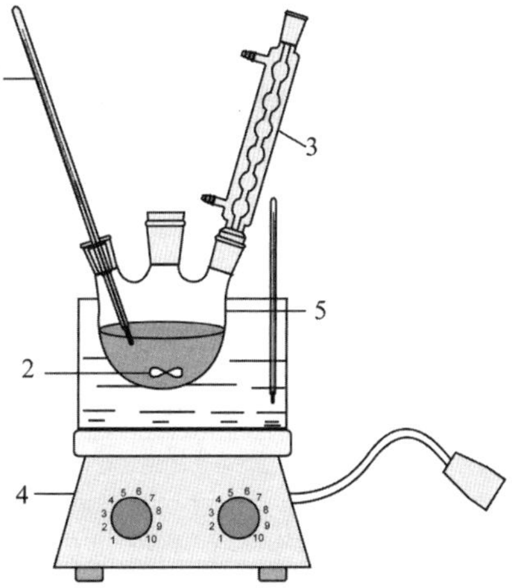

图 3-6 反应装置图

1—温度计;2—磁转子;3—球形冷凝管;4—集热式磁力搅拌仪;5—三口烧瓶

四、实验步骤

1.酚醛树脂的合成

将三口烧瓶固定后,装配球形冷凝管,冷凝管中通入冷却水,将 40 g 苯酚和 25 g 甲醛溶液加入三口烧瓶中,进行混合,水浴升温,温度保持在(60±2) ℃,加入 0.5 mL 浓盐酸,反应开始,每隔 15 min 用滴管取样 2~3 g,放于 250 mL 锥形瓶中,分析甲醛含量,取样 3 次后,每隔 30 min 取样 3 g 左右,共取 3 次。

反应 3 h 后,将物料倒入坩埚中,静置分层,分去上层水,下层用水洗至中性。然后小火加热,温度升至 200 ℃。加热开始时由于水的存在,可能有泡沫出现。水蒸发完毕后泡沫消失,当温度达到 200 ℃后,将树脂倒在铁板上让其冷却,称重。

2.苯酚存在下甲醛含量的分析

甲醛可以与亚硫酸钠作用生成氢氧化钠,用已知浓度的盐酸中和生成的氢氧化钠,计算甲醛的含量。其反应如下:

$$HCHO+Na_2SO_3+H_2O \longrightarrow H-\underset{SO_3Na}{\overset{H}{\underset{|}{\overset{|}{C}}}}-OH\ +NaOH$$

向装有约 3 g 苯酚和甲醛混合物的锥形瓶中加入 25 mL 蒸馏水，加入 3 滴酚酞指示剂，用氢氧化钠溶液中和至呈粉红色为止，再加入 50 mL 1 mol/L 亚硫酸钠溶液，为了使亚硫酸钠与甲醛反应完全，在室温下放置 2 h 后，用 0.5 mol/L 盐酸滴定至无色为止，甲醛含量按下式计算：

$$X=\frac{0.03VM}{W}\times 100\%$$

式中：X——甲醛含量；

V——所消耗的盐酸体积，cm^3；

M——盐酸的摩尔浓度，mol/L；

W——样品重量，g；

0.03——相当于消耗 1 mL 1 mol/L 盐酸溶液的甲醛质量，g。

五、实验结果

(1) 实验数据如表 3-4 所示。

表 3-4　实验数据表

反应时间	反应温度	现象	样品重量	甲醛含量	甲醛转化率

(2) 作甲醛含量或转化率与时间的关系图，讨论其意义。

六、思考题

(1) 计算苯酚、甲醛加料的物质的量比，说明组分过量的目的是什么？

(2) 除苯酚和甲醛外，还可用哪些酚类和醛类合成酚醛树脂？

实验二十五　聚乙酸乙烯酯的醇解制备聚乙烯醇

一、实验目的

(1) 掌握聚乙烯醇的制备方法和工艺特点。

(2) 了解聚合物化学反应——醇解的反应原理、特点，影响醇解度的因素。

(3)了解测量聚乙烯醇醇解度的方法。

二、实验原理

在乙酸乙烯酯的溶液聚合实验中，聚乙烯醇(PVA)不能直接用乙烯醇单体聚合得到。工业上应用的聚乙烯醇是通过聚乙酸乙烯酯醇解(或水解)这个聚合物的化学反应得到的。

用醇解法制得的PVA由于容易精制、纯度较高、产品性能较好，目前工业上多采用醇解法。本实验采用以甲醇为醇解剂，NaOH为催化剂的体系进行醇解反应。为了使实验更适合教学需要，也可以用乙醇代替甲醇。

PVAc和NaOH-CH_3OH溶液中的醇解反应，主要按下列反应进行：

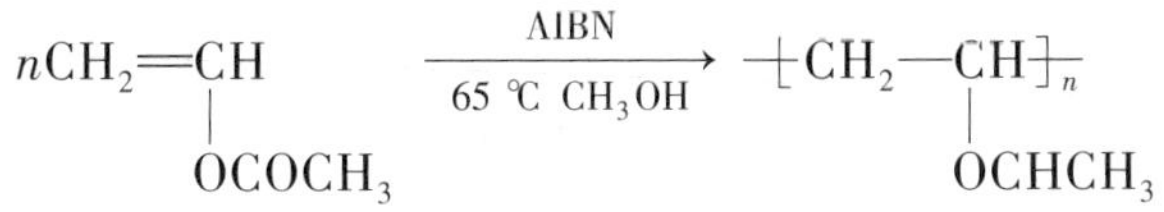

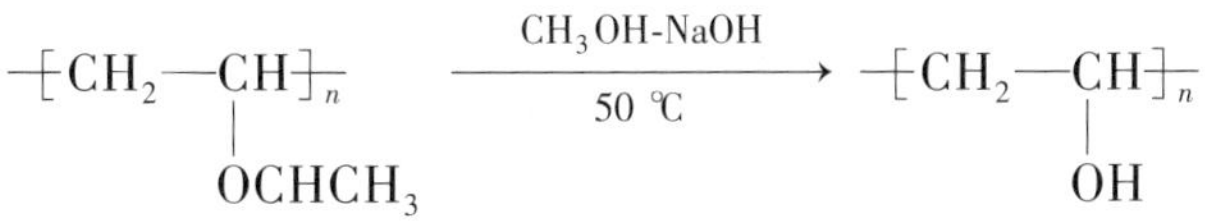

在主反应中，NaOH仅起催化剂的作用，但NaOH还可以参加以下两个副反应：

$$CH_3COOCH_3+NaOH \longrightarrow CH_3COONa+CH_3OH$$

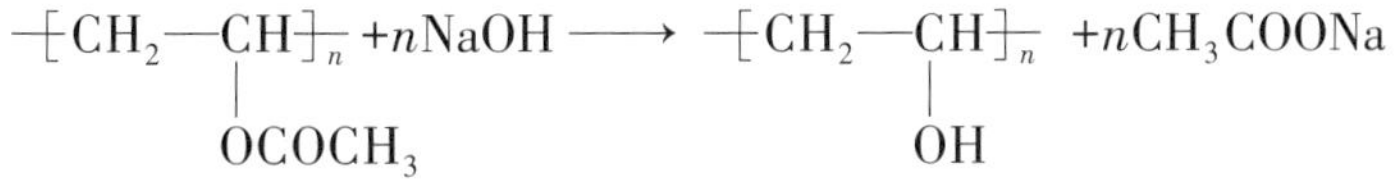

这两个副反应在含水量较大的情况下，就会显著地进行。它们消耗了大量的NaOH，从而降低了对主反应的催化效能，使醇解反应进行得不完全，影响PVA的着色，降低了产品质量。因而为了尽量避免这种副反应，对物料中的含水量应有严格的要求，一般控制在5%以下。

从反应方程式中可以看出，醇解反应实际上是甲醇与聚乙酸乙烯酯(PVAc)进行的酯交换反应。这种使高聚物结构发生改变的化学反应，在高分子化学中叫作高分子化学反应。

PVAc的醇解反应(又称酯交换反应)的机理和低分子酯与醇之间的交换反应很相似。其醇解度不同，在分子链上剩余的乙酰基含量就不同，得到的PVA的性能也就有较大差异。可用NaOH溶液水解剩余的乙酰基，测定消耗的NaOH量，从而计算出醇解度。醇解度：分子链上的羟基与醇解前分子链上的乙酰基总数百分比。

在PVAc醇解反应中，由于生成的PVA不溶于甲醇，所以呈絮状物析出。用作纤维的PVA中残留的乙酸根含量要控制在不大于0.2%(醇解度为99.8%)，为了满足这个要求，就要选择合适的工艺条件，主要是：

1.甲醇的用量

甲醇的用量(即PVAc的浓度)对醇解反应影响很大。实践证明，其他条件不变时，醇解度随聚合物浓度的增加而降低，但若聚合物浓度太低，则溶剂用量大，溶剂的损失和回收工作量大，所以工业生产上选择的聚合物浓度为22%。

2.NaOH的用量

目前，工厂中NaOH的用量为PVAc用量的0.12倍(物质的量比)，亦即NaOH：PVAc=

0.12∶1（物质的量比）。实验证明：碱用量过高，对醇解速度、醇解度影响不大，反而增加了体系中乙酸钠含量，影响产品质量。

3.醇解温度

升高反应温度会加速醇解反应，缩短反应时间，但由于温度升高，伴随醇解反应的副反应也相应加速，这样碱的消耗量增加又使 PVA 中残存的乙酸根量增加。由于体系内乙酸根量增加影响了产品质量，因此目前工业上采用的醇解温度为 45~48 ℃。

4.醇解特点

当我们考虑各种因素的影响时，要牢记醇解的特点，即 PVAc 是溶于甲醇的，而 PVA 是不溶于甲醇的，这中间有个相变。各种不同的条件如相变发生的早晚，相变前后醇解进行的多少、难易都直接影响 PVA 中的乙酸根含量，即影响醇解度的大小。在实验室中，当体系内刚刚出现胶冻时，必须采用强烈的搅拌，将胶冻打碎，才能保证醇解较完全地进行。

工业上 PVA 绝大多数用于制备维尼纶纤维，也可作为苯乙烯、氯乙烯等悬浮聚合中的悬浮剂。市场上出售的合成糨糊，就是以 PVA 为原料制成的（将所得的 PVA 进一步与甲醛反应制成聚乙烯醇缩甲醛——胶水）。

三、主要试剂与仪器

主要试剂：聚乙酸乙烯酯（自制），无水甲醇，3% NaOH-CH_3OH 溶液，酚酞，0.5 mol/L 盐酸标准溶液。

主要仪器：250 mL 三口烧瓶 1 个，球形冷凝管 1 个，电热水浴锅 1 套，电动搅拌器 1 套，搅拌棒 1 根、密封（玻璃或四氟）1 个，100 ℃ 温度计 1 支，量程为 10 mL、50 mL 的量筒各 1 个，50 mL 烧杯 1 个，真空水泵装置 1 套，布氏漏斗 1 个，250 mL 抽滤瓶 1 个，天平（精度 0.001 g）1 台。

四、实验步骤

实验步骤如下：

（1）在装有电动搅拌器（搅拌叶为弹簧式）、球形冷凝管和温度计的 250 mL 三口烧瓶中，加入90 mL 无水甲醇，并在搅拌下慢慢加入剪成碎片的 PVAc 15 g（自制），加热搅拌使其溶解。

（2）将溶液冷却到 30 ℃后，加 3 mL 3% NaOH-CH_3OH 溶液，水浴温度控制在 32 ℃，进行醇解。当体系中出现胶冻时立即强烈地搅拌，继续搅拌 0.5 h，打碎胶冻，再加入 4.5 mL NaOH-CH_3OH 溶液（浓度 3%），水浴温度在 32 ℃保持 0.5 h；然后升温到 62 ℃，再反应 1 h，将生成的 PVA 抽滤、压干，并进行干燥。

五、注意事项

注意事项如下：

（1）溶解 PVAc 时要先加甲醇，在搅拌下慢慢将 PVAc 碎片加入，不然会黏成团，影响溶解。

（2）搅拌的好坏是本实验成败的关键。PVA 和 PVAc 的性质不同，PVA 是不溶于甲醇的，随着醇解反应的进行，PVAc 大分子上的乙酸基（CH_3COO—）逐渐被羟基（—OH）所取代。当醇解度达到 60%时，这个大分子就会从溶解状态变成不溶解状态，这时体系的外观也会发生突变，出现一团胶冻,这是实验中要重点观察的。此时,只有强烈搅拌,把胶冻打碎,才能使醇解反应进行完全;否则,胶冻内包住的 PVAc 并未完全醇解,使实验失败。因此,搅拌器要安装牢固,并使用弹簧式搅拌叶。在实验中要注意观察现象,一旦出现胶冻,及时加快搅拌速度。

六、思考题

(1)计算聚乙烯醇的产率。

(2)为什么会出现胶冻现象?胶冻现象对醇解有什么影响?

(3)PVA 制备中影响醇解度的因素是什么?实验中要控制哪些条件才能获得较高的醇解度?

(4)如果 PVAc 不干燥,仍含有未反应的单体和水,试分析在醇解过程中会发生什么现象。

实验二十六　聚乙烯醇缩丁醛的制备

一、实验目的

(1)掌握高分子内反应的实验原理及特性。

(2)掌握聚乙烯醇缩丁醛的制法。

(3)了解聚乙烯醇及其缩醛化产物的用途。

二、实验原理

聚乙烯醇(PVA)分子中含有大量的羟基,可进行醚化、酯化及缩醛化等化学反应,特别是缩醛化反应在工业上具有重要的意义,如对聚乙烯醇纤维进行缩甲醛化处理后,控制缩醛度在30%左右,可得到具有良好的耐水性和机械性的维尼纶。维尼纶的强度是棉花的 1.5~2 倍,吸湿性可达 5%,接近天然纤维,故又称其为“合成棉花”。聚乙烯醇缩甲醛还可应用于涂料、黏合剂、海绵等方面,PVA 的缩丁醛产物在涂料、黏合剂、安全玻璃等方面具有广泛的应用。

本实验中采用丁醛进行缩醛化,得到聚乙烯醇缩丁醛(PVB),这也是 PVA 衍生物的一个重要品种。PVB 含有较长的支链,具有较好的柔顺性,玻璃化温度低(50 ℃)。PVB 的透明度高,不受温度和湿度剧变的影响,能耐大气作用和日光曝晒,抗氧性、耐寒性好。用作安全玻璃夹层是 PVB 的重要用途之一(见附注①)。在 PVB 分子中,由于有羟基、乙酰基和醛基,有很强的粘接性能,因此 PVB 可用来粘接金属、木材、皮革、玻璃、陶瓷、橡胶等,有“万能胶”之称。

PVB 是在盐酸催化下由聚乙烯醇与丁醛进行缩醛反应生成的,其反应式为:

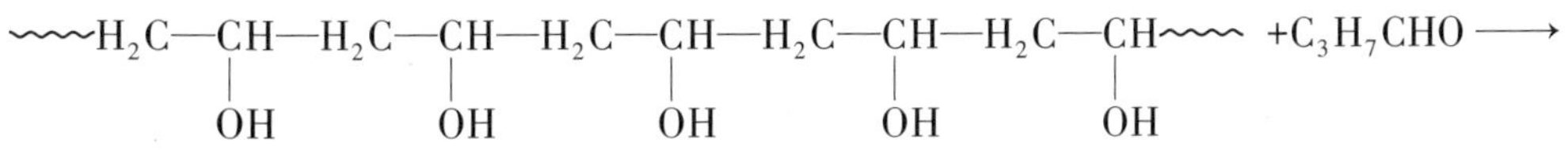

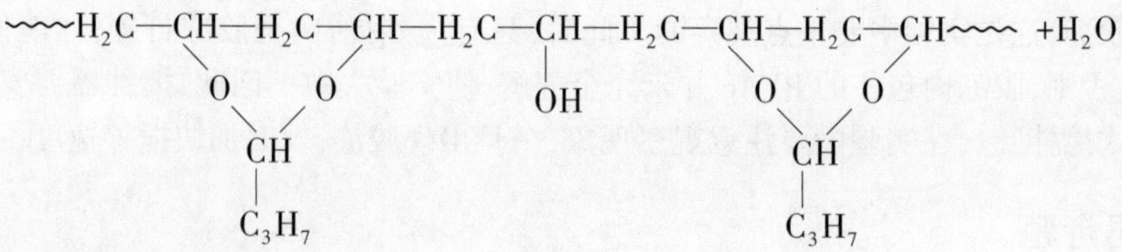

从上式可以看出，高分子链上的羟基未必全部会进行缩醛反应，会有一部分羟基残留下来。Flory 曾经从理论上计算乙烯基聚合物链上的相邻取代基间的反应程度最大为 86.5%，也就是至少有 13.5%的取代基残留下来。

对于不可逆反应来说，这一结论与实验结果一致。因此，对这类反应无根据地延长反应时间是没有意义的。对于可逆反应来说，如聚乙烯醇缩醛化反应，虽有所改善，也只能使残留率降至 10%左右。在聚合物化学中把这种现象称为概率效应。

三、主要试剂与仪器

主要试剂：聚乙烯醇（1799），正丁醛，盐酸（浓度 30%），氢氧化钠（浓度 5%）。

主要仪器：250 mL 四口烧瓶 1 个，回流冷凝管 1 个，恒压滴液漏斗 1 个，电热水浴锅 1 套，电动搅拌器 1 个，搅拌棒 1 根、密封（玻璃或四氟）1 个，100 ℃温度计 1 支，量程为 10 mL、50 mL 的量筒各 1 个，50 mL 烧杯 1 个，真空水泵装置 1 套，布氏漏斗 1 个，250 mL 抽滤瓶 1 个，天平（精度 0.001 g）1 台。

四、实验步骤

在装有电动搅拌器、回流冷凝管、恒压滴液漏斗和温度计的 250 mL 四口烧瓶中，加入 6 g PVA 和 120 mL 蒸馏水，预溶解 10 min，开启电动搅拌器升温到约 90 ℃（见附注②），使 PVA 全部溶解。确认 PVA 完全溶解后将体系用冷水降至室温。严格控制好温度对做好本实验是至关重要的，所以一定要等温度降至室温或 30 ℃以下后再滴加正丁醛（见附注③）。向反应瓶内加入 2.5 mL 盐酸（浓度 30%）。在恒压滴液漏斗内加入 3.6 g（约 4.5 mL）正丁醛和 2 mL 蒸馏水。要控制滴加速度（因为滴加速度快容易结块，使反应失败），适宜的速度是 3～4 滴/分钟。滴加完后，在滴加温度条件下反应 1 h，升温至 30 ℃反应 1 h，再升温至 40 ℃反应 1 h。在滴加正丁醛和维持反应过程中，搅拌速度可适当快些（见附注④），以防止结块，并可使沉淀颗粒变小。反应结束后，用 5%的 NaOH 中和至中性，冷却至室温后用布氏漏斗抽滤，再用蒸馏水洗 3 遍，晾干，放入真空烘箱，在 30 ℃条件下干燥，产物为白色粉末。称重。

五、附注

①制安全玻璃夹层是 PVB 的一个重要用途。要求 PVA 内的乙酰基含量在 3%以下，平均聚合度为 1 200～1 400，缩醛度为 40%～50%。PVB 中加入 30%～40%的增塑剂，用挤压法或流涎法制成 0.3～0.5 mm 厚的薄膜，再用光学玻璃进行压制，可制成三层或五层的高透明的安全玻璃。安全玻璃可用在飞机、汽车、轮船和采矿机械上。

可作 PVB 增塑剂的有已二酸二丁酯、癸二酸二丁酯、苯二甲酸二丁酯及癸二酸二辛酯等。

②醇解度小于 95%的 PVA 能溶于冷水，醇解度大于 95%的 PVA 不溶于冷水，但能溶于 60～

70 ℃的热水。本实验所用 PVA 的醇解度大于 97%。升温到约 90 ℃可使 PVA 溶解加快。

③正丁醛旋转时间较长,常带有颜色,可进行蒸馏提纯。正丁醛的沸程是 74~75 ℃,折光率 $n_D = 1.379 \sim 1.381$。

④工业上生产 PVB 有三种方法,分别是一步法、沉淀法和溶解法。

一步法就是将聚乙酸乙烯酯与盐酸和水混合,当醇解结束后加入正丁醛,然后过滤、洗涤、干燥,从而得到产品。溶解法就是先把聚乙酸乙烯酯制成甲醇的悬浮液,加入盐酸和正丁醛,反应 8~10 h,生成均匀的溶液,然后用甲醇和水使 PVB 析出。本实验采用的是沉淀法。

六、实验结果

计算制得的 PVB 的缩醛度。

七、思考题

分析产物中会存在哪些杂质。

实验二十七 ABS 树脂的制备

一、实验目的

(1)了解乳液悬浮法制备接枝共聚物的原理。

(2)掌握由丁苯胶乳接枝苯乙烯、丙烯腈共聚制备 ABS 树脂的方法。

二、实验原理

ABS 树脂系由丙烯腈(Acrylonitrile)、丁二烯(Butadiene)和苯乙烯(Styrene)聚合制得。它是一个两相体系连续相为丙烯腈和苯乙烯的共聚物 AS 树脂,分散相为接枝橡胶和少量未接枝的橡胶。ABS 树脂具有多元组成,因而综合了多方面的优点,既保持橡胶增韧塑料的高冲击性能、优良的机械性能及聚苯乙烯的良好加工流动性能,同时丙烯腈的引进又使 ABS 树脂具有较大的刚性、优异的耐药品性以及易于着色的品质。它是一种新型的热塑性工程塑料,用途极为广泛,主要用于航空、汽车、机械制造、电气、仪表以及输油管等。调节不同共聚单体的组成,可以制得不同性能的 ABS 树脂。

ABS 树脂有两种类型:共混型和接枝型。本实验属接枝型。接枝型又可用本体法和乳液法进行制备。乳液悬浮法属于乳液法一类,与本体法相比,其反应条件稳定、散热容易,且橡胶含量可任意控制。

用乳液悬浮法制备 ABS 树脂分两个阶段进行:

第一阶段是乳液聚合,它主要是解决橡胶的接枝和橡胶粒径的扩大问题。ABS 树脂中分散相橡胶的粒径必须在一定范围内(一般认为应在 0.2~0.3 μm)才有良好的增韧效果。以乳液悬浮法制备的胶乳(在此为丁苯胶乳)，其粒径通常只有0.04 μm左右，在ABS树脂中不能满足增韧的要求，故必须进行粒径扩大。粒径扩大的方法很多，在此采用最简单的溶剂扩大法，即靠反应单体本身作溶剂，使其渗透到橡胶粒子中去。此法亦有利于提高橡胶的接枝率。橡胶接枝的作用有两点：一是增加连续相与分散相的亲和力；二是给橡胶粒子接上一个保护层，以避免橡胶粒子间的并合。接枝橡胶制备的成功与否是决定ABS树脂性能好坏的关键。此外，ABS树脂中还有游离的St-AN共聚物和少量未接枝的游离橡胶。

第二阶段是悬浮聚合，它的作用有两点：一是进一步完成连续相St-AN树脂的制备；二是在体系中加盐破乳并在分散剂的存在下转为悬浮聚合。

三、主要试剂与仪器

主要试剂：丁苯胶乳，苯乙烯，丙烯腈，过硫酸钾，十二烷基硫酸钠，叔十二硫醇。

主要仪器：250 mL三口烧瓶1个，回流冷凝管1个，通氮管1个，电热水浴锅1套，电动搅拌器1个，搅拌棒1根、密封(玻璃或四氟)1个，100 ℃温度计1支，天平(精度0.001 g)1台。

四、实验步骤

1.乳液接枝聚合

配方：丁苯胶乳45 g(含干胶16 g)，苯乙烯和丙烯腈(30:70)混合单体16 g，叔十二硫醇0.08 g，蒸馏水83 g，过硫酸钾0.11 g，十二烷基硫酸钠0.32 g。

在装有电动搅拌器、回流冷凝管及温度计、通氮管的250 mL三口烧瓶中，加入丁苯胶乳45 g，苯乙烯和丙烯腈混合单体16 g，蒸馏水39 g。通氮，开启电动搅拌器，升温至60 ℃，让其渗透2 h，然后降温至40 ℃，向体系内加入十二烷基硫酸钠0.32 g，过硫酸钾0.11 g和蒸馏水44 g，升温至60 ℃保持2 h，升温至65 ℃保持2 h，升温至70 ℃保持1 h，降温至40 ℃以下出料。用滤网过滤除去析出的橡胶，得接枝乳液。

2.悬浮聚合

配方：接枝乳液50 g，苯乙烯和丙烯腈(30:70)混合单体14 g，叔十二硫醇0.056 g，偶氮二异丁腈(AIBN)0.056 g，液体石蜡0.15 g，4.5% $MgCO_3$ 38 g，$MgSO_4$ 4.5 g，水26 g。

在装有电动搅拌器、回流冷凝管、温度计、通氮管的250 mL三口烧瓶中，加入4.5% $MgCO_3$溶液38 g，水26 g，开启电动搅拌器，在快速搅拌下慢慢地滴入接枝乳液。通氮升温至50 ℃时，加入溶有0.056 g偶氮二异丁腈的苯乙烯和丙烯腈混合单体14 g，投料完毕，升温至80 ℃反应。粒子下降变硬后，升温至90 ℃熟化1 h，升温至100 ℃熟化1 h，降温至50 ℃以下出料。

倒去上层液体，加入蒸馏水，用浓硫酸酸化剂调节pH值至2~3，然后水洗至中性，将聚合物抽干，在60~70 ℃烘箱中烘干，即得ABS树脂。

注意事项如下：

(1)丙烯腈有毒，不要使其接触皮肤，更不能误入口中。

(2)$MgCO_3$的制备一定要严格控制，保证质量，它的质量与用量决定了悬浮聚合的成果。

五、实验结果

(1)实验记录：认真观察并记录反应现象，实验记录表见表3-5。

表 3-5 实验记录表

反应时间	聚合温度	现象	备注

(2)计算 ABS 树脂的产率。

六、思考题

如何提高聚合转化率?接枝率的高低如何影响聚合物物性?

实验二十八 聚砜的制备

一、实验目的

(1)了解聚砜的缩聚反应机理。
(2)掌握缩聚反应制备聚砜的方法。

二、实验原理

聚砜类塑料是分子主链含有砜基和芳环的聚合物,聚砜类塑料主要有聚砜(双酚 A 型聚砜)、聚醚砜和聚芳砜三类。聚砜是美国 UCC 公司于 1965 年首先研发的,它是由双酚 A 与 4,4′-二氯二苯砜经缩聚反应制得的。聚砜为无定性聚合物,色泽透明,微带琥珀色,尺寸稳定性能好,能在 150 ℃下长期使用;耐热性能和机械性能均比聚碳酸酯好;耐水性能良好,在 100 ℃水中长期使用时,性能及色泽不变;并具有良好的抗氧化性能及优异的电性能,广泛用于食品工业、电子电器业、机械工业及医疗器械制造业等。

聚砜是由双酚 A 的钠盐或钾盐与 4,4′-二氯二苯砜经不可逆的亲核取代反应,在 N,N-二甲基乙酰胺或二甲基亚砜等非质子极性溶剂中于较高的温度(150~160 ℃)下合成,亲核取代反应按 SN_2 机理进行。具体反应式如下:

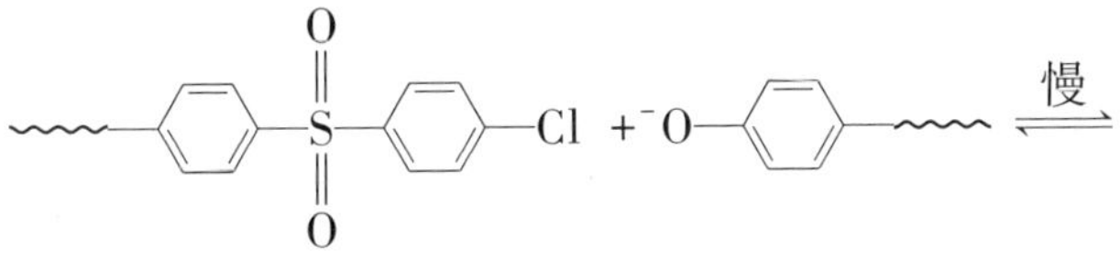

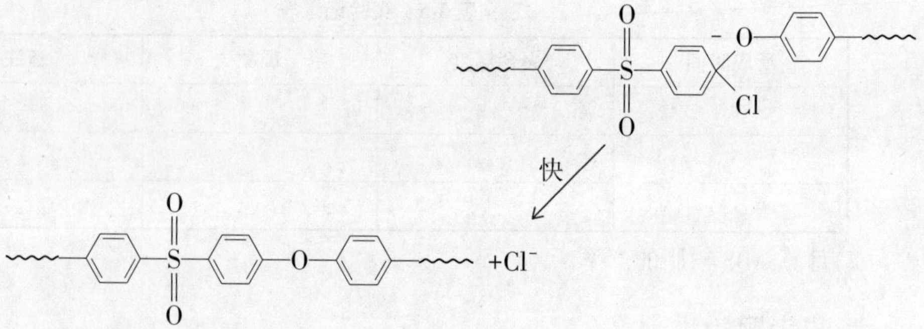

由于酚羟基的亲核性低，所以应以双酚 A 的钠盐或钾盐代替双酚 A。一般芳卤对这类亲核取代反应并不活泼，但吸电子的砜基使苯环上的卤活化，有利于亲核试剂的进攻。双卤的活性顺序为双氟取代>双氯取代>双溴取代>双碘取代，由于双氟取代砜成本较高，通常用双氯取代砜来制备聚砜。

聚砜的缩聚工艺可以分为一步法和两步法。

(1)一步法为双酚 A 与 4,4′-二氯二苯砜，以碳酸钠或碳酸钾为成盐剂，在带水剂(如甲苯、氯苯、二甲苯等)的作用下，经一步缩聚反应制得。反应式如下：

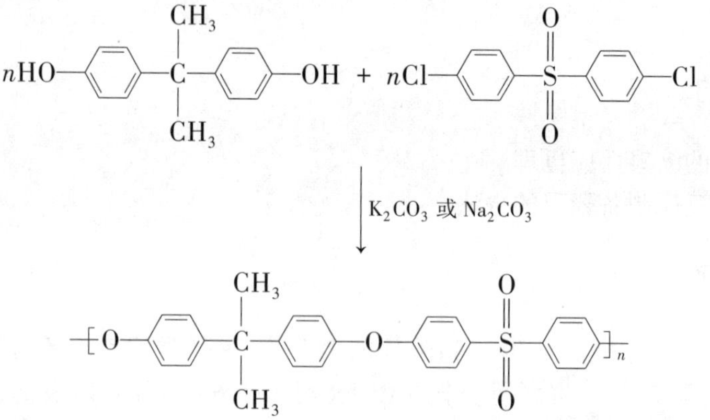

(2)两步法为双酚 A 与氢氧化钠或氢氧化钾反应，经减压脱水或带水剂共沸成盐制备双酚 A 的钠盐或钾盐，然后加入 4,4′-二氯二苯砜经缩聚反应制得。反应式如下：

成盐过程(M=K,Na)：

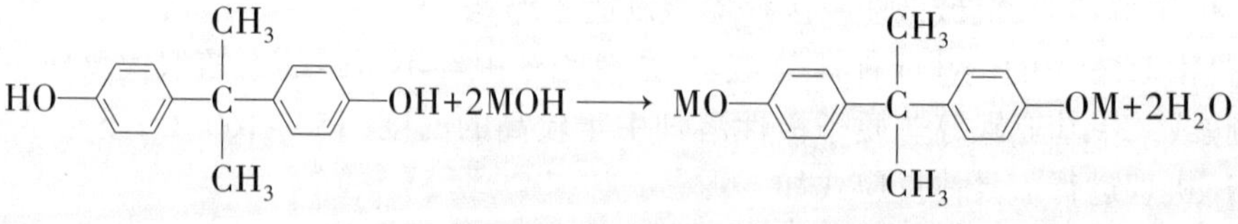

缩聚过程(M=K,Na):

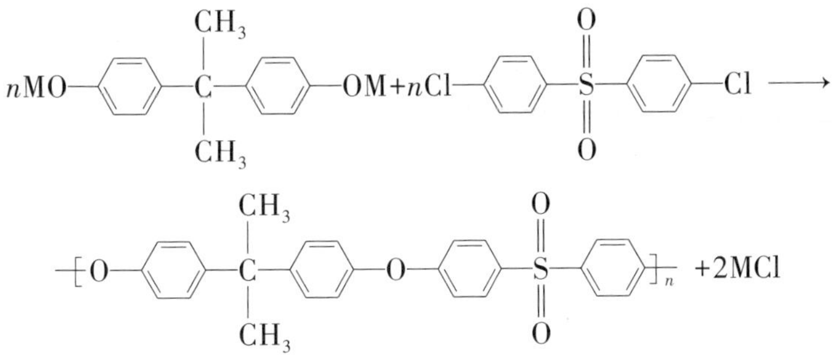

两步法中 NaOH 或 KOH 作为成盐剂,加入 4,4′-二氯二苯砜,过量碱易造成 4,4′-二氯二苯砜的水解,不利于高分子量聚合物的制备。一步法中把无水 K_2CO_3或 Na_2CO_3作为成盐剂,且 K_2CO_3 过量不仅不会影响聚砜的特性黏度,还能加快反应速度。

三、主要试剂与仪器

主要试剂:4,4′-二氯二苯砜,双酚 A,二甲基亚砜(DMSO),甲苯,无水碳酸钾,氮气。

主要仪器:250 mL 三口烧瓶 1 个,回流冷凝管 1 个,电热水浴锅 1 套,电动搅拌器 1 个,搅拌棒 1 根、密封(玻璃或四氟)1 个,100 ℃温度计 1 支,量程为 10 mL、50 mL 的量筒各 1 个,500 mL 烧杯 1 个,天平(精度 0.001 g)1 台。反应装置如图 3-4 所示。

四、实验步骤

250 mL 三口烧瓶经氮气吹扫后,加入 30 mL DMSO,准确称量的 4.566 g 双酚 A、5.628 g 4,4′-二氯二苯砜、3 g 无水 K_2CO_3及 15 mL 甲苯。在氮气保护下强力搅拌,升温,回流 1 h,然后将甲苯蒸出,记录出水量,继续升温至 170~180 ℃,反应 3~5 h,体系冷却至约 100 ℃后加入 15 mL DMSO 稀释溶液并沉降于热水中。过滤后,用乙酸中和,在沸水中处理0.5 h,以除去包裹的盐,过滤,在 100 ℃真空烘箱中干燥至恒重,称重。

五、实验结果

(1)实验记录表见表 3-6。

表 3-6 实验记录表

反应时间	温度	现象	备注

(2)计算聚合物的理论分子量。

(3)计算产率。

六、思考题

(1)为什么双卤取代砜活性依氟、氯、溴、碘顺序下降？

(2)为什么 K_2CO_3过量不会影响聚砜的分子量？

第四章
聚合物的结构表征和性能测试

实验二十九　黏度法测定高聚物的相对分子量

一、实验目的

(1)测定聚乙烯醇的相对分子量。
(2)掌握用乌氏黏度计测定高聚物分子量的实验原理和方法。

二、实验原理

分子量是表征化合物特性的基本参数之一。高聚物的分子量大小不一,一般为 $10^3 \sim 10^7$,所以通常所测高聚物的分子量是平均分子量。测定高聚物分子量的方法很多,对线型高聚物,各方法适用的范围如表 4-1 所示。

表 4-1　测定高聚物分子量相应的分析方法

分析测定方法	高聚物分子量(M_r)
端基分析	$<3\times10^4$
沸点升高,凝固点降低,等温蒸馏	$<3\times10^4$
渗透压	$10^4 \sim 10^6$
光散射	$10^4 \sim 10^7$
超离心沉降及扩散	$10^4 \sim 10^7$
黏度法	$10^4 \sim 10^7$

其中，黏度法设备简单、操作方便，有相当好的实验精度，但黏度法不是测分子量的绝对方法，因为此法中所用的特性黏度与分子量的经验方程是要用其他方法来确定的。高聚物不同，溶剂不同，分子量范围不同，就要用不同的经验方程式。

高聚物在稀溶液中的黏度，主要反映了液体在流动时存在着内摩擦。高聚物溶液的黏度 η 是溶剂分子与溶剂分子之间、高分子与高分子之间以及高分子与溶剂分子之间内摩擦的综合表现，其值一般比纯溶剂黏度 η_0 大得多。纯溶剂黏度 η_0 的物理意义为溶剂分子与溶剂分子间的内摩擦表现出来的黏度。相对于纯溶剂，其溶液黏度增加的分数称为增比黏度 η_{sp}，即：

$$\eta_{sp}=\frac{\eta-\eta_0}{\eta_0}=\frac{\eta}{\eta_0}-1=\eta_r-1$$

式中：η_r——相对黏度，其物理意义为溶液黏度与纯溶剂黏度的比值，η_r 也是整个溶液的行为。η_{sp} 则意味着已扣除了溶剂分子之间的内摩擦效应。对于高分子溶液，增比黏度 η_{sp} 往往随溶液浓度 c 的增加而增加。为了便于比较，将单位浓度下所显示出的增比黏度 η_{sp}/c 称为比浓黏度。

为了进一步消除高聚物分子之间的内摩擦效应，必须将溶液无限稀释，使得每个高聚物分子彼此远离，其相互干扰可以忽略不计。这时溶液所呈现出的黏度行为最能反映高聚物分子与溶剂分子之间的内摩擦。因而这一理论上定义的极限黏度称为特性黏度，记作[η]。

在无限稀释条件下，特性黏度[η]可以使用下式表达：

$$\lim_{c\to 0}\frac{\eta_{sp}}{c}=\lim_{c\to 0}\frac{\ln\eta_r}{c}=[\eta]$$

因此我们获得[η]的方法有两种，如图 4-1 所示：一种是以 η_{sp}/c 对 c 作图，外推到 $c\to 0$ 的截距值；另一种是以 $\ln\eta_r/c$ 对 c 作图，也外推到 $c\to 0$ 的截距值。两条线应会合于一点，这也可校核实验的可靠性。一般这两条直线的方程表达式分别为下列形式：

$$\frac{\eta_{sp}}{c}=[\eta]+K'[\eta]^2c$$

$$\frac{\ln\eta_r}{c}=[\eta]+\beta[\eta]^2c$$

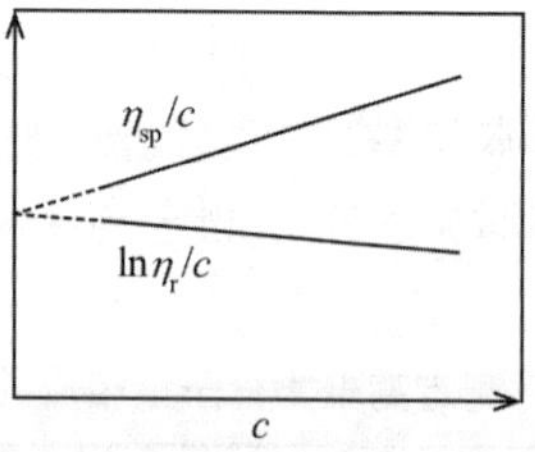

图 4-1　外推法求[η]

高聚物分子的分子量愈大，则它与溶剂间的接触表面愈大，摩擦愈大，表现出的特性黏度也愈大。特性黏度[η]和分子量之间的经验关系式为：

$$[\eta]=K\overline{M}^{\alpha}$$

式中：$\overline{M}$——相对平均分子量；

K——比例常数；

α——与分子形状有关的经验参数。

K 值和 α 值既与温度、聚合物、溶剂性质有关,也与分子量大小有关。K 值受温度的影响较明显,而 α 值主要取决于高分子线团在某温度下某溶剂中舒展的程度,其数值为 0.5~1.0。K 与 α 的数值可通过其他绝对方法确定,如渗透压法、光散射法等,用黏度法只能测得[η]。

测定黏度的方法主要有毛细管流出法、转筒法和落球法。在测定高聚物分子的特性黏度时,以毛细管流出法的黏度计最为方便。若液体在毛细管黏度计中,因重力作用流出,可通过下式计算黏度:

$$\frac{\eta}{\rho}=\frac{\pi hgr^4t}{8LV}-\frac{mV}{8\pi Lt}$$

式中:η——液体的黏度,Pa · s;

ρ——液体的密度,g/cm^3;

L——毛细管的长度,cm;

r——毛细管的半径,cm;

t——流出的时间,s;

h——流过毛细管液体的平均液柱高度,cm;

V——流经毛细管的液体体积,cm^3;

m——毛细管末端校正的参数(一般在 $r/L \ll 1$ 时,可以取 $m=1$)。

对于某一支指定的黏度计而言,上式可以写成:

$$\frac{\eta}{\rho}=At-\frac{B}{t}$$

式中:$B<1$,当流出的时间 t 在 2 min 左右(大于 100 s)时,该项(亦称动能校正项)可以忽略。又因通常测定是在稀溶液($c<1\times10^{-2}$ g · cm^{-3})中进行的,所以溶液的密度和溶剂的密度近似相等,因此可将 η_r 写成:

$$\eta_r=\frac{\eta}{\eta_0}=\frac{t}{t_0}$$

式中:t——溶液的流出时间,s;

t_0——纯溶剂的流出时间,s。

因此,运用溶剂和溶液在毛细管中的流出时间,可通过上式求得 η_r,再由图 4-1 求得[η],最后由[η]$=K\overline{M}^{\alpha}$ 求得 $\overline{M}$。

三、主要试剂与仪器

主要试剂:聚乙烯醇,正丁醇,去离子水。

主要仪器:烧杯 1 个,电热水浴锅 1 套,乌氏黏度计(其结构如图 4-2 所示)1 支,10 mL 移液管 1 个,100 mL 容量瓶 1 个,150 mL 锥形瓶 1 个,3$^{\#}$玻璃砂芯漏斗 1 个,5 mL 移液管 1 个,洗耳球 1 只,5 cm 长橡皮管 2 根,秒表 1 个。

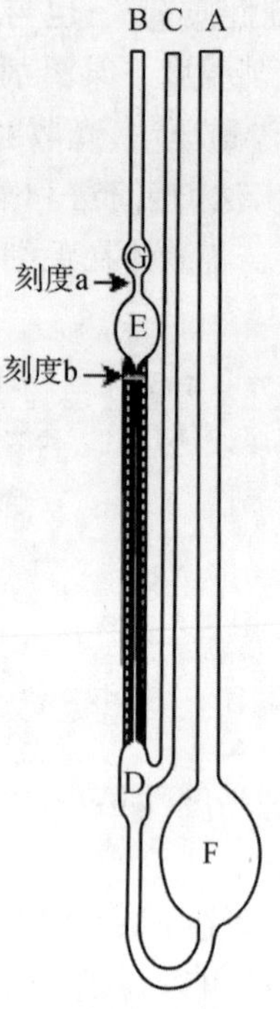

图 4-2　乌式黏度计

四、实验步骤

本实验用的乌氏黏度计的最大优点是可以让溶液在黏度计里逐渐稀释，从而省去许多操作步骤。

1.聚合物溶液的配制

在选择聚合物-溶剂体系时，用黏度法测定聚合物的分子量。通常 K、α 值必须是已知的，而且所用溶剂应该具有稳定、易得、易于纯化、挥发性小、无毒或低毒等特性。

本实验采用聚乙烯醇-水体系，聚乙烯醇一般配成浓度为 0.5% 的溶液。称取 0.5 g 左右的聚乙烯醇样品置于烧杯内，加入 20 mL 正丁醇溶液（浓度 0.5%），加热并轻轻搅拌，使其完全溶解，移至100 mL 容量瓶中，分别用 20 mL 正丁醇溶液洗涤烧杯 3 次。洗液并入容量瓶中，然后把容量瓶放在电热水浴锅中，再用 30 ℃的正丁醇溶液补加至特定刻度。把配好的溶液用干燥的 $3^{\#}$玻璃砂芯漏斗滤至 150 mL 锥形瓶内，放入电热水浴锅中待用。

2.将乌式黏度计放入恒温槽

调节电热水浴锅温度至(30.0±0.1)℃，在乌氏黏度计的 B 管和 C 管上都套上橡皮管，然后将其垂直放入电热水浴锅中，使水面完全浸没 G 球。

3.溶液流出时间的测定

用移液管分别吸取已知浓度的聚乙烯醇溶液 10 mL，由 A 管注入乌氏黏度计中，在 C 管处用洗耳球打气，使溶液混合均匀，浓度记为 c_1，恒温 10 min，进行测定。测定方法如下：

将 C 管所连的乳胶管用夹子夹紧使其不通气，通过 B 管所连的乳胶管用洗耳球将溶液从 F

球经 D 球、毛细管、E 球抽至 G 球中部，卸去夹子，让 C 管通大气，此时 D 球内的溶液即回入 F 球，使毛细管以上的液体悬空。毛细管以上的液体下落，当液面流经刻度 a 时，立即按停秒表，开始记时间；当液面降至刻度 b 时，再按停秒表，测得刻度 a、b 之间的液体流经毛细管所需时间。重复这一操作至少 3 次，3 次操作时间相差不大于 0.3 s，取 3 次的平均值得 t_1。

然后依次由 A 管用移液管加入 5 mL、5 mL、10 mL 去离子水，将溶液稀释，使溶液浓度分别为 c_2（未加去离子水时的浓度）、c_3、c_4、c_5，用同法测定每份溶液流经毛细管的时间分别为 t_2、t_3、t_4、t_5。应注意每次要充分混合均匀，并抽洗乌氏黏度计的 E 球和 G 球，使乌式黏度计内溶液各处的浓度相等。

4.溶剂流出时间的测定

用正丁醇溶液（浓度 0.5%）洗净乌式黏度计，尤其要反复流水清洗乌式黏度计的毛细管部分。用同样的方法测定溶剂流出的时间 t_0。

5.洗涤和烘干

实验完毕后，乌式黏度计用蒸馏水洗涤 3 次，每次都要注意反复流水清洗毛细管部分，洗好后烘干备用。

五、实验记录和数据处理

实验记录和数据处理如下：

（1）将所测的实验数据及计算结果填入表 4-2 中。

恒温温度：______________ ℃，t_0：______________ s。

表 4-2 实验数据记录表

$c/(\mathrm{g\cdot cm^{-3}})$	时间 t/s			$t_{平均}$/s	η_r	$\ln\eta_r$	η_{sp}	η_{sp}/c	$\ln\eta_r/c$
	1	2	3						
c_1									
c_2									
c_3									
c_4									
c_5									

（2）作 η_{sp}/c 及 $\ln\eta_r/c$ 与 c 的关系图，并外推到 $c\to0$，由截距求出[η]。

（3）将[η]代入$[\eta]=K\overline{M}^{\alpha}$，计算聚乙烯醇的相对分子量。已知 30 ℃时聚乙烯醇溶液中相关参数：$K=2.0\times10^{-2}\ \mathrm{dm^3/kg}$，$\alpha=0.76$。

六、注意事项

注意事项如下：

（1）乌式黏度计必须洁净，高聚物溶液中若有絮状物，则不能将它移入黏度计中。

（2）本实验溶液的稀释是直接在乌式黏度计中进行的，因此每加入一次溶剂进行稀释时必须混合均匀，并抽洗 E 球和 G 球。

(3)实验过程中恒温槽的温度要恒定，溶液每次稀释恒温后才能测量。
(4)乌式黏度计要垂直放置。实验过程中不要振动乌式黏度计。

七、思考题

(1)乌式黏度计中支管 C 有何作用？除去支管 C 是否可测定黏度？
(2)乌式黏度计的毛细管太粗或太细对实验有什么影响？
(3)为什么用$[\eta]$来求算高聚物的分子量？它和纯溶剂黏度有无区别？
(4)乌氏黏度计为什么一定要垂直？

实验三十　凝胶渗透色谱法测分子量

一、实验目的

(1)掌握凝胶渗透色谱法测定聚合物分子量及分子量分布的原理。
(2)初步掌握凝胶渗透色谱仪的操作技术。
(3)理解聚合物的分子量及分子量分布的意义。

二、实验原理

凝胶渗透色谱(Gel Permeation Chromatography，简称 GPC)也称体积排除色谱(Size Exclusion Chromatography，简称 SEC)，是液相色谱的一个分支，在装填多孔性填料的色谱柱中完成样品的分离，填料多为高交联度的聚苯乙烯或多孔硅胶。关于凝胶渗透色谱法的分离机理，目前尚无完备的理论。但在一般实验条件下，体积排除机理被认为起主要作用，即高分子溶液通过填充特有多孔性填料的色谱柱时是按照分子在溶液中的流体力学体积的大小进行分离的。通常，溶液中高分子的流体力学体积可用$(\bar{h}^2)^{3/2}$表示，根据 Flory 特性黏数理论$\left[[\eta]\propto\frac{(\bar{h}^2)^{3/2}}{M}\right]$和 Mark-Houwink-Sakurada 方程($[\eta]=KM^{\alpha}\propto M^{\alpha}$，$\alpha$ 一般在 0.5～1)，则$(\bar{h}^2)^{3/2}\propto M^{\alpha+1}$。显然，分子量越大，分子在溶液中的流体力学体积越大。体积排除分离机理认为，凝胶渗透色谱对多分散高分子的分离主要是由大小不同的分子在多孔填料中可以渗透的空间体积不同而形成的。填充在色谱柱中的多孔填料的表面和内部有着各种大小不同的孔洞和通道，当待分离的试样随着淋洗溶剂进入色谱柱后，溶质分子即向多孔填料内部的孔洞渗透，渗透的概率和深度与分子的体积大小有关。比多孔填料的最大孔洞大的所有分子只能位于填料颗粒之间的空隙中，被溶剂首先淋洗出来，对应的淋出体积即保留体积 V_R等于柱中填料粒间体积 V_i；那些可以进入填料所有孔的最小分子最后将随着溶剂被淋洗出来，V_R等于填料内部孔洞体积 V_p和填料粒间体积 V_i之和。对于这两类分子，色谱柱没有分离作用。只有中间尺寸的分子，可以向多孔填料的部分孔洞渗透(所能渗透的孔洞体积取决于分子体积)，色谱柱对这些分子才有分离作用，其保留体积为：

$$V_R = V_i + V_{pc} = V_i + \frac{V_{pc}}{V_p} \cdot V_p = V_i + K \cdot V_p$$

式中：K——分子可渗透进入的填料内部孔洞的体积 V_{pc} 和总孔洞体积 V_p 之比。

对于能进入填料所有孔洞的分子，$K=1$，$V_R = V_i + V_p$；对于比最大孔洞还大的分子，$K=0$，$V_R = V_i$；对于中间分子，$0<K<1$，$V_R = V_i + KV_p$。大小不同的分子的 K 值不同，相应的保留体积也不同，从而按照分子体积的大小由大到小依次被淋洗出来。因此，多分散高分子随着溶剂流经色谱柱时就能依照分子量由大到小的次序进行分离。

为了测定聚合物的分子量分布，不仅要把聚合物按分子量大小分离，还要测定各级分的分子量和含量。各级分含量就是淋出液的浓度，可通过检测与浓度有线性关系的某些物理量来测定，如采用示差折光检测器、紫外吸收检测器、红外吸收检测器等。常用的示差折光检测器通过测定淋出液的折光指数和纯溶剂的折光指数之差 Δn 来表征溶液的浓度。因为在稀溶液范围内，Δn 与溶液的浓度成正比。分子量的测定有直接法和间接法。直接法是采用分子量检测器（自动黏度计或光散射仪）在浓度检测器测定浓度的同时，直接测定聚合物的分子量。间接法则是利用淋出体积和分子量的关系，根据标定曲线，将测得的淋出体积换算成分子量。本实验采用间接法测定聚合物的分子量。GPC 工作示意图如图 4-3 所示。

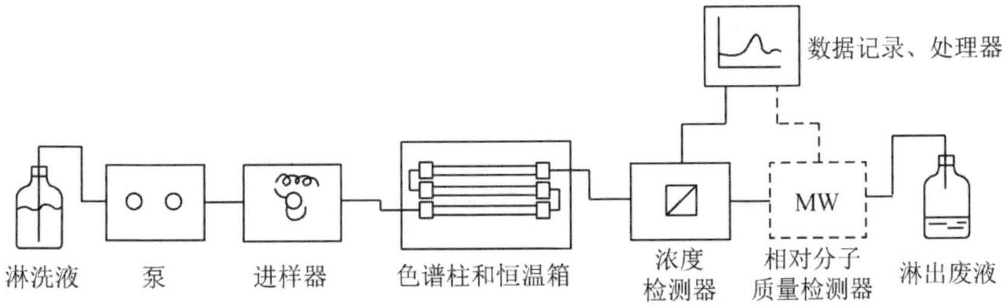

图 4-3 GPC 工作示意图

由于 GPC 是基于分子的流体力学体积分离聚合物的，不同类型的聚合物当分子量相同时，它们的流体力学体积不一定相同。因此，在同一色谱柱中采用相同的测试条件，不同类型的各峰值标样所得到的标定曲线可能并不重合。这样，测定每种聚合物的分子量分布都需要此种聚合物的窄分布标样得到适合该聚合物的标定曲线，这给分子量分布的测定工作带来不便，而且能够制得标样的聚合物种类并不多。可以采用普适标定曲线，即根据 GPC 的体积排除理论，由某种标样的标定曲线转换得到。因为在相同的测试条件下，如果不同结构、不同化学性质的聚合物试样具有相同的流体力学体积，则应有相同的保留体积。由 Flory 特性黏数理论 $[\eta]M \propto (\bar{h}^2)^{3/2}$ 可知，$[\eta]M$ 是具有体积的量纲，可以代表溶液中高分子的流体力学体积。不同聚合物在相同条件下进行测试，以 $[\eta]M$ 对 V_R 作图，所得的标定曲线应该是重合的。通过测定聚苯乙烯标样，以 $\lg([\eta]M)$ 对 V_R 作图即可得到普适标定曲线。

三、主要试剂与仪器

主要试剂：聚苯乙烯滤膜，色谱级四氢呋喃（THF）。

主要仪器：GPC 分子量检测器，样品瓶等。

四、实验步骤

1.样品配置

用分析天平称取试样放入样品瓶，配制浓度为（2.5~5）mg/mL 的聚苯乙烯/四氢呋喃溶液，注意间断地摇动样品瓶以促进其溶解，切勿剧烈振荡或使用超声设备，然后静置一夜。观察样品溶解状况，待完全溶解后，用聚四氟乙烯滤膜过滤到样品瓶中，待用。

2.溶剂准备

将过滤、超声脱气后的新鲜溶剂加入样品瓶，同时在样品瓶中加入 0.05%含量的抗氧剂（BHT）。

3.仪器开机

打开主机和仪器面板的开关，运行 Lab Solution 软件，在软件中的“仪器”界面点击“RID-20A”，连接仪器，此时仪器会发出“滴滴”的声音，表示仪器正常通信。

4.柱温箱条件化

打开柱温箱开关，设定工作温度为 30 ℃。

5.设定工作流量

点击文件，新建方法文件，将流速设定为工作流速（常规流速为 1 mL/min），保存方法文件，点击下载，参数即发送至仪器并开始执行。

6.基线监测

点击菜单栏上方激活仪器，观察面板压力，待仪器和基线均稳定后即可进行测试。

7.样品分析

点击“单次分析开始”，使用玻璃注射器吸取 100 μL 样品，擦针、排气泡，进样状态（inject）下插针到底部，快速切到装填（load）状态，较快匀速推针杆，注入样品，快速切回 inject，拔针。

8.数据分析

打开 GPC 再解析，进行有关参数的设定。设定完成后即可开始对采集的数据进行分子量计算。

9.仪器降温及关机

将仪器的流速设定为 0.3 mL/min，柱温箱温度设定为室温。当温度降低到室温时，可停泵，关闭仪器电源。

五、实验记录和数据处理

根据试样的谱图，计算数均分子量$\overline{M}_n$、重均分子量 M_w 以及分子量分数指数 M_w/M_n。

六、思考题

（1）GPC 法是一种测定聚合物平均分子量的方法。请问它是绝对法吗？为什么？

（2）选用 K、α 值时应注意什么？

(3)若有一单分散性样品,得到的 GPC 谱图是一条直线还是一个单峰?为什么会出现这种情况?

实验三十一 密度梯度管法测定结晶聚合物的密度和结晶度

一、实验目的

(1)用密度梯度管法测定聚合物的密度,并由密度计算结晶度。

(2)掌握密度梯度管法测定聚合物密度的实验原理、密度梯度的标定方法和计算结晶度的方法。

二、实验原理

聚合物密度是聚合物物理性质的一个重要指标,是判定聚合物产物、指导成型加工和探索聚集态结构与性能之间关系的一个重要数据。尤其是结晶性聚合物,其密度与结晶有着密切关系,而结晶度又是表征聚合物性质的重要指标,通过密度可以计算结晶度。

聚合物结晶度的测定方法很多,有 X 射线衍射法、红外吸收光谱法、差热分析法、反相色谱法等,但这些方法都需要复杂的仪器设备。而用密度梯度管法测定结晶度,设备简单且数据可靠,是测定结晶度的常用方法。

密度梯度管是一根有刻度的柱形玻璃管,选用不同密度的、可以互溶的两种液体,配制成一系列等差密度混合液,按低密度(轻液)居上、高密度(重液)居下的层次,等体积、分次地注入柱形玻璃管中,任其自行扩散,最后构成密度自上而下逐渐递增的连续分布状态,通称密度梯度管或密度梯度柱。常用的密度梯度管二元混合溶液体系见表 4-3。将预先标定好密度的玻璃球投入管中进行标定,以玻璃球的已知密度对所处高度作图,得乙醇-水二元体系密度梯度管的标定曲线(见图 4-4),确定为直线后,即可用来测定聚合物的密度。测量未知物密度时,将试样投入已标定的密度梯度管中,根据悬浮原理,试样将停留于某一高度处,即可读取密度梯度管的刻度,利用标定曲线找出试样的密度。

表 4-3 常用的密度梯度管二元混合溶液体系

二元体系	密度范围/($g \cdot cm^{-3}$)	二元体系	密度范围/($g \cdot cm^{-3}$)	二元体系	密度范围/($g \cdot cm^{-3}$)
甲醇-苯甲醇	0.80~0.92	异丙醇-乙二醇	0.79~1.11	水-溴化钠	1.00~1.41
乙醇-水	0.79~1.00	乙醇-四氯化碳	0.79~1.59	水-硝酸钙	1.00~1.60
异丙醇-水	0.79~1.00	甲苯-四氯化碳	0.87~1.59	四氯化碳-二溴丙烷	1.60~1.99

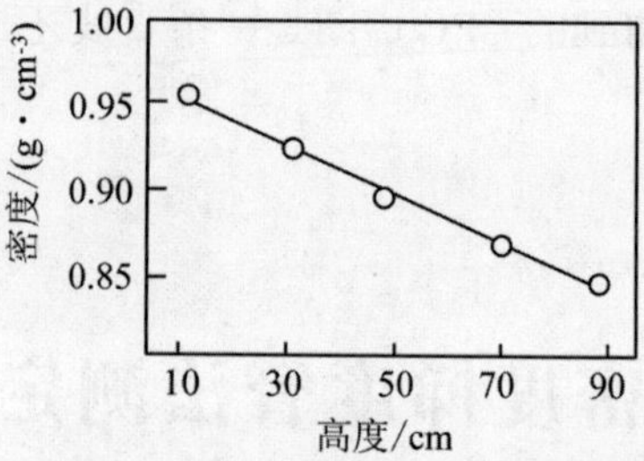

图 4-4　乙醇-水二元体系密度梯度管标定曲线

结晶性聚合物都是部分结晶，即晶体和非晶体共存。晶体和非晶体的密度不同，晶区密度高于非晶区密度，因此同一聚合物由于结晶度不同，样品的密度不同，如果采用两相结合模型，并假定比容具有加和性，即结晶聚合物试样的比容 V 是由晶区 V_c 和非晶区比容 V_a 的线性求和所得的，则有：

$$V=V_c f_c+V_a(1-f_c)$$

式中：f_c——结晶度（即聚合物中结晶部分的重量百分比）。设 ρ_c 为被测聚合物完全结晶（即100%结晶）时的密度，ρ_a 为被测聚合物完全不结晶（无定形）时的密度，则有：

$$f_c=\frac{\rho-\rho_a}{\rho(\rho_c-\rho_a)}\times 100\%$$

因此，由测得的高聚物试样密度可算出结晶度。

三、主要试剂与仪器

主要试剂：无水乙醇，蒸馏水，高压聚乙烯，低压聚乙烯，等规聚丙烯。

主要仪器：带夹套的密度梯度管（其结构示意图见图 4-5），恒温水浴锅。

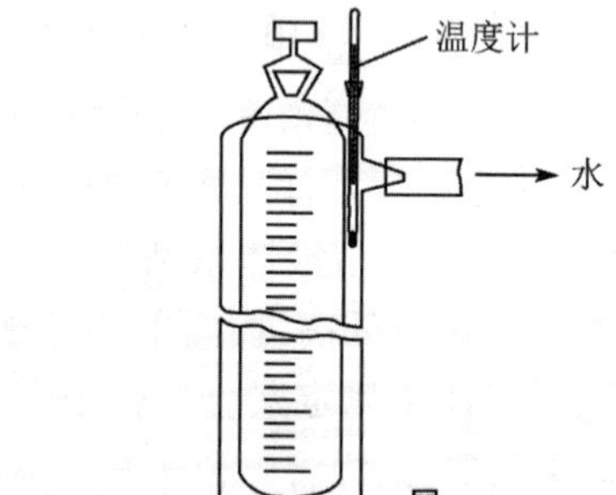

图 4-5　带夹套的密度梯度管结构示意图

四、实验步骤

实验步骤如下：

（1）根据待测试样密度的大小选择密度梯度管中所用的液体，并确定密度梯度管的上限、下限，本实验选择乙醇-水二元体系，其密度变化范围在 0.79～1.00 g/cm³，对于高压聚乙烯、低压聚乙烯、等规聚丙烯均适用。

(2)将安装好的密度梯度管用水充满后，再放出水，量取体积，将此体积分成 6 份(所分份数越多，密度梯度的形成越快)，按所得体积的 100%、80%、60%、40%、20%、0%量取乙醇，与按所得体积的 0%、20%、40%、60%、80%、100%量取的蒸馏水分别对应混合后搅拌均匀，再按密度从大到小依次小心、缓慢地加入密度梯度管中，稍做搅拌，并静置一段时间(实验前已配制完毕)。

(3)将恒温水浴锅中已恒温在 20 ℃的水通入密度梯度管的夹套中进行循环，使密度梯度管内的温度达到 20 ℃，然后将已知密度的玻璃球投入管中，读取刻度(高度)，作标定曲线，确定为直线后待用(实验前已标定)。

(4)把待测样品用容器分别盛好，放入 60 ℃的真空烘箱中，干燥 24 h，取出放于干燥器中待测。取准备好的样品(聚乙烯、聚丙烯)，先用轻液浸润试样，避免附着气泡，然后轻轻放入管中，盖紧磨口塞。平衡后，读取刻度，测定试样在管中的高度，重复测定 3 次。用标定曲线找出密度后计算结晶度。

(5)测试完毕，用金属丝网勺按由上至下的次序轻轻地逐个捞起小球，并且事先将标号袋由小到大严格排好次序，每取出一个小球即装入相应的袋中，待全部玻璃小球及试样依次捞起后，盖上密度梯度管的盖子。

五、注意事项

注意事项如下：

(1)所制试片不能有气泡存在，如有气泡，必须另换试片。

(2)试样要轻轻投入密度梯度管中，任其自然下落与悬停，实验后捞出试样时也要小心、仔细，切勿破坏密度梯度管。

六、实验报告

(1)标定曲线，按表 4-4 记录实验数据，并作标定曲线。

表 4-4 实验数据表

序号	1	2	3	4	5	6	7	8
小球密度/($g \cdot cm^{-3}$)								
立即下降高度/cm								
15 min 后高度/cm								
30 min 后高度/cm								

(2)试样密度测定表见表 4-5。

表 4-5 试样密度测定表

试样名称								
立即下降高度/cm								
15 min 后高度/cm								
30 min 后高度/cm								
试样密度/($g \cdot cm^{-3}$)								

(3)结晶度的计算

全同聚丙烯:晶区密度 $\rho_c = 0.936\ g/cm^3$,非晶区密度 $\rho_a = 0.854\ g/cm^3$;高密度聚乙烯:晶区密度 $\rho_c = 1.014\ g/cm^3$,非晶区密度 $\rho_a = 0.854\ g/cm^3$。根据公式计算样品结晶度。

七、思考题

(1)测定聚合物结晶度的方法有哪些?为什么不同测定方法测得的聚合物结晶度不能相互比较?

(2)同种高分子材料,牌号不同,其密度有无差别?为什么?

(3)举例说明高分子材料的密度与其力学性能之间有何关系。

实验三十二　聚合物熔点测定

一、实验目的

(1)了解显微熔点测定仪的工作原理。

(2)掌握显微熔点测定仪的使用方法。

(3)理解聚合物熔点的意义和影响因素。

二、实验原理

熔点是晶态聚合物最重要的热转变温度,是聚合物最基本的性质之一。因此,聚合物熔点的测定对理论研究及对指导工业生产都有着重要意义。

聚合物在熔融时,许多性质发生不连续的变化,如热容量、密度、体积、折射率、双折射及透明度等。具有热力学一级相变特征,这些性质的变化都可用来测定聚合物的熔点。本实验利用在显微镜下观察聚合物在熔融时透明度发生变化的原理来测定聚合物的熔点,此法迅速、简便,用料极少,结果也比较准确,故应用范围很广。

将聚合物试样置于热台表面中心位置,盖上隔热玻璃,形成隔热封闭腔体,热台可按一定速度升温,当温度达到聚合物熔点时,可在显微镜下清晰地看到聚合物试样的某一部分的透明度明显增加并逐渐扩展到整个试样。热台温度用玻璃水银温度计测量。在样品熔化完瞬间,立即在温度计上读出此时的温度,即为该样品的熔点。

三、主要样品与仪器

主要样品:聚乙烯,聚丙烯粒料。

主要仪器:X-6 型显微熔点测定仪(精度为 0.1 ℃),单面刀片 1 盒,载玻片数片,盖玻片数片。

四、实验步骤

实验步骤如下：

（1）插上电源，将控温旋钮全部置于零位。

（2）仪器使用前必须将热台预热除去潮气，这时需将控温旋钮调至 100 V 处，观察温度计，待读数达 120 ℃，潮气基本消除之后，将控温旋钮调至零位。再将金属散热片置于热台中，使温度迅速下降到 100 ℃以下。

（3）取一片干净的载玻片放在实验台台面上，用单面刀片从试样粒料上切下均匀的一小薄片，放在载玻片上，盖上盖玻片，用镊子将被测试样置于热台中央，最后将隔热玻璃盖在加热台的上台肩面上。

（4）旋转显微镜手轮，使被测样品位于目镜视场中央，以获得清晰的图像。

（5）将控温旋钮旋到 50 V 处，用微调控温旋钮控制，使升温速度为 2～3 ℃/min；在距熔点 10 ℃时，用微调控温旋钮控制，使升温速度在 1 ℃/min 以内，同时开始记录时间和温度，2 min 记录 1 次。

（6）当在显微镜中观察到试样某处透明度明显增加，说明聚合物开始熔融，记录此时的温度，并观察聚合物的熔融过程，当透明部分扩展到整个试样时，熔融过程即结束，将此时的温度记录下来，此温度即为聚合物的熔点；而从刚开始熔融时的温度到熔点的温度段即为熔限。

（7）将金属散热片置于热台上，使热台温度迅速下降，当温度降到离高聚物熔点 30～40 ℃时，即可进行下次测量，重复测定 3 次。

（8）测定完毕，将控温旋钮与微调控温旋钮调至零位，再将物镜调起一定高度，拔下电源。

（9）清理实验台上测试完的试样，将实验工具摆放好，结束实验。

五、实验结果

实验结果记录在表 4-6 中。

表 4-6 实验结果记录表

1	时间					开始熔融	熔融结束
	温度/℃						
2	时间					开始熔融	熔融结束
	温度/℃						
3	时间					开始熔融	熔融结束
	温度/℃						
4	熔限	～ ℃				熔点	℃

六、思考题

（1）聚合物熔融时为什么有一个较宽的熔融温度范围？

（2）列举一些其他测定聚合物熔点的方法，并简述其测量原理。

实验三十三　高聚物的差热分析

一、实验目的

(1)掌握 DTA、DSC 的实验原理,学习 DSC 法测定聚合物的热性能。
(2)掌握 DSC 谱图分析方法,能够辨析等热效应的 T_g、T_c、T_m、X_c。

二、实验原理

热分析是测量试样的性能(任意物理性质变量)随温度变化的技术,即对物质在受热或冷却过程中发生物理(状态)变化或化学(反应)变化时所产生的热效进行检测的一种现代热分析技术。差热分析与差示扫描热法是相继发展起来的、被广泛应用的一种现代热分析技术。

差热分析(Differential Thermal Analysis,DTA)是在温度程序控制下测量试样与参比物之间的温度差 ΔT 随温度变化的一种技术。

差示扫描量热法(Differential Scanning Calorimetry,DSC)是对 DTA 的改进,同样是在温度程序控制下测量试样相对于参比物的热流速度随温度变化的一种技术。

DTA、DSC 在高分子方面的应用特别广泛,它们的主要用途是:研究聚合物的相转变;测量结晶温度 T_c、熔化温度 T_m、结晶度 X_c 等温结晶动力学参数;测定聚合物的玻璃化转变温度 T_g;研究聚合、固化、交联、氧化、分解等反应;测定反应温度中反应温区、反应热及反应动力学参数;等等。

1.差热分析

DTA 通常由温度程序控制器、气氛控制、差热放大器、记录仪等部分组成(见图 4-6)。温度通过变换器的两组热电偶将它们反向串联组成差示热电偶。其端点分别置于试样和参比物盛器的底部,参比物应选择在实验温度范围内不会发生热效应的惰性物质,如 Al_2O_3、MgO、石英、硅油等。当对分别放置有试样与参比物的加热炉进行等速升温时,若试样不发生热效应,在理想情况下,试样温度和参比物温度相等,即 $\Delta T = 0$ ℃($T_s = T_r$),则差示热电偶无信号输出,记录仪上显示一条直线(基线)。

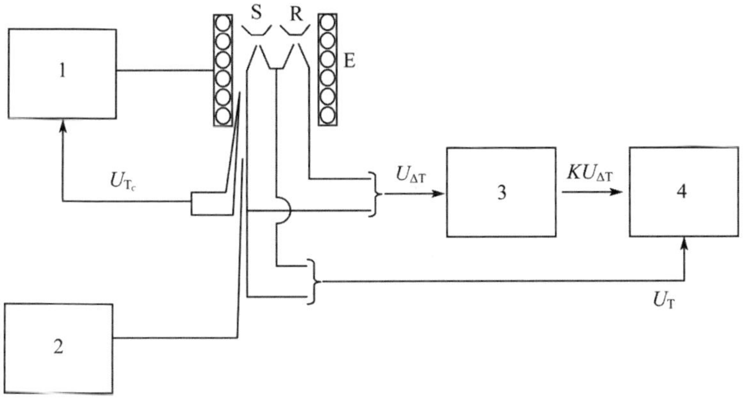

图 4-6 DTA 示意图

S—试样;U_{T_c}—由控温热电偶送出的毫伏信号;R—参比物;U_T—由试样下的热电偶送出的毫伏信号;E—电炉;$U_{\Delta T}$—由差示热电偶送出的微伏信号;1—温度程序控制器;2—气氛控制;3—差热放大器;4—记录仪

当试样在某一温度下发生热效应($T_s \neq T_r$),即 $\Delta T \neq 0$ ℃时,则差示热电偶有信号输出,这时就出现差热曲线峰,若以 ΔT 为纵坐标,T 为横坐标,则吸热峰向下,放热峰向上,见图 4-7。

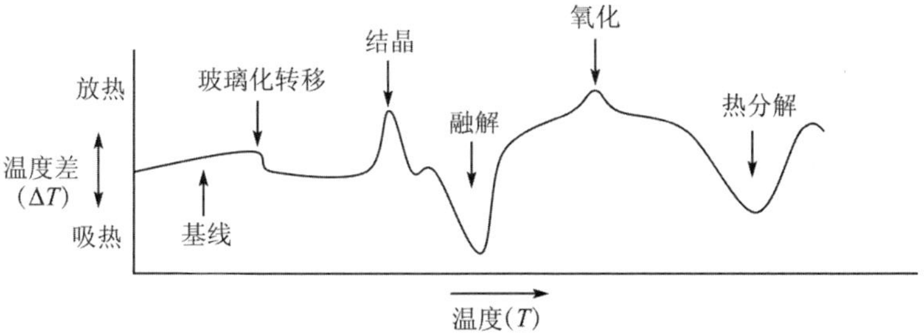

图 4-7 DTA 曲线图

在 DTA 曲线上,由峰的位置可确定发生热效应的温度,由峰的面积可确定热效应的大小,由峰的形状可了解有关过程的动力学特性。

以单位重量的热容量为 ΔH,试样与参比物间温度差为 ΔT,可得出下式:

$$\Delta H = \frac{gk}{m}\int_{t_1}^{t_2} \Delta T \mathrm{d}t$$

式中:m——试样量,g;

k——试样热传导率;

g——试样几何结构参数。

因峰的面积与热量变化成比例,用已知反应热的物质在同一条件下测定记录面积比即可定量地求取试样的热量变化,即:

$$\Delta Q = K\int_{t_1}^{t_2} \Delta T \mathrm{d}t = KA$$

因 K 值会随着温度、仪器、操作条件而改变,所以 DTA 的定量性能差。获得足够大的 ΔT,会使热电偶对试样热效应的响应变慢,热滞后增大,峰的分辨率变差。为了改进上述缺陷,继而发展了 DSC。

2.差示扫描量热法

DSC 与 DTA 实验原理相同，不同的是其在试样和参比物下面分别增加了一个补偿加热丝，还增加了一个功率补偿放大器（见图 4-8）。

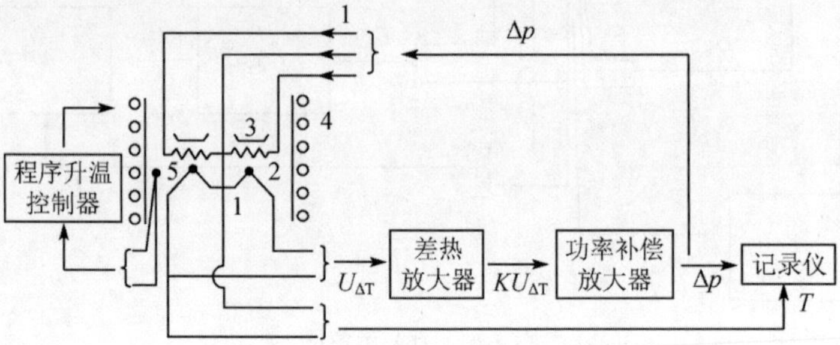

图 4-8 功率补偿式 DSC 原理图

1—温差热电偶；2—补偿电热丝；3—坩埚；4—电炉；5—控温热电偶

DSC 是将试样和参比物在相同条件下进行加热或冷却，如果试样无热效应发生，此时 $I_s=I_r$，则其电功率差 $\Delta p=0$。当试样产生热效应时，如放热，试样温度高于参比物温度，则其差示热电偶产生温差电势 $U_{\Delta T}$，经差热放大器放大后送入功率补偿放大器，之后经过自动调节补偿加热丝的电流，使试样下的电流 I_s 减小，参比物部分的电流 I_r 增大，则降低试样温度、升高参比物温度，使试样与参比物之间的温差 ΔT 趋于 0 ℃（$\Delta T=0$ ℃），这样使 T_s、T_r 温度始终维持相同，就避免了两者之间的热传递。DSC 曲线的纵坐标为试样放热或吸热的速度，即热流速度，其单位是毫卡/秒，横坐标是 T，峰的方向与 DTA 相反，吸热峰向上，放热峰向下。试样放热或吸热的热量为 $\Delta Q=\int_{t_1}^{t_2}\Delta p\mathrm{d}t$。

因 DSC 是直接测量热效应的热量，由于试样和参比物与补偿加热丝之间总存在热阻，其补偿之热量有些漏失，因此其热效应的热量应是 $\Delta Q=KA$，K 称为仪器常数，它可由参比物实验确定。K 不随温度、操作条件而变，这就是 DSC 比 DTA 定量性能好的原因。同时试样和参比物与热电偶之间的热阻可使其尽可能小，从而使 DSC 对热效应响应快、灵敏，峰的分辨率高。与 DTA 相比，DSC 突出的优点就在于它是以热功率差对温度（时间）作图，所以 DSC 的热谱曲线峰的面积直接和热效应的大小有关，从而可进行较好的定量测定。

测定结果的影响因素（由于传热情况复杂，影响因素较多）有：

（1）仪器的影响因素：主要包括加热炉大小、形状，热电偶粗细、位置，记录纸速度，环境气氛，盛器的材质、厚度、形状等。

（2）样品因素：如颗粒大小，形状（粉、片、粒），吸湿性，热导性，比热，装填密度，数量，结晶度大小等。

（3）升温速度：升温速度对 T_g 测定的影响较大。因玻璃化转变是一个松弛过程，升温过慢，转变不明显，甚至观测不到；升温快，转变明显，但 T_g 移向高温。升温速度对 T_m 测定影响不大，但有的聚合物在升温过程中会发生重组、晶体完善化，使 T_m 和 X_c 都提高。另外，升温速度对峰的形状也有影响，升温速度快，峰尖锐，分辨率高；升温速度慢，基线漂移大。因此，升温速度一般采用 10 ℃/min。

三、主要样品与仪器

主要样品：聚氯乙烯（PVC），聚丙烯（PP）或聚乙烯（PE）粉末。
主要仪器：NETZSCH DSC-200F3 热分析仪。

四、实验步骤

1.样品放置

用分析天平称量 5～10 mg 经干燥的被测试样，放在样品皿中，然后上盖压实（操作注意用镊子小心夹取，不得碰触池体），放进加热炉室右边试样池中，左边的基准物池放 Al_2O_3。

2.DSC 操作程序

DSC 操作程序如下：

（1）启动电源，至少提前 1 h 预热。

（2）打开 N_2总阀，调节 N_2流速至 20 mL/min、保护气流速至 50 mL/min。

（3）设置测定参数：打开 NETZSCH-TA4-5 软件，进入 DSC-200F3 在线测量。打开仪器设置快捷键，在菜单中选择带盖铝制坩埚；关闭 Windows 窗口。

（4）基线测量：在文件下拉菜单中，点击新建，进入 DSC-200F3 测量参数，输入相应的实验参数；点击开始，得到基线曲线。

（5）样品测量：在基线实验参数条件下，进行样品测量。

（6）利用分析软件进行数据分析。

（7）实验完毕，依次关闭 N_2总阀、冷却系统电源、主机电源、计算机电源。

五、实验数据处理

1.仪器能量和温度校正

称取苯甲酸 3～5 mg、α-Al_2O_3 5 mg，分别装入铝制坩埚中，加盖压紧，放入测量室中，扫描 DSC 曲线，确定 T_m，并与苯甲酸实际的 T_m 比较，得到温度的校正值。测量熔融峰的面积，求出仪器校正常数 K，即每单位面积的热量值。已知苯甲酸的 T_m = 122 ℃，ΔH_f = 34 cal/g。

2.峰面积的求法

峰面积的求法如下：

（1）称重法：用硫酸纸作出面积-重量的标准曲线，再以实验图形用硫酸纸描画图形剪下称量对照曲线得面积，此法误差约为 20%。

（2）数格法：以 100 个小格相当于 1 cm²，数出峰形中的小方格数 X，则面积 $A=\frac{X}{100}\ \mathrm{cm}^2$。

（3）计算机（求积仪）法：通过机器可直接求得峰面积大小。

（4）三角形面积法：峰形接近等腰三角形，可以用半高宽法求得面积值。

校正常数：

$$K=\Delta H_f \times m/A$$

式中：ΔH_f——熔融热，cal/g；

m——质量，g；

A——峰的面积，cm^2。

3.PET 的测定

称取试样 5~10 mg，扫描 DSC 曲线，由曲线确定 T_g、T_m、T_c，并按下式计算其热熔值 ΔH（cal/g）：

$$\Delta H = KA/m$$

4.PE 的测定

称取 5~10 mg 试样，扫描 DSC 曲线，由曲线确定 T_m、T_c，并按下式求出 PE 的结晶度 X_c：

$$X_c = \Delta H/\Delta H_f^* \times 100\%$$

式中：ΔH_f^*——完全结晶的 PE 的熔融热，为 68.4 cal/g。

六、思考题

（1）DSC 法与 DTA 法有何异同点？

（2）T_g为何在 DSC 曲线上不是峰形图？

（3）为什么试样颗粒大小、装料密度等均会影响 T_g的大小？

实验三十四　聚合物的热重分析

一、实验目的

（1）了解热重分析的工作原理及操作方法。

（2）掌握采用热重分析法测定聚合物的热分解温度 T_d的方法。

二、实验原理

热重分析法（Thermogravimetric Analysis，简称 TGA）是在程序控温下，测量物质的质量与温度关系的一种技术。应用 TGA 可以研究各种气氛下高聚物的热稳定性和热分解作用；测定水分、挥发物和残渣，增塑剂的挥发性，水解和吸湿性，吸附和解吸，汽化速度和汽化热，升华速度和升华热，氧化降解，缩聚高聚物的固化程度；分析有填料的高聚物或共混物的组成；研究反应动力学。

现代热重分析仪一般由四部分组成，即电子天平、加热炉、程序控温系统和数据处理系统，有的还配有通入气氛或真空装置。典型的热天平示意图如图 4-9 所示。

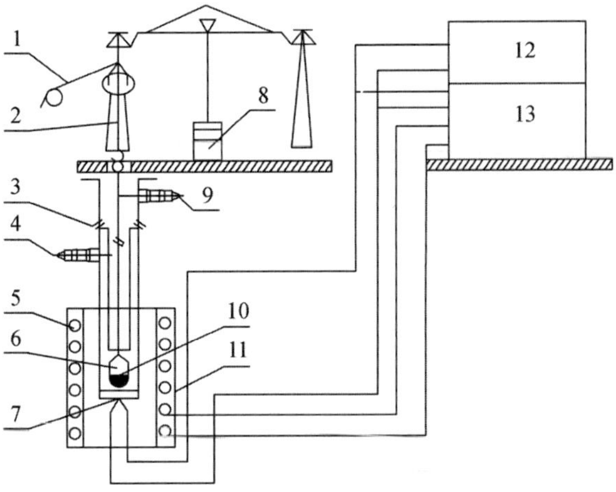

图 4-9 典型的热天平示意图

1—机械减码;2—吊挂系统;3—密封管;4—出气口;5—加热丝;6—试样盘;7—热电偶;8—光学读数;9—进气口;10—试样;11—管状电阻炉;12—温度读数表头;13—温控加热单元

热重分析原始记录得到的谱图是试样的质量 m 对温度 T 的曲线,称为 TG 曲线,或者是试样的质量残余率 Y 对温度 T 的曲线(也称为热重曲线),也可以是试样的质量残余率随时间的变化率 dY/dt 对温度 T 的曲线(称为微商热重法,DTG),如图 4-10 所示。

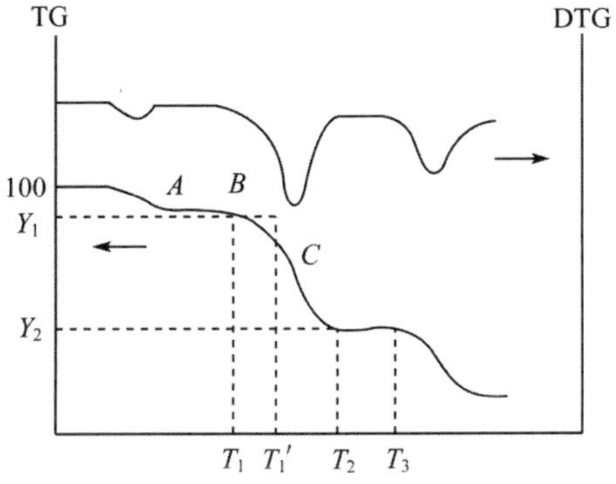

图 4-10 TGA 谱图

在图 4-10 中,T_1 称为分解温度,也可以取 C 点切线与 AB 延长线相交处的温度 T_1' 作为分解温度,后者数值偏高。开始阶段试样有少量的质量损失,主要是由残余小分子的热分解引起的,损失率为 $100\%-Y_1$。如果发生在 100 ℃ 附近,则可能是失水导致的。试样大量分解是从 T_1 开始的,直至 T_2,损失率为 Y_1-Y_2。在 T_2 到 T_3 阶段存在着其他的稳定相,然后随温度升高进一步分解。

三、主要样品与仪器

主要样品:聚乙烯,聚丙烯。

主要仪器:NETZSCH STA409C 热重分析仪。

四、实验步骤

实验步骤如下：

（1）检查恒温水浴的水位，保持液面低于顶面 2 cm。打开面板上的上、下两个电源，启动运行，并检查设定工作模式，设定的温度值应比环境温度高约 3 ℃。

（2）按顺序依次打开显示器、计算机主机、仪器测量单元、控制器以及测量单元上电子天平的电源开关。

（3）确定实验用的气体（一般为 N_2），调节输出压力（0.05～0.1）MPa，在测量单元上手动测试气路是否通畅，并调节好相应的流量。

（4）打开测量软件。打开炉盖，确认炉体中央的支架不会碰壁时，按面板上的“UP”键，将其升起，放入空坩埚，确认空坩埚在炉体中央支架上的中心位置后，按面板上的“DOWN”键，将其降下，并盖好炉盖。

（5）新建基线文件：打开一个空白文件，选择“修正”，打开温度校正文件，按测试要求编程（输入起始温度、终止温度和升温速度），运行得到修正曲线。

（6）打开参数设置对话框，分别填入样品的编号和名称，称取 5～10 mg 样品，开始测试，采集测试曲线。

（7）测试结束后，保存文件。

（8）待温度降至 80 ℃以下时，打开炉盖，取出坩埚。

（9）按顺序依次关闭软件和退出操作系统，关闭计算机主机和仪器测量单元的电源、显示器、控制器、电子天平，关闭使用气瓶的高压总阀。

（10）关闭恒温水浴面板上的运行开关和上、下两个电源开关。

（11）及时清理坩埚和实验室台面。

五、实验记录和数据处理

打印 TGA 谱图，求出试样的分解温度 T_d。

六、思考题

（1）TGA 实验结果的影响因素有哪些？

（2）研究聚合物的 TG 曲线有什么实际意义？

实验三十五　高聚物维卡软化点的测定

一、实验目的

（1）了解热塑性塑料的维卡软化点的测试原理。

(2)掌握聚丙烯(PP)、聚乙烯(PE)等试样的维卡软化点的测定方法。

二、实验原理

聚合物的耐热性能,通常是指它在温度升高时保持物理机械性质的能力。为了测量塑料随温度升高而发生的变形,确定塑料的使用温度范围,设计了各种各样的仪器,规定了许多实验方法来表征塑料的耐热性能,最常用的是维卡耐热实验、马丁耐热实验以及热变形温度实验。这些方法所测定的温度仅仅是在规定的载荷、施力方式、升温速度下达到规定变形值的温度,而不是材料的使用温度上限,物理意义也不像玻璃化转变温度那样明确。因此,不同方法的测试结果相互之间并没有定量关系,但可用来对不同塑料做相对比较。

维卡软化点是测定热塑性塑料于特定液体传热介质中,在一定的负荷、一定的等速升温条件下,试样被 1 mm^2 针头压入 1 mm 时的温度。本方法仅适用于大多数热塑性塑料。实验测得的维卡软化点可用于质量控制或作为鉴定新品种塑料热性能的一个指标,但不代表材料的使用温度。

三、主要样品和仪器

主要样品:试样的厚度应为 3~6 mm,长和宽至少各为 10 mm,或直径大于 10 mm。试样的两面应平行,表面平整光滑,无气泡、锯齿痕迹、凹痕或裂痕等缺陷。每组试样为 2~3 个。模塑试样厚度为 3~4 mm。板材试样厚度取板材厚度,但当厚度超过 6 mm 时,应将试样从一面加工成 3~4 mm;当厚度不足 3 mm 时,可由不超过 3 块的试样叠合,使总厚度大于 3 mm。

主要仪器:热变形维卡软化点温度测定仪。

四、实验步骤

实验步骤如下:

(1)打开设备的电源开关,让系统启动并预热 10 min。

(2)按主机面板上的“上升”按钮,将支架升起,选择维卡测试所需的针式压头,将其装在负载杆底端,安装时压头上标有的编号印迹应与负载杆的印迹相对应。抬起负载杆,将试样放入支架,然后放下负载杆,使压头位于试样的中心位置,并与试样垂直接触,试样另一面紧贴支架底座。

(3)按“下降”按钮,将支架小心浸入油浴槽中,使试样位于液面以下 35 mm 处。油浴槽的起始温度应低于材料的维卡软化点(50 ℃)。

(4)按测试需要选择砝码,使试样承受 1 kg(10 N) 或 5 kg(50 N)的负载。本实验选择 940 g 砝码,小心地将砝码凹槽向上平放在托盘上,并在其上面的中心处放置百分表作为位移传感器。

(5)试样浸入油浴槽 5 min 后,上下移动位移传感器托架,使百分表针直接垂直紧密接触砝码,指针处于“0”位。设定上限温度,使升温速度为 5 ℃/6 min。

(6)当达到预设的变形量或温度时,停止实验,打开冷却水源进行冷却。然后向上移动托架,将砝码移开,升起试样支架,将试样取出。

(7)实验完毕后,依次关闭主机、电源。

五、实验数据处理

实验数据处理如下：

(1)记录实验条件，如试样名称、起始温度、砝码重量、传热介质等。

(2)记录位移间隔 0.1 mm 的温度，以温度为横坐标、位移为纵坐标，作位移-温度曲线，给出试样的维卡软化点温度。

六、思考题

(1)影响维卡软化点测试的因素有哪些？升温速度如何影响测试值？

(2)材料的不同热性能测定数据是否具有可比性？

实验三十六　高聚物熔融指数的测定

一、实验目的

(1)了解熔融指数仪的结构和使用方法。

(2)掌握高聚物熔融指数的测量原理。

二、实验原理

对高聚物的流动性的评价可采用不同的参数，在工业生产和科学研究中常采用熔融指数。它的定义为：在一定温度、一定压力下，熔融高聚物在 10 min 内从标准毛细管中流出的重量值(克数)。熔融指数以"g/10 min"为单位，符号为 *MI*。熔融指数的测定原理易懂、仪器构造简单，因此获得了广泛应用。

对于同一种高聚物，在相同的条件下，熔融指数愈大，则流动性愈好。对于不同的高聚物，在测定条件不同时，不能用熔融指数的大小来比较它们的流动性好坏；在测定条件相同时，用熔融指数的大小比较它们的流动性也缺乏明确的意义。因此，只把 *MI* 作为一个衡量高聚物流动性的参照指标。熔融指数的概念、测量方法和仪器构造简单，因此在工业上获得了广泛应用，成为检验高聚物产品质量的一种指标。

熔融指数仪是一种在低切变速度下工作的毛细管式仪器，基本结构由试样挤出系统和加热控制系统组成。试样挤出系统如图 4-11 所示，主要由料筒 3、活塞杆 2、毛细管 5 等组成。料筒与活塞头直径之差(间隙)要求为(0.075 0±0.012 5) mm。毛细管的外径稍小于料筒内径，以便它能在料筒孔中自由落到料筒底部。毛细管高度为(8.000±0.025) mm，中心孔径为(2.095±0.005) mm。加热控制系统由控温热电偶、控温定值电桥、放大器、继电器及加热器等组成。

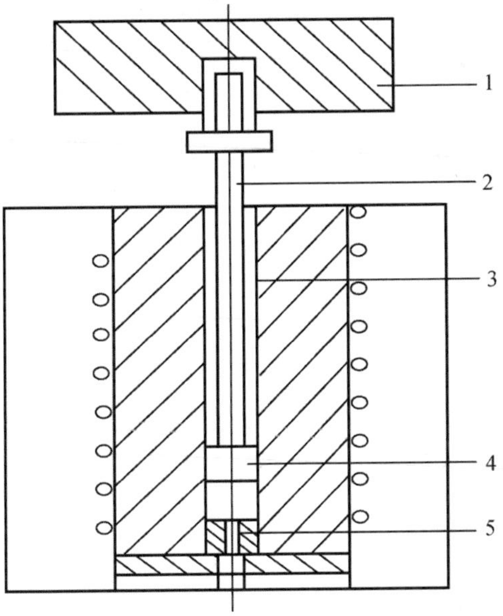

图 4-11　试样挤出系统示意图

1—砝码；2—活塞杆；3—料筒；4—活塞头；5—毛细管

三、主要样品与仪器

主要样品：聚丙烯粒料。

主要仪器：XNR-400 熔融指数仪。

四、实验步骤

实验步骤如下：

（1）升温：将控温按钮设定到所需温度数值，使炉温升到准确的预选温度。

（2）称样：根据试样熔融指数的大小称取适量干燥的试样（见表 4-7）。

（3）料筒预热：温度达到规定温度后，将料筒、毛细管压料杆放入恒温炉体中 6~8 min，并检测切料刀是否正常。

（4）装料：往料筒中装入称好的试样（每次约 4 g）。装料时应用料棒压实物料，以防止产生气泡，然后将活塞杆插入料筒中，杆顶部装上选定的负荷砝码，试样即从毛细管挤出。

（5）取样：取样前，应用切料刀将毛细管中流出的物料头截去，然后立即用秒表计时。计时时间可取为 5~10 min。分别截取 5 个挤出段，待冷却后分别称量。含有气泡的切割段应舍去。如果料筒中物料不够截取 5 个挤出段，需重新加料，重复步骤（4）和（5）。

（6）计算：根据截取的 5 个挤出段的平均重量 W（g）和切割一段所需时间 t（s），按下式计算熔融指数 MI：

$$MI_{190/2\,160} = W \times 600/t$$

式中：$MI_{190/2\,160}$——在 190 ℃、2 160 g 条件下测得的熔融指数，单位为 g/10 min。

表 4-7 熔融指数与物料关系

熔融指数范围/(g/10 min)	试样重/g	切除样条的间隙时间/min
0.1~1.0	2.5~3.0	6.00
1.0~3.5	3.0~5.0	3.00
3.5~10.0	5.0~8.0	1.00
10.0~25.0	4.0~8.0	0.50

五、注意事项

注意事项如下：

(1)整个取样过程要在压料杆刻线以下进行。测定完毕后，余料应趁热挤出，以防凝结。

(2)压料杆、料筒、毛细管要趁热用清洁布清理干净，切忌用粗砂纸等摩擦，以防损坏料筒内壁。

六、思考题

(1)哪些因素影响高聚物熔融指数的测定结果？举例说明。

(2)为何对不同的高聚物，测定条件相同与不同时，都不能用熔融指数的大小来比较它们的流动性好坏，只把它作为一个衡量流动性的参照指标？

实验三十七　氧指数法测定聚合物燃烧性能

一、实验目的

(1)熟悉氧指数仪的组成和结构。

(2)掌握氧指数仪的工作原理及使用方法。

(3)测定塑料的燃烧性能并计算氧指数。

二、实验原理

氧指数是在规定的试验条件下(23±2)℃，在氧气和氮气的混合气体中，刚好维持燃烧所需的最低氧浓度，以混合气体中氧含量的体积百分数表示。

氧指数仪的工作原理示意图如图 4-12 所示，氧指数仪主要由玻璃燃烧筒、试验夹、流量测量和控制系统，以及气源、点火器、排烟系统、计时装置等构成。其中玻璃燃烧筒是内径为 70~80 mm、高 450 mm 的耐热玻璃管，其下部填充高度为 100 mm、直径为 3~5 mm 的玻璃珠，在玻璃珠上方有一遮挡塑料燃烧时滴落物的金属网。试样夹是安装在玻璃燃烧筒轴心位置上，用来垂直夹住试样的构件。流量测量和控制系统由压力表、稳压阀、调节阀、玻璃流量计和气体流量计等组成。计量后的氧气、氮气经混合气室混合后由玻璃燃烧筒底部的进气口进入玻璃燃烧筒。点火器由装有丁烷的小容器瓶、气阀和内径为 1 mm 的金属导管喷嘴组成。金属导管能从玻璃燃烧筒上方伸入筒内,以点燃试样。当喷嘴处气体点着时,其火焰高度为 6~25 mm。点燃玻璃燃烧筒内的试样的方法有顶端点燃法和扩散点燃法。

(1)顶端点燃法:使火焰的最低可见部分接触试样顶端并覆盖整个顶表面,勿使火焰碰到试样的棱边和侧表面。在确认试样顶端全部着火后,立即移去点火器,开始计时或观察试样烧掉的长度。点燃试样时,火焰作用的时间最长为 30 s,若在 30 s 内不能点燃,则应增大氧浓度,继续点燃,直到 30 s 内点燃为止。

(2)扩散点燃法:充分降低和移动点火器,使火焰可见部分施加于试样顶表面,同时施加于垂直侧表面约 6 mm 的范围内。点燃试样时,火焰作用的时间最长为 30 s,每隔 5 s 左右稍移开点火器观察试样,直到垂直侧表面稳定燃烧或可见燃烧部分的前端到达上标线处时,立即移动点火器,开始计时或观察试样燃烧长度。若在 30 s 内不能点燃试样,则应增大氧浓度,再次点燃,直到30 s 内点燃为止。

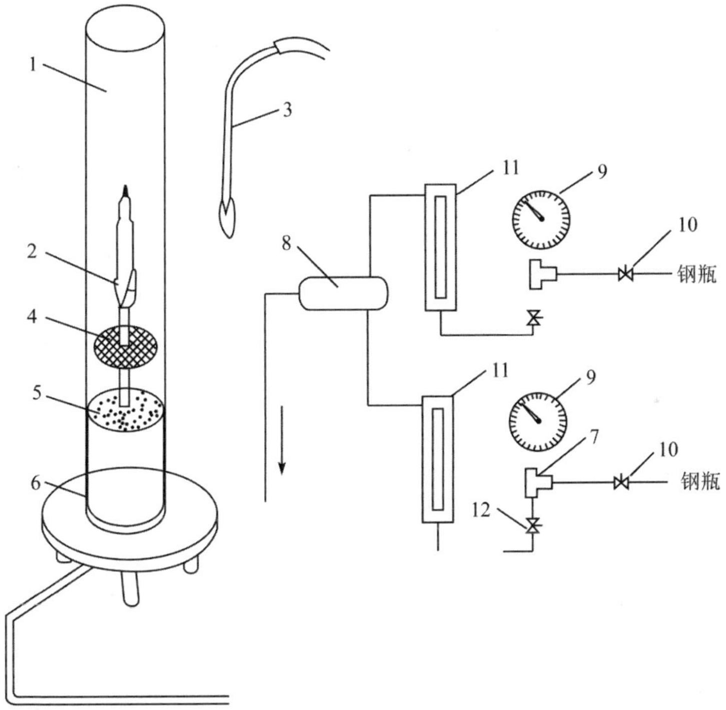

图 4-12 氧指数仪的工作原理示意图

1—玻璃燃烧筒;2—试验夹;3—点火器;4—金属网;5—测温装置;6—支座;7—接头;
8—气体预混合节点;9—压力表;10—稳压阀;11—气体流量计;12—调节阀

扩散点燃法适用于Ⅰ、Ⅱ、Ⅲ、Ⅳ型试样,标线应画在距点燃端 10 mm 和 60 mm 处。

需要说明的是,点燃试样是指引起试样的有焰燃烧,不同点燃方法的试验结果不具可比性。燃烧部分包括任何沿试样表面淌下的燃烧滴落物。

氧指数法测定塑料燃烧行为的评价准则见表 4-8。

表 4-8　氧指数法测定塑料燃烧行为的评价准则

试样型式	点燃方式	评价准则（两者取一）	
		燃烧时间/s	燃烧长度
Ⅰ、Ⅱ、Ⅲ、Ⅳ	顶端点燃法	180	燃烧前锋超过上标线
Ⅰ、Ⅱ、Ⅲ、Ⅳ	扩散点燃法	180	燃烧前锋超过下标线
Ⅴ	扩散点燃法	180	燃烧前锋超过下标线

三、主要样品与仪器

主要样品：试样类型和尺寸见表 4-9。

主要仪器：JYC-75 氧指数仪。

表 4-9　试样类型和尺寸

类型	长度/mm		宽度/mm		厚度/mm		用途
	基本尺寸	极限偏差	基本尺寸	极限偏差	基本尺寸	极限偏差	
Ⅰ	80～150		10.0	±0.5	4.0	±0.25	用于模塑材料
Ⅱ					10.0	±0.50	用于泡沫塑料
Ⅲ					<10.5		用于厚的片材
Ⅳ	70～150		6.5		3.0	±0.25	用于电器用模塑料和片材
Ⅴ	14	−5	52.0		≤10.5		用于软片和薄膜等

注：(1)不同类型、不同厚度的试样，测试结果不可比。

(2)由于影响测试结果的因素比较多，需反复预测气体的比例和流速、燃烧时间和燃烧长度，因此每组试样必须准备多个(10 个以上)，并且尺寸规格要统一，特别要求内在质量密实度、均匀度一致。

(3)试样表面清洁，无影响燃烧行为的缺陷，如应平整光滑，无气泡、飞边、毛刺等。

(4)对Ⅰ、Ⅱ、Ⅲ、Ⅳ型试样，标线画在距点燃端 50 mm 处；对Ⅴ型试样，标线画在框架上或画在距点燃端 20 mm 和 100 mm 处。

四、实验步骤

实验步骤如下：

(1)取标准试样至少 15 根，分别在试样的宽面上距点火端 50 mm 处画一标线。

(2)取下玻璃燃烧筒，将试样垂直地装在试样夹上，装上玻璃燃烧筒，要求试样的上端至筒顶的距离不少于 100 mm。如果不符合这一尺寸，则调节试样的长度，因为玻璃燃烧筒的高度是定值。

(3)根据经验或试样在空气中点燃的情况，估计开始时的氧浓度值。对于在空气中迅速燃烧的试样，估计氧指数在 18%以上；对于在空气中不着火的试样，估计氧指数在 25%以上。

(4)打开氧气瓶和氮气瓶，调整气体压力，减压到仪器的允许压力范围。

(5)分别调整氧气和氮气的流量阀，使流入玻璃燃烧筒内的氧气和氮气的混合气体达到预计的氧浓度，并保证玻璃燃烧筒中的气体的流速为(4±1)cm/s。

(6)让调整好的氧气、氮气混合气体流动 30 s,以清洗玻璃燃烧筒。然后用点火器点燃试样的顶部,在确认试样顶部全部着火后,移去点火器,立即开始计时,并观察试样的燃烧情况。

(7)若试样(长 50 mm)燃烧时间超过 3 min 或火焰前沿超过标线,则减小氧浓度;反之,则增大氧浓度。如此反复,直到所得氧浓度之差小于 0.5%,该氧气流量才能用于计算材料的氧指数。

五、实验记录和数据处理

实验记录和数据处理如下:

(1)氧指数 OI 由下式计算:

$$OI=\frac{[O_2]}{[O_2]+[N_2]}\times 100\%$$

式中:$[O_2]$——氧气的流量,L/min;

$[N_2]$——氮气的流量,L/min。

(2)试样重复测试 3 次,取 3 次氧浓度的算术平均值作为该材料的氧指数,有效数字保留到小数点后一位。

六、思考题

(1)影响氧指数的因素有哪些?高分子材料的分子化学结构与其氧指数大小有何关系?举例说明。

(2)氧指数主要表征高分子材料的难燃性。高分子材料难燃级别是如何用氧指数来划定的?

实验三十八 接触角的测量

一、实验目的

(1)了解液体在固体表面的润湿过程及接触角的含义。

(2)掌握静滴法接触角的测定方法。

二、实验原理

接触角是指在一固体水平面上滴一液滴,在固-液-气三相交界点处,自固-液界面经液体内部到其气-液界面的夹角,如图 4-13 所示。假定界面间力可用作用在界面方向的界面张力来表示,则液滴在固体表面处于平衡时,这些界面张力在水平方向上的分力之和等于零,即得著名的 Young 方程(或称为润湿方程):

$$\cos\theta=\frac{\sigma_{SA}-\sigma_{SL}}{\sigma_{LA}}$$

式中：σ_{SA}——固体表面张力，N；

σ_{LA}——液体表面张力，N；

σ_{SL}——固-液界面张力，N。

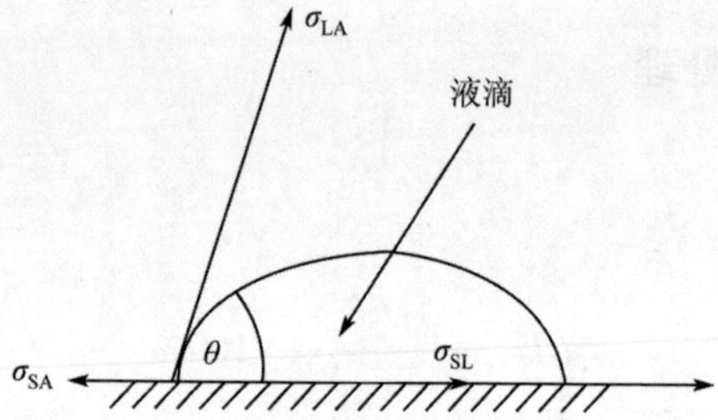

图 4-13　接触角示意图

显然，接触角是润湿程度的量度。

（1）$\theta=0°$，即 $\cos\theta=1$，液体在固体表面铺展，为完全润湿。

（2）$0°<\theta<90°$，即 $0<\cos\theta<1$，液体可以润湿固体，且 θ 越小，润湿效果越好。

（3）$90°<\theta<180°$，即 $-1<\cos\theta<0$，液体不可以润湿固体。

（4）$\theta=180°$，即 $\cos\theta=-1$，液体在固体表面凝成小球，为完全不润湿。

接触角的测量方法有很多，按照直接测量物理量的不同可分为量角法、长度法等。接触角按照测量时三相接触线的移动速度可分为静态接触角、动态接触角和低速动态接触角；按照测试原理，可分为静滴法、转落法、插入法等。上述方法各有其适用范围及优缺点，需要根据实际情况进行选择。

三、主要样品与仪器

主要样品：聚丙烯，聚苯乙烯。

主要仪器：JC-2000D 接触角测定仪。

四、实验步骤

实验步骤如下：

（1）首先通过仪器中间的水平仪找好仪器的水平。

（2）根据不同实验，选用不同倍数显微镜，一般做液滴实验以 30 倍为宜。

（3）将试样置于工作台上，用弹簧压板压紧并把装有待测液体的液滴调节器装在主机上，用螺钉固定。

（4）旋转测微头，调整液滴的量，使溶液在针头处形成液滴，向上移动工作台，使试样表面与液滴接触，再向下移动工作台，在试样上留下液滴。

（5）水平移动工作台，使液滴留在显微镜目镜中心。

（6）读数：接触角的读取有三种方法。

①方法一：如图 4-14 所示，移动目镜中十字线作液滴的切线，目镜中的角度就是接触角 θ。

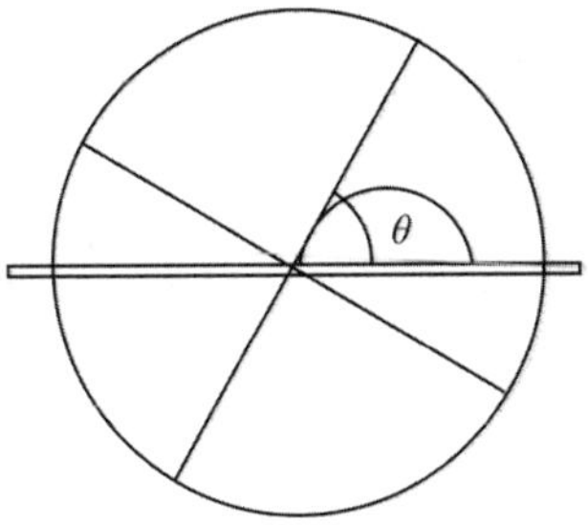

图 4-14 方法一示意图

②方法二:如图 4-15 所示,取液滴圆弧上的中心点读取某个角,这个角的 2 倍就是接触角 θ。

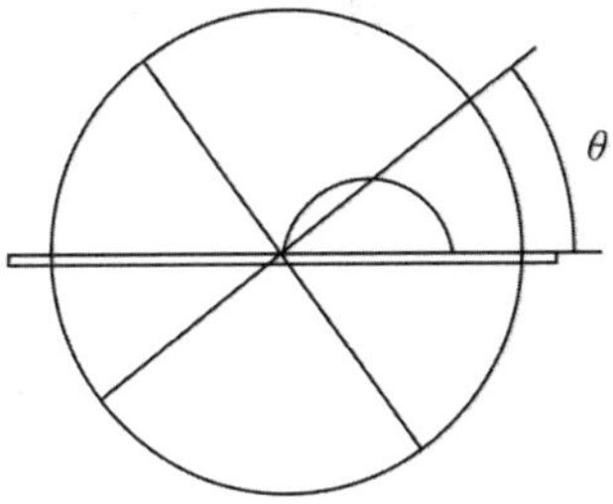

图 4-15 方法二示意图

③方法三:如图 4-16 所示,转动目镜刻线的两条十字线与液滴两侧相切,工作台上移,使目镜中的圆心与液滴的顶点重合。然后转动目镜的十字线,使它通过液滴的顶点、圆弧和平面的交点,这时目镜中读出的角度的 2 倍即为接触角 θ。

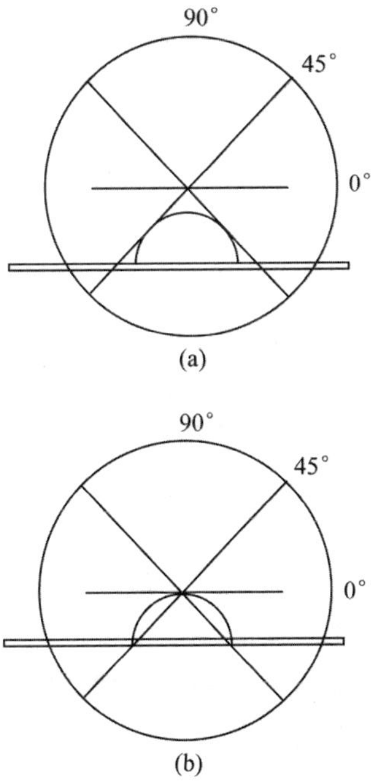

图 4-16 方法三示意图

(7)每个试样测试5次。

五、实验记录和数据处理

(1)记录试样的接触角测定值,计算平均值作为试样的接触角 θ。
(2)讨论不同试样的表面接触角为什么不同。

实验三十九　红外光谱测聚合物结构

一、实验目的

(1)理解红外光谱分析法的实验原理。
(2)掌握红外光谱样品的制备和红外光谱仪的使用方法。
(3)学习红外光谱的分析方法。

二、实验原理

红外光谱与有机化合物、高分子化合物的结构之间存在密切的关系,是研究结构与性能关系的基本手段之一。红外光谱分析具有速度快、取样微、灵敏度高的特点,还能分析各种状态的样品,广泛应用于聚合物领域,如分析聚合物的主链结构、顺反结构,共聚物的序列分布等。

红外光谱属于振动转动光谱,其光谱区域可进一步细分为近红外区(10 000~4 000 cm^{-1})、中红外区(4 000~400 cm^{-1})和远红外区(400~10 cm^{-1})。其中最常用的是中红外区,大多数化合物的化学键振动能的跃迁发生在这一区域。

分子中存在着许多不同类型的振动,其振动与原子数有关。含 N 个原子的分子有 $3N$ 个自由度,除去分子的平动自由度和转动自由度外,振动自由度应为 $3N-6$(线性分子是 $3N-5$)。这些振动可分为两类:一类是原子沿键轴方向伸缩使键长发生变化的振动,称为伸缩振动,用 υ 表示,这类振动又分为对称伸缩振动(υ_s)和不对称伸缩振动(υ_{as});另一类是原子垂直键轴方向的振动,此类振动会引起分子的内键角发生变化,称为弯曲(或变形)振动,用 δ 表示,这类振动又分为面内弯曲振动(包括平面及剪式两种振动)和面外弯曲振动(包括非平面摇摆及弯曲摇摆两种振动)。

每种振动方式都对应一种振动频率,一般用波数表示,单位是 cm^{-1}。当多原子分子获得足够的激发能量时,情况就变得非常复杂。所有原子核彼此做相对振动,也对整个分子做相对振动,因此出现很多振动频率组。每种化学键、基团都有特殊的吸收频率组,就像人的指纹一样。因此,利用红外光谱可鉴别出分子中存在的基团、双键位置以及顺反异构等结构特征。图4-17是聚丁二烯的红外光谱图,2 945 cm^{-1} 和 2 854 cm^{-1} 归属为亚甲基的顺式伸缩振动吸收峰,2 918 cm^{-1} 和 2 864 cm^{-1} 归属为亚甲基的反式伸缩振动吸收峰;3 008 cm^{-1} 归属为双键上的 C—H 伸缩振动吸收峰,723 cm^{-1} 归属为顺式结构双键上的 C—H 面外弯曲振动吸收峰;乙烯基结构的强吸收峰出现在 912 cm^{-1}处,反式结构双键上的 C—H 面外弯曲振动吸收峰出现在 966 cm^{-1}处。

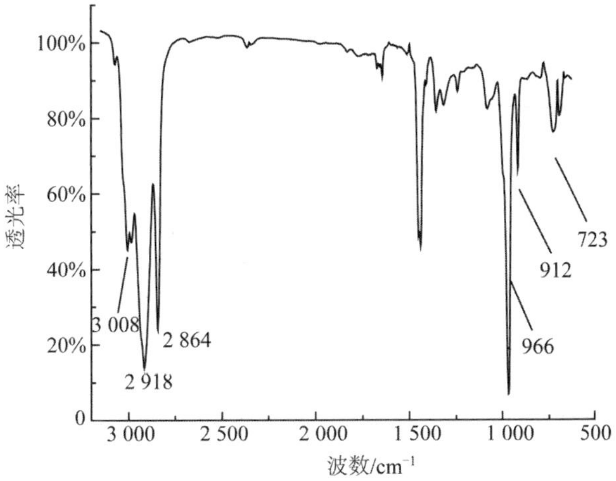

图 4-17 聚丁二烯的红外光谱图

傅里叶变换红外光谱仪(FT-IR)的测量是基于光相干性原理而设计的干涉型红外光谱仪。但由于干涉型红外光谱仪得不到人们业已熟知的光源的光谱图,只能得到光源的干涉图,因此,人们根据数学上的傅里叶变换函数的特性,利用电子计算机将其光源的干涉图转换成光源的光谱图,亦即将以光程差为函数的干涉图变换成以波长为函数的光谱图,故这种干涉型红外光谱仪又被称为傅里叶变换红外光谱仪。其工作原理如图 4-18 所示,红外光源发出的光首先通过一个光圈,然后逐步通过滤光片、干涉仪(光束在干涉仪里被动镜调制)、样品(透射或反射),最后聚集到检测器上。每一个检测器前包含一个前置放大器,前置放大器将输出的信号(干涉图)发送到主放大器,信号在这里被放大,经过傅里叶变换、数字化后,被发送到 AQP 板做进一步的数学处理,即将干涉图换成单通道光谱图。

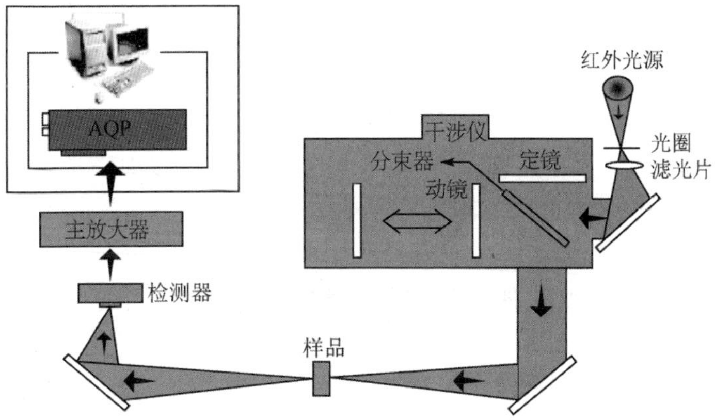

图 4-18 傅里叶变换红外光谱仪工作原理

三、主要样品与仪器

主要样品:聚乙烯,聚丙烯,聚丁二烯,聚异戊二烯。

主要仪器:傅里叶变换红外光谱仪。

四、实验步骤

（一）试样准备

红外光谱的试样可以是液体、固体或气体，一般要求：(1)试样应该是单一组分的纯物质，纯度应大于98%或符合商业规格才便于与纯物质的标准光谱进行对照。多组分试样应在测定前尽量预先用分馏、萃取、重结晶或色谱法进行分离提纯，否则各组分光谱相互重叠，难以判断。(2)试样中不应含有游离水。水本身有红外吸收，不仅会严重干扰样品谱，而且会侵蚀吸收池的盐窗。(3)试样的浓度和测试厚度应选择适当，以使光谱图中的大多数吸收峰的透射比为10%~80%。制样方法具体可分以下几种。

1.固体样品的制样方法

(1)薄膜法：对可塑性试样，可以直接滚压成薄膜。薄膜也可以是某些熔点低、熔融时不分解、不升华、没有其他化学变化的物质，将其熔融后直接涂在盐片上。大多数聚合物可先将其溶于挥发性溶剂中，然后滴在平滑的玻璃板或金属板上。待溶剂挥发后制成膜，直接揭下使用，也可以将溶液直接滴在盐片上成膜。

(2)溴化钾压片法：适用于不溶性或脆性树脂，如橡胶或粉末状样品。分别取1~2 mg的样品和20~30 mg干燥的溴化钾晶体，于玛瑙研钵中研磨成粒度约为2 μm且混合均匀的细粉末，装入模具内，加压至29.4 MPa，1 min后取出。对压片有特殊要求的样品可用氯化钾晶体替代溴化钾晶体进行压片。

(3)溶液制膜法：将聚合物样品溶于适当的溶剂中，然后均匀地浇涂在溴化钾片或洁净的载玻片上，待溶剂挥发后，形成的薄膜可以用手或刀片剥离后进行测试。若在溴化钾或氯化钠晶片上成膜，则不必揭下薄膜，可以直接测试。成膜在玻璃片上的样品若不易剥离，可连同玻璃片一起浸入蒸馏水中，待用水润湿后，再进行剥离，样品薄膜需要彻底干燥方可进行测试。

2.液体样品的制样方法

低沸点的液体样品可采用固定池（封闭式液体池）进行红外测试。固定池的清洗方法是在红外灯下（带上指套）向池内灌注一些能溶解样品的溶剂，然后浸泡样品，最后用干燥气体或氮气吹干溶剂。固定池一般是可拆式液体池。将样品滴在盐片上，夹紧窗片即可（注意窗片内不能有气泡）。

纯液样可直接放入样品池中，某些吸收性很强的液体或固体可配成溶液后再注入样品池，所用的溶剂应满足以下条件：溶剂对溶质的溶解度大、红外透光性好、不腐蚀窗片、分子简单、极性小、对溶质没有强的溶剂化效应，如CS_2、CCl_4和$CHCl_3$等，溶剂本身的吸收峰可通过以溶剂为参比溶液来校正。

3.气体样品的制样方法

可采用气体池进行气体样品的红外测试，在气体样品导入前应抽真空。气体池窗片多采用抛光的NaCl晶片或KBr晶片。因为水蒸气在中红外区有强吸收峰，所以气体池必须要干燥。样品测完后，用干燥的氮气流冲洗。

除以上几种主要的制样方法外，还有切片法、石蜡糊法等。

（二）实验步骤

实验步骤如下：

(1)主机开机,预热 1 h,使仪器达到最佳状态。

(2)启动计算机,打开软件,点选参数设置,设定测试条件,包括分辨率、扫描次数或扫描时间、光谱测试范围等,没有特殊要求时,可选择默认值,其他的常规设置选项一般不必修改。

(3)以空气为背景,点击测试背景吸收。

(4)将样品置入试样室,点击测试样品。

(5)显示谱图和谱图处理。在谱图显示窗口中,可进行放大/缩小谱图、改变谱图的显示范围、添加标注、改变谱线颜色等操作。

(6)谱图存储、打印。

(7)关闭软件,关机。

五、实验记录和数据处理

实验记录和数据处理如下：

(1)记录实验条件,包括仪器型号、生产厂家、实验参数和试样方法等。

(2)谱图解析:标出特征吸收谱带并归属,注意吸收峰的位置、强度。与文献标准谱图对照或根据所提供的结构信息,初步确定产物的主要官能团。

六、思考题

(1)阐述红外光谱分析法的特点和产生红外吸收的条件。

(2)样品的用量对检测精度有无影响?

(3)溴化钾压片制样过程中应注意哪些事项?

实验四十 相差显微镜法表征共混物的结构形态

一、实验目的

(1)学会用熔融法制备共混物样品。

(2)了解相差显微镜的基本原理。

(3)掌握用相差显微镜研究共混物的结构形态的方法。

二、实验原理

高分子合金是高分子材料开发的主要途径之一,是采用物理或化学方法对高分子材料进行共聚、共混制成的含有两种或多种聚合物的复合材料。从热力学上讲,绝大多数高分子共混体系是不相容的,即各组分之间没有分子水平相容性。例如,在熔融状态下进行共混,不同的高分子组分受到应力场的作用,混合成宏观上均一的共混材料,但在亚微观尺度(几微米至几十微米)上,共混材料是相分离的。共混材料的性能,特别是力学性能与共混聚合物的结构形态密切相关。在共混体系中分散相与连续相的相容性、分散相的分散程度和颗粒以及分散相与连续相的比例都直接影响材料的性能。由于共混体系的各组分在普通光学显微镜下均无色透明,所以普通光学显微镜不能分辨出相分离结构。但共混体系中各组分的折射率不同,可以通过相差显微镜观察共混物的相分离结构。其实验原理是:光波在进入同一厚度但折射率不同的共混物薄膜(透明)样品后,因光程不同而产生一定的相位差 δ。相位差用下式表示:

$$\delta=\frac{2\pi}{\lambda}(n_A-n_B)l$$

式中:λ——光波波长,μm;

n_A——组分 A 的折射率;

n_B——组分 B 的折射率;

l——光波在薄膜内传播的距离,μm。

相位差不能被眼睛所识别,也不能形成照相材料上的反差,可通过一定的光学装置把相位差转换为振幅差。利用光的干涉和衍射现象,相差显微镜中可把相位差转换为振幅差,使两种组分间有明暗的区别,从而可以研究共混物的结构形态。

相差显微镜的种类很多,很多普通光学显微镜带有相差附件(如环状光阑和相板)。相差显微镜的原理如图 4-19 所示。图 4-19 中的实线表示通过光阑的两个光束,它们基本上会聚在 f 面上,因为 f 面为物镜的焦平面。虚线表示通过被检物(样品)衍射的光线,它们以很广的面通过相板,这些衍射光束包含全部相位差的信息。通过相板的作用,相位差利用光的干涉形成视场中的明暗差别。

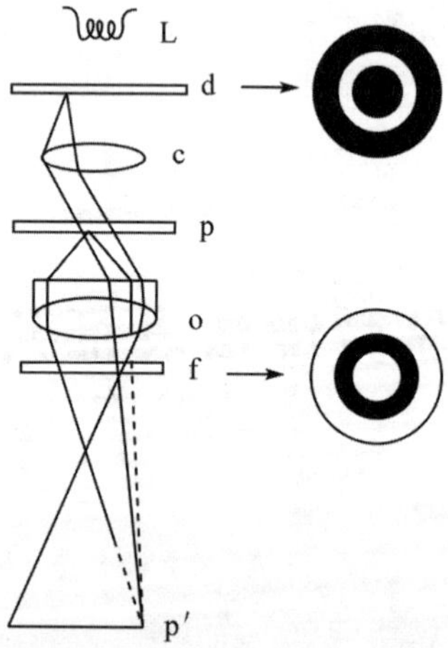

图 4-19　相差显微镜的原理图

L—光源;d—环状光阑;c—聚光镜;p—样品;o—物镜;
f—物镜后焦面(此处放置相板);p′—被检测物所呈现的像

三、主要样品与仪器

主要样品:聚丙烯(PP),苯乙烯-丁二烯-苯乙烯嵌段共聚物(SBS)。

主要仪器：倒置光学显微镜，相差附件（环状光阑和相板）。

四、实验步骤

1.样品制备

切片法：调整好切片机的切刀，将条状共混物固定在切片机的样品夹上，切得厚度为小于10 μm的薄片，仔细选择厚薄均匀的薄片，小心地将其置于载玻片和盖玻片之间固封起来，蒸馏水是方便实用的固封剂。用切片法可制成厚度为1~2 μm的切片，在显微镜下其图像较清晰，且适合拍摄照片。

压片法：用刀片切下少许共混物材料，放在载玻片上，置于恒温加热台上，待样品熔融后，加上盖玻片，用镊子均匀用力地压成适当厚度的薄膜（约10 μm），取下自然冷却至室温即可。此方法较为简便快捷，但较难保持分散相原有的真实形态，样品制作的结果也依赖于操作经验。但在一定条件下，压片法作为表征聚合物共混形态的一种手段还是十分有效的。

本实验采用压片法制样。

2.相差显微镜观察共混物的形态

将相差显微镜合轴调整好，将样品置于载物台上，对焦后，即可观察共混物形态。使用显微镜时应注意光亮的调节。

五、实验记录和数据处理

简要绘制所观察到的样品形态，并标出各组分。

六、思考题

为什么样品膜片厚度要均匀一致？如果样品较厚，能否观察到相分离结构？

实验四十一　偏光显微镜研究聚合物的晶态结构

一、实验目的

（1）掌握偏光显微镜的原理和使用方法。

（2）观察聚合物的结晶形态，估算聚丙烯球晶尺寸。

（3）了解影响高分子球晶尺寸的因素。

二、实验原理

聚合物制品的实际使用性能（如光学透明性、冲击强度等）与材料内部的结晶形态、晶粒大小及完善程度有着密切的联系，因此，对聚合物结晶形态等的研究具有重要的理论和实际意义。

用偏光显微镜研究聚合物的结晶形态较为简便、实用,是目前实验室中普遍的作法。众所周知,因结晶条件的不同,聚合物的结晶可以具有不同的形态,如单晶、树枝晶、球晶、纤维晶及伸直链晶体等。在从浓溶液中析出或熔体冷却结晶时,聚合物倾向于生成比单晶复杂的多晶聚集体,通常呈球形,故称为球晶。球晶可以长得很大。对于尺寸在微米级的球晶,用普通的偏光显微镜就可以进行观察;对于尺寸在微米级以下的球晶,则用电子显微镜或小角激光光散射法进行研究。

球晶的基本结构单元具有折叠链结构的晶片(晶片厚度在 10 mm 左右)。许多这样的晶片从一个中心(晶核)向四面八方生长,发展成一个球状聚集体。

根据振动的特点不同,光有自然光和偏振光之分。自然光的光振动(电场强度 E 的振动)均匀地分布在垂直于光波传播方向的平面内,如图 4-20(a)所示。自然光经过反射、折射、双折射或选择吸收等作用后,可以转变为只在一个固定方向上振动的光波,这种光称为平面偏光或偏振光,如图 4-20(b)所示。偏振光振动方向与传播方向所构成的平面叫作振动面。如果沿着同一方向有两个具有相同波长并在同一振动平面内的光传播,则两者会发生干涉。由起偏振物质产生的偏振光的振动方向,即为该物质的偏振轴。偏振轴是一条指示方向的直线。自然光经过第一个偏振片后,变成偏振光,如果第二个偏振片的偏振轴与第一个偏振片平行,则偏振光能继续透过第二个偏振片;如果将其中任意一个偏振片的偏振轴旋转 90°,则它们的偏振轴相互垂直,这样的组合便变成光的不透明体,这时两个偏振片正交。

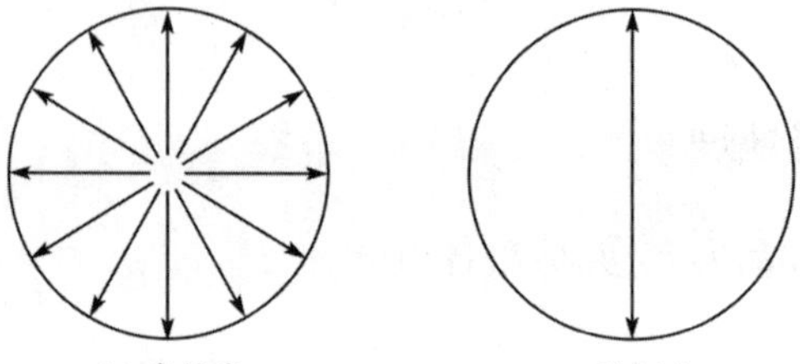

(a) 自然光　　(b) 偏振光

图 4-20　自然光和偏振光振动特点

光波在各向异性介质(如结晶聚合物)中传播时,其传播速度随振动方向的不同而发生变化,其折射率值也因振动方向的不同而改变,除特殊的光轴方向外,都要发生双折射,分解成振动方向互相垂直、传播速度不同、折射率不等的两条偏振光。两条偏振光的折射率之差叫作双折射率。光轴方向即光波沿此方向射入晶体时不发生双折射。晶体可分两类:第一类是一轴晶,具有一个光轴,如四方晶系、三方晶系、六方晶系;第二类是二轴晶,具有两个光轴,如斜方晶系、单斜晶系、三斜晶系。二轴晶的对称性没有一轴晶好,故亦可称为低级晶系。聚合物由于化学结构比低分子链长,对称性差,大多数属于二轴晶系。一种聚合物的晶体结构通常属于一种以上的晶系,在一定条件下可相互转换。聚乙烯晶体一般为正交晶系,如反复拉伸、辊压,则发生严重变形,晶胞便变为单斜晶系。

在正交偏光显微镜下观察:非晶体(无定形)的聚合物薄片是光均匀体,没有双折射现象,光线被两正交的偏振片所阻拦,因此视场是暗的,如聚甲基丙烯酸甲酯(PMMA)、无规聚苯乙烯(PS)。聚合物单晶体根据相对偏光显微镜的位置,可呈现出不同程度明或暗的图形,其边界和棱角明晰,当把工作台旋转 360°后,会出现四明四暗。球晶呈现出特有的黑十字消光图像,称为 Maltase 黑十字,黑十字的两臂分别平行于起偏镜和检偏镜的振动方向。转动工作台,这种消光图像不改变,其原因在于球晶是由沿半径排列的微晶组成的,这些微晶均是光的不均匀体,具有双折射现象,对整个球晶来说,是中心对称的。因此,除偏振片的振动方向外,其余部分就出现了因折射而产生的光亮。在正交偏光显微镜下观察聚戊二酸丙二醇酯的球晶,出现一系列消光同心圆,是因为聚戊二酸丙二醇酯的球晶中的晶片是螺旋形,即 a 轴与 c 轴在与 b 轴垂直的方向上旋转,b 轴与球晶半径方向平行,径向晶片的扭转使得 a 轴和 c 轴(大分子链的方向)围绕 b 轴旋转。当聚合物中发生分子链的拉伸取向时,会出现光的干涉现象。在正交偏光显微镜下多色光会出现彩色的条纹。从条纹的颜色、多少、间距及清晰度等,可以计算出取向程度或材料中应力的大小,这是一般光学应力仪的原理,而在偏光显微镜中,可以观察得更为细致。

三、主要样品与仪器

主要样品:聚乙烯,聚丙烯。

主要仪器:DM4500P 偏光显微镜 1 台,附件 1 盒,擦镜纸 1 盒,镊子 1 把,载玻片、盖玻片若干块。

偏光显微镜比生物显微镜多一对偏振片(起偏镜和检偏镜),因而能观察双折射的各种现象。一般偏光显微镜的结构如图 4-21 所示。目镜和物镜使物像得到放大,其总放大倍数为目镜放大倍数与物镜放大倍数的乘积。起偏镜(下偏光片)和检偏镜(上偏光片)都是偏振片,检偏镜是不可旋转的,起偏镜是可旋转的,以调节两个偏振光,使其互相垂直(正交)。旋转工作台是可以水平旋转 360°的圆形平台,旁边附有标尺,可以直接读出转动的角度。旋转工作台可放置在显微加热台,借此研究在加热或冷却过程中聚合物结构的变化。微调手轮及粗调手轮用来调焦距。用低倍物镜时,应把拉索透镜移出光路,用高倍物镜及观察锥光图时才把拉索透镜加入光路。勃氏镜一般不单独使用,只与高倍物镜、拉索透镜联合使用。由于用了拉索透镜与高倍物镜,物镜的成像平面降低,在目镜聚敛透镜下相当长一段距离处成像,勃氏镜能使成像平面升高,配合目镜时能起放大的作用。

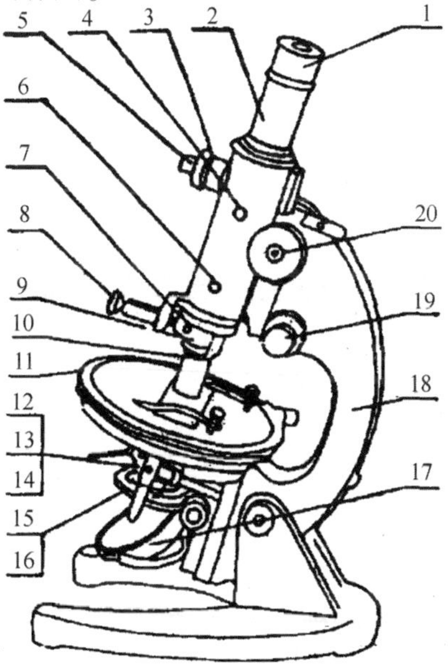

图 4-21 偏光显微镜结构示意图

1—目镜;2—目镜筒;3—勃氏镜手轮;4—勃氏镜左右调节手轮;5—勃氏镜前后调节手轮;6—检偏镜;7—补偿器;8—物镜定位器;9—物镜座;10—物镜;11—旋转工作台;12—聚光镜;13—拉索透镜;14—可变光阑;15—起偏镜;16—滤色片;17—反射镜;18—镜架;19—微调手轮;20—粗调手轮

四、实验步骤

1.聚合物试样的制备

(1)用熔融法制备聚合物球晶。首先把已洗干净的载玻片、盖玻片及专用砝码放在恒温熔融炉内在选定温度(一般比 T_m 高 30 ℃)下保温 5 min,然后把少许(几毫克)聚合物放在载玻片上,并盖上盖玻片,保温 10 min 使聚合物充分熔融后,压上砝码,轻压试样使其变薄并排去气泡,再保温 5 min,在熔融炉有盖子的情况下自然冷却至室温。

有时,为了使球晶长得更完整,可在稍低于熔点的温度下保温一段时间再自然冷却至室温。本实验制备聚丙烯(PP)和低压聚乙烯(PE)球晶时,分别在 230 ℃和 220 ℃的条件下熔融 10 min,然后分别在 150 ℃和 120 ℃的条件下保温 30 min(炉温比载玻片的实际温度高约 20 ℃,实验温度为炉温)。在不同的保温温度下所得的球晶形态是不同的。

(2)用直接切片制备聚合物试样。用切片机在要观察的聚合物试样的指定部分切取厚度约为 10 μm 的薄片,放于载玻片上,盖好盖玻片即可进行观察。为了增加清晰度,消除因切片表面凹凸不平所产生的分散光,可于试样上滴加少量与聚合物折射率相近的液体,如甘油等。

(3)用溶液法制备聚合物晶体试样。先把聚合物溶于适当的溶剂中,然后缓慢冷却,吸取几滴溶液,滴在载玻片上,用另一清洁盖玻片盖好,静置于有盖的培养皿中(培养皿放少许溶剂以保持有一定溶剂气氛,防止溶剂挥发过快),让其自行缓慢结晶;或把聚合物溶液注在与其溶剂不相溶的液体表面,让溶剂缓慢挥发后形成膜,然后用载玻片把薄膜捞起来进行观察。例如,把聚癸二酸乙二醇酯溶于 100 ℃的溴苯中,趁热倒在已预热至 70 ℃左右的水上,保持一定的冷却速度冷却至室温即可。

2.偏光显微镜调节

(1)正交偏光的校正。正交偏光是指偏光显微镜的偏振轴与分析镜的偏振轴垂直。将分析镜推入镜筒,转动起偏镜来调节正交偏光。此时,目镜中无光通过,视区全黑。在正常状态下,视区在最黑的位置时,起偏镜刻线应对准 0°位置。

(2)调节焦距,使物像清晰可见。步骤如下:将欲观察的薄片置于载物台中心,夹紧。从侧面看着镜头,先旋转微调手轮,使它处于中间位置,再转动粗调手轮将镜筒下降使物镜靠近试样载玻片,然后在观察试样的同时慢慢上升镜筒,直至看清物体的像,再左右旋动微调手轮使物体的像最清晰。切勿在观察时用粗调手轮将镜筒下降,否则有可能使物镜碰到载玻片硬物而损坏镜头,特别是在高倍时,被观察面(样品面)距离物镜只有 0.2~0.5 mm,一不小心就会损坏镜头。

(3)物镜中心调节。偏光显微镜物镜中心与载物台中心应一致,在载物台上放一透明薄片,调节焦距,在薄片上找一小黑点移至目镜十字线中心 O 处。载物台转动 360°,如物镜中心与载物台中心一致,则不论载物台如何转动,黑点始终保持在原位不动;如物镜中心与载物台中心不一致,那么,载物台转动一周,黑点即离开十字线中心,绕一圆圈,然后回到十字线中心。显然,十字线中心代表物镜中心,而圆圈的圆心 S 即为载物台中心,中心重新校正的目的就是要使 O 点与 S 点重合,如图 4-22 所示。由于载物台的转轴是固定的,所以只能调节物镜中心位置,将中心校正螺丝帽套在物镜钉头上,通过转动螺丝帽来校正,具体步骤如下:

①薄片位于载物台上,调节焦距,在薄片中任找一黑点,使其位于十字线中心 O 点。

②转动载物台 180°,黑点移动至 O_1,距十字线中心较远。O_1 等于物镜中心与载物台中心 S

之间距离的两倍,转动物镜上的两个螺丝帽,使小黑点自 O_1 移回 OO_1 距离的一半处。

③用手移动薄片,再找小黑点(也可以是第一次的那个黑点),使其位于十字线中心,转动载物台,小黑点所绕圆圈比第一次小,如此循环,直到转动载物台小黑点在十字线中心处。

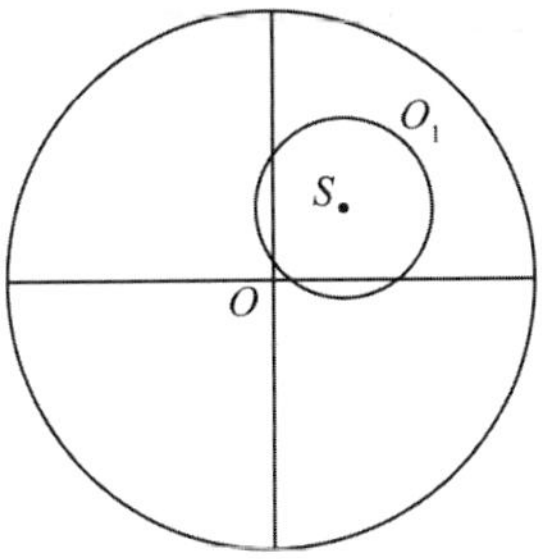

图 4-22 偏光显微镜物镜中心调节

3.聚合物聚集态结构的观察

(1)观察聚合物晶形,测定聚乙烯球晶大小

将聚合物晶体薄片放在正交偏光显微镜下观察,可看到其表面不是光滑的平面,而是有颗粒凸起。这是由于样品中的组成和折射率是不同的,折射率愈大,成像的位置愈高;折射率愈低,成像的位置愈低。聚合物结晶具有双折射性质,视区有光通过,球晶晶片中的非晶态部分则是光学各向同性,视区全黑。用偏光显微镜目镜分度尺测量晶粒直径(单位为 μm)的测定步骤如下:

①将带有分度尺的目镜插入镜筒内,将载物台显微尺(1.00 mm,为 100 等份)置于载物台上,使视区内同时见到两尺。

②调节焦距使两尺平行排列,刻度清楚,使两零点相互重合,即可算出目镜分度尺的值。

③取走载物台显微尺,将待测聚乙烯试样置于载物台视域中心,观察并记录晶形。读出球晶在目镜分度尺上的刻度,即可算出球晶大小。

(2)观察消光黑十字及干涉色环

双折射的大小依赖于分子的排列和取向,可观察拉伸引起的分子取向对双折射产生的影响。

①加上聚光镜(拉索透镜),选用高倍物镜(40×、63×),并推入分析镜、勃氏镜。

②将待测涤纶膜、双轴取向聚苯乙烯膜、聚丙烯膜置于载物台上,观察消光黑十字、干涉色及一系列消光同心圆环。

③将载物台旋转 45°后再观察消光图。

(3)观察聚乙二醇(PEG)球晶的光学符号(双折射符号)

在正交场下,将高聚物试样置于载物台上,调好焦距,找到一个比较大且完整的球晶,把石膏一级红补色器插入镜筒开口位置上观察。若第一、第三象限为蓝色,第二、第四象限为黄色,则是正球晶;若第一、第三象限为黄色,第二、第四象限为蓝色,则是负球晶。

五、注意事项

注意事项如下:

(1)在使用偏光显微镜时,任何情况下都不得用手或硬物触及镜头,更不允许对偏光显微

镜的任何部分进行拆卸。镜头上有污物时,可用镜头纸小心擦拭,但须经指导教师同意。

(2)用偏光显微镜观察时,物镜与试片间的距离,可先后用粗调手轮、微调手轮调节,直至聚焦清晰为止,谨防镜头触碰盖玻片。

(3)试样在加热台上加热时,要随时仔细观察温度和试样的形态变化,避免温度过高引起试样分解。

(4)注意不同过冷度下球晶大小的观测。

六、思考题

(1)记录晶体形态、球晶大小、球晶的光学符号。

(2)解释出现黑十字和一系列同心圆环的结晶光学原理。

(3)阐述冷却速度或结晶温度对球晶大小与球晶生长速度的影响并说明原因。

实验四十二　扫描电子显微镜观察聚合物的形态

一、实验目的

(1)了解扫描电子显微镜的工作原理。

(2)利用扫描电子显微镜观察聚合物样品的形态。

二、实验原理

和光学显微镜一样,扫描电子显微镜(SEM)也是直接观察物质微观形态的重要工具,但其放大倍数和分辨能力均远高于光学显微镜。当一束聚焦的高速电子沿一定方向轰击样品时,电子与样品原子核的核外电子发生作用,产生很多电子,如二次电子、背散射电子、俄歇电子等。二次电子是扫描电子显微镜所利用的最重要的信号。二次电子的产生实际上是一个电离过程,入射电子轰击样品后,使样品原子的外层电子受激发逸出。二次电子的能量较小,仅为0~50 eV,但产额很高。在检测器上施加正电场,即可收集大部分二次电子,形成图像。二次电子从离样品表面5~10 nm处被激发出来,这时电子束在样品中尚未扩展,图像的分辨率较高,对研究样品表面的微观形态十分有效。用SEM观察样品表面形态时,成像的立体感强、景深大、分辨率高,应用十分广泛。现代SEM的分辨率可达1 nm左右,其基本结构原理如图4-23所示。

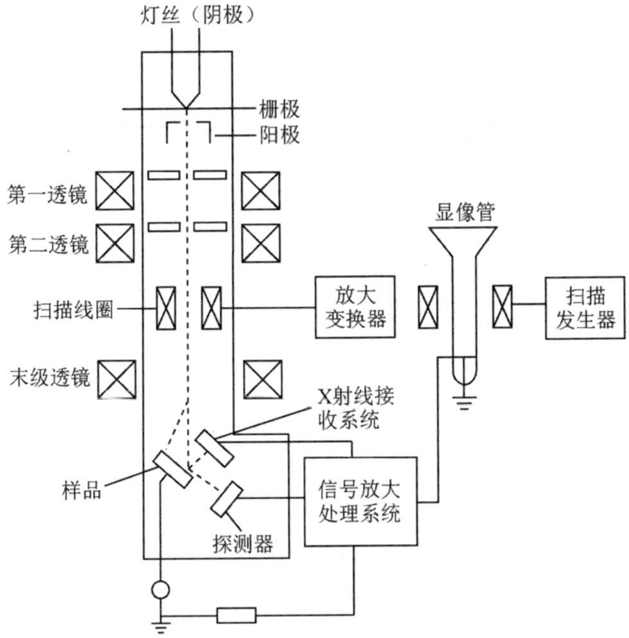

图 4-23　SEM 基本结构原理示意图

SEM 的样品制备比透射电子显微镜简单一些。为了得到样品结构形态的真实情况,必须保护好样品原有状态。聚合物样品的导电性大多较差,为防止产生电荷积累(即充电),聚合物样品在 SEM 观察前必须在真空中喷镀金属膜,以增强其导电性。样品制备是获得清晰图像的重要条件之一。

三、主要样品与仪器

主要样品:聚乙烯,聚丙烯。

主要仪器:SUPRA 55 扫描电子显微镜。

四、实验步骤

1.样品的制备

采用压片法制备结晶聚乙烯及聚丙烯薄片。

2.样品的蚀刻

(1)配制蚀刻剂:称取铬酸 50 g,溶于 20 mL 去离子水,再加入 20 mL 浓硫酸,搅拌均匀。

(2)样品的蚀刻:结晶聚乙烯和聚丙烯薄片在温度为 80 ℃的蚀刻剂中蚀刻 5~15 min,取出水洗、干燥。蚀刻剂对样品的晶区与非晶区具有不同的选择性蚀刻作用,蚀刻处理可更清晰地显露样品的形态。

3.真空镀膜

经蚀刻处理的样品用导电胶固定在样品座上,待导电胶干燥后,放入真空镀膜机中镀上约 10 nm 厚的金膜。

4.样品形貌的观察

样品形貌的观察过程如下：

(1)在教师的指导下，按照扫描电子显微镜使用说明书开启仪器。

(2)调节物镜粗/细调旋钮，进行聚焦，并同时调节“对比度”“亮度”以使图像清晰。

(3)先在低倍数下观察样品的形态全貌，然后提高放大倍数，观察聚乙烯、聚丙烯晶体结构的细微结构。

(4)记录图像：将“工作方式”转向“拍照”位置，记录每个样品的不同区域在不同放大倍数下的形貌。

(5)实验结束后，取出样品，并按照仪器说明书的要求关闭仪器。

五、实验记录和数据处理

实验记录和数据处理如下：

(1)打印记录聚乙烯、聚丙烯形貌的SEM图像。

(2)结合实验条件，讨论聚乙烯和聚丙烯结晶形貌的特点。

六、思考题

(1)聚乙烯、聚丙烯的球晶结构有什么异同？

(2)比较光学显微镜、SEM和小角激光光散射法在聚合物聚集态结构研究中的作用和特点。

实验四十三　透射电子显微镜观察聚合物的形态

一、实验目的

(1)了解透射电子显微镜的基本结构与原理。

(2)掌握透射电子显微镜观察样品的基本操作。

(3)观察聚合物的球晶初态。

二、实验原理

与光学显微镜相比，透射电子显微镜的分辨率更高，可用于研究高分子共聚物或共混物的两相结构、结晶聚合物的形态、非晶态聚合物的分子聚集形态等。利用透射电子显微镜的电子衍射功能，还可研究聚合物晶体的结构。

透射电子显微镜是以电子束为光源，利用电磁透射成像，结合特定的机械装置和高真空技术而组成的一种精密的电子光学仪器，主要由照明、成像、真空、记录和电源系统组成。其中，真空系统和电源系统是保证透射电子显微镜正常工作的重要部件。真空系统为镜体提供 1.33×10^{-3} Pa 以上的真空度。电源系统又可分为使电子加速的高压电源、使电子束聚焦和电磁透镜成像的低压电源，对稳定性有很高的要求。透射电子显微镜的照明、样品成像、记录等工作由成像系统完成。透射电子显微镜镜体中的光路与光学显微镜非常相似，如图 4-24 所示。

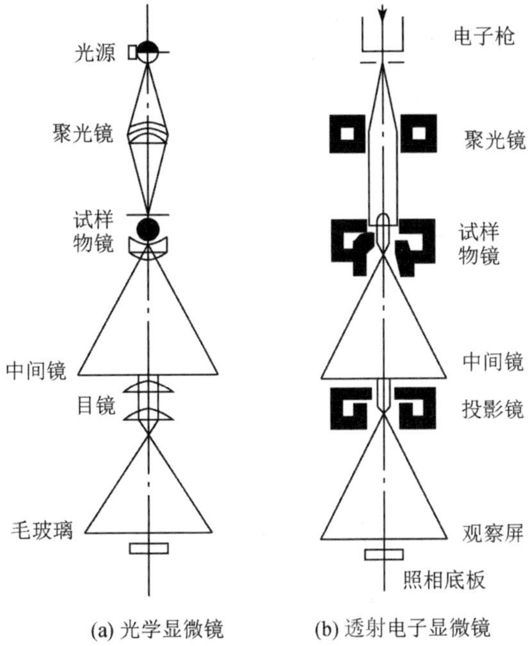

图 4-24 光学显微镜和透射电子显微镜的光路比较图

图 4-25 是透射电子显微镜镜筒剖面图。在高真空的镜体中，由电子枪发射出来的电子束，在真空通道中沿着镜体光轴穿越聚光镜，通过聚光镜时会聚成一束尖细、明亮又均匀的光束，照射在样品上。透过样品后的电子束携带有样品内部的结构信息，样品内致密处透过的电子量少，稀疏处透过的电子量多。经过物镜的会聚调焦和初级放大后，电子束进入下级的中间镜和投影镜进行综合放大成像，最终被放大了的电子影像投射在荧光屏上，由荧光屏将电子影像转化为可见光影像，以供观察记录。

使用透射电子显微镜时，通过调节电子枪阳极的正电压的大小来选择电子束的波长，通过调节中间镜电流的大小来选择放大倍数，通过调节电磁透镜的电流大小来实现聚焦。

透射电子显微镜是以高速电子流作为光源并照射在样品上，通过电子和样品发生各种相互作用之后而使样品成像的，因此对样品有特殊要求，样品的制备比较复杂。由于电子束的穿透能力相对较弱，因此要求样品薄，一般厚度须在 0.1 μm 以下。制备薄的样品的方法通常有：在稀溶液中直接培养聚合物的单晶、溶液浇铸薄膜、超薄切片法、复型技术等。较为常用的是超薄切片法，由专门的超薄切片机完成，适用于硬度合适的聚合物。聚合物样品被固定在超薄切片机的样品架上。一般选用玻璃刀来进行切片，所得的样品切片将漂浮在玻璃刀背面的水槽里，然后转移至专用铜网上。形成电子像反差的主要原因是样品的不同组成对电子的散射能力有影响。由于聚合物的成分一般为碳、氢等轻元素，这些元素对电子的散射能力相差无几，因此，为得到清晰的聚合物样品的电子像，必须设法提高样品的反差，如染色和重金属投影，染色的试剂一般是重金属的盐类或氧化物，如四氧化锇（OsO_4）等。这些重金属化合物与聚合物样品的一些组分发生选择性吸附，从而固定在样品的一些特定区域。由于重金属对电子散射能力很强，所以含有重金属的区域表现为暗区，其他区域则表现为亮区，由此形成高反差。投影技术的原理是让重金属（如金、铂等）在真空中熔化，金属粒子蒸发，以较小角度投影到样品上，使凹凸不平的表面上形成数量不等的重金属沉积，从而提高反差。对于有一定高度的样品，在投影后总有一部分没有重金属沉积，因此存在一个特别的亮面，从这一亮面的长度和投影的角度可以计算出样品的高度。

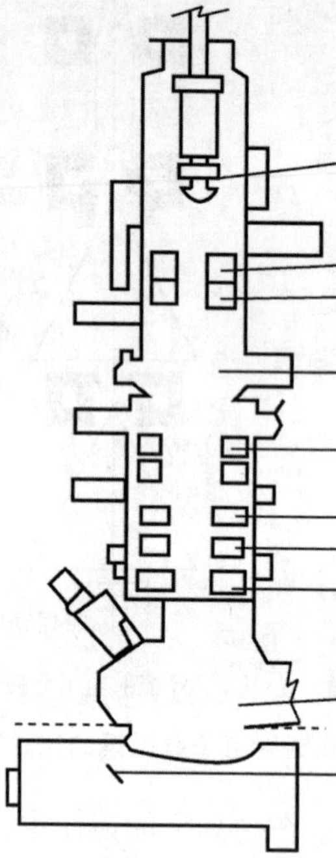

图 4-25　透射电子显微镜镜筒剖面图

需要注意的是，聚合物样品在高速电子束下都会产生较大的辐照损伤，甚至被破坏或消失。因此，采用透射电子显微镜观察聚合物时，需要选择适当的加速电压和束流强度，并尽量缩短观察时间。

三、主要样品与仪器

主要样品：等规聚苯乙烯（i-PS），苯，去离子水。

主要仪器：JEM-2100 透射电子显微镜，超薄切片机，电子显微镜专用铜网。

四、实验步骤

（一）样品制备

1.方法一：溶液凝固法

（1）将 1 mg i-PS 样品在氮气保护下 250 ℃熔融 5 min 后，放入 100 mL 蒸馏过的苯中淬冷、溶解,得到浓度为 10^{-5} g /mL 的 i-PS 苯溶液。

(2)在一洁净的培养皿中,注入去离子水,如图 4-26(a)所示,与水面约成 45°插入一细针,用微量注射器沿细针滴加 i-PS 苯溶液。待苯挥发后,左右移动细针位置,再滴加 i-PS 苯溶液。如此逐滴加入 i-PS 苯溶液,直至水面上有白色的薄片析出。

(3)如图 4-26(b)所示,用游丝镊子夹住一片铜网,铜网上的膜面向下,在水面上蘸取白色薄片,当薄片转移到铜网后,用滤纸吸去多余的水分,将铜网晾干。

(4)将吸附有 i-PS 薄片的铜网放入等温结晶炉,175 ℃等温结晶 3 h(氮气保护),备用。

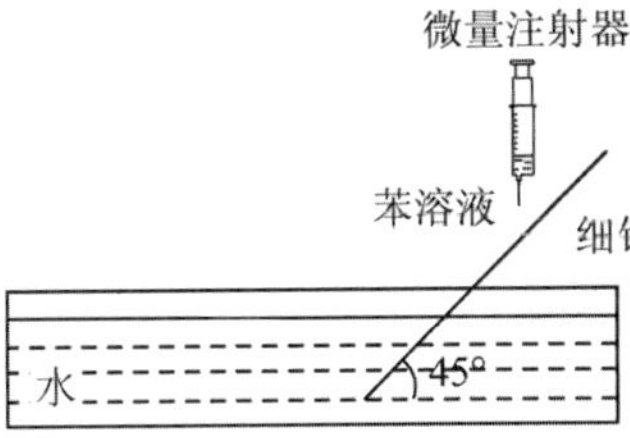

(a)

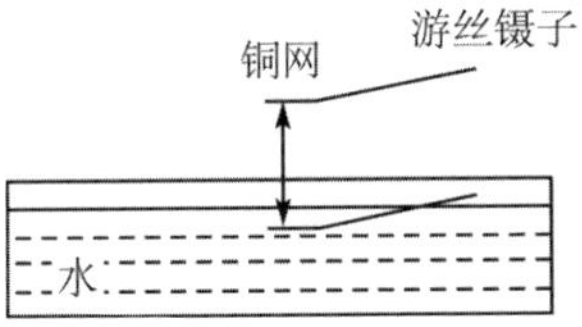

(b)

图 4-26 样品制备

2.方法二:超薄切片法

由于电子束穿透能力的限制,透射电子显微镜观察的样品必须很薄。普通光镜切片厚度通常不低于 5 μm,而透射电子显微镜所需要超薄切片的厚度要求小于 100 nm。制备超薄切片的设备为超薄切片机,使用的刀为玻璃刀或钻石刀。超薄切片制备技术的具体步骤包括:取材、固定、脱水、浸透、包埋、切片及染色。

(二) 透射电子显微镜观察

透射电子显微镜观察如下:

(1)开启透射电子显微镜高压电源的冷却水。

(2)接通真空系统电源开关,按中间室、镜筒的顺序抽真空。

(3)达到规定真空度后,加灯丝电流,加高压。

(4)通过调节电流,进行电子束的预聚焦操作。

(5)旋转取出样品机械手,将待观察的铜网夹在铜网座中。

(6)聚焦使样品在荧光屏上呈现出对比度较好的图像,并存储图像。

五、实验记录和数据处理

根据存储的图像描述 i-PS 球晶初态的形态。

六、思考题

(1)透射电子显微镜用的聚合物样品制备方法有哪几种?

(2)透射电子显微镜的成像机理与普通光学显微镜有什么不同?

(3)i-PS 175 ℃等温结晶为什么要在氮气保护下进行?

实验四十四　塑料拉伸强度实验

一、实验目的

(1)明确塑料拉伸强度、断裂伸长率及拉伸弹性模量的物理意义。

(2)熟悉高分子材料拉伸性能测试标准条件、测试原理。

(3)掌握拉伸强度实验的基本操作,测定样品的拉伸强度、断裂伸长率。

二、实验原理

拉伸强度实验是最基本、用途最广的一种材料力学实验。其基本过程是在拉伸实验机上对试样施加载荷直至断裂,由此来测量试样所能承受的最大载荷及相应的变形。通过拉伸强度实验可得到材料的拉伸强度、断裂伸长率以及拉伸弹性模量。

拉伸强度是指在实验过程中试样的有效部分原始横截面单位面积所能承受的最大负荷。断裂伸长率是指由拉伸负荷使试样有效部分标线间距离的增量与原始标距之比的百分率。应力-应变曲线是指以拉伸应力为纵坐标所得到的拉伸特性曲线,它往往是通过拉力机在一定的拉伸速度下自动记录拉伸负荷-变形曲线,经变换而获得的。

影响拉伸强度实验的因素主要有以下几方面:

(1)试样材料的组成,如化学成分、交联、增塑、结晶、取向及分子量分布等。

(2)试样尺寸,如宽度、厚度等。通常试样尺寸愈大,其表面积愈大,气泡、杂质及局部应力集中等缺陷存在的概率就愈高,强度相对低。

(3)拉伸速度的大小。拉伸速度直接影响材料分子的变形过程。拉伸速度大,材料分子来不及变形,则导致材料向脆而硬的方向发展,通常造成拉伸强度、弹性模量增大,断裂伸长率减小。

(4)环境温度和湿度。环境温度的升高和湿度的增加,一般使材料强度、弹性模量减小,延伸率增大。升高温度和降低拉伸速度在一定程度上是等效的,增加湿度与增塑在一定程度上是等效的,但不同材料对各因素的依赖程度有所不同。

(5)试样在加工过程中易产生内应力,对材料拉伸性能测试结果有一定影响,实验前对材料进行预处理可消除局部应力集中。

样品用于拉伸性能测试前需要裁成一定的形状。常见的哑铃状试样裁刀如图 4-27 所示。

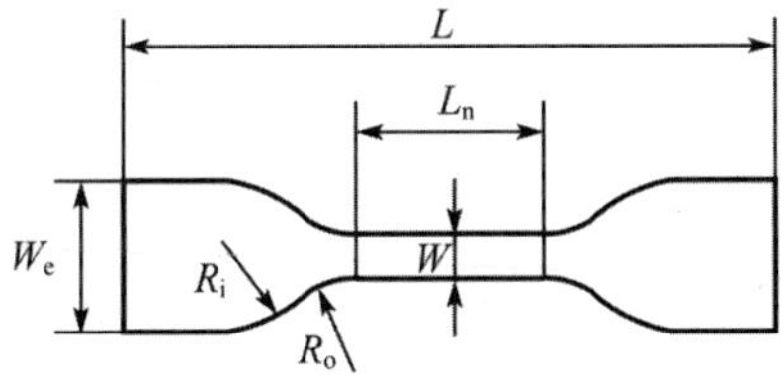

图 4-27 哑铃状试样裁刀

标准哑铃状试样裁刀分 1 型、2 型、3 型、4 型,各部位尺寸在表 4-10 中列出。裁刀狭小平行部分可将刀刃间距离作为哑铃状试样的宽度。裁刀狭小平行部分任一点宽度误差不得超过 0.05 mm。1 型、2 型、4 型哑铃状试样的厚度一般为(2.0±0.2) mm,3 型试样的厚度应为(1.0±0.1) mm。测量哑铃状试样厚度时,用千分尺(或厚度计)在狭小平行部分测量三点,一点在试样的中心部位,另两点在两标线附近。试样的厚度取三点的算术平均值。

表 4-10 哑铃状试样裁刀的尺寸 (单位:mm)

部位	类型			
	1 型	2 型	3 型	4 型
总长(最短) L	115	75	35	50
端头宽度 W_e	25.0±1.0	12.5±1.0	6.0±0.5	8.5±0.5
狭小平行部分长 L_n	33.0±2.0	25.0±1.0	12.0±0.5	16.0±1.0
狭小平行部分宽 W	6.0±0.4	4.0±0.1	2.0±0.1	4.0±0.1
过渡边外径 R_0	14.0±1.0	8.0±0.5	3.0±0.1	7.5±0.5
过渡边内径 R_i	25.0±0.2	12.5±1.0	3.0±0.1	10.0±0.5

注:哑铃状试样裁刀有四种型号供选用,不同型号的实验结果不能相比较。

测量时,夹具之间的距离(初始标距)可按表 4-11 中的数据设定,样条两端的标线应与试样中心等距且与试样长轴方向垂直。

表 4-11 试样上的初始标距

类型	1 型	2 型	3 型	4 型
初始标距/mm	25.0±0.5	20.0±0.5	10.0±0.5	10.0±0.5

拉伸强度的测量值还与拉伸速度有关,常见的拉伸速度有以下九种:

速度 A 1×(1±50%) mm/min;

速度 F 50×(1±10%) mm/min;

速度 B 2×(1±20%) mm/min;

速度 G 100×(1±10%) mm/min;

速度 C 5×(1±20%) mm/min;

速度 H 200×(1±10%) mm/min;

速度 D 10×(1±20%) mm/min;

速度 I 500×(1±10%) mm/min;

速度 E 20×(1±10%) mm/min。

不同材质的样品成型方法不同,所用的拉伸速度也不同,可参考表 4-12 设定拉伸速度。

表 4-12　试样拉伸速度选择

试样材料	试样类型	试样制备方法	试样最佳厚度/mm	实验速度
硬质热塑性塑料 热塑性增强塑料	1 型	注塑成型 压制成型	4	B、C、D、E、F
硬质热塑性塑料板 热固性塑料板(包括层压板)		机械加工	4	A、B、C、D、E、F、G
软质热塑性塑料 软质热塑性塑料板	2 型	注塑成型 压制成型 板材机械加工 板材冲切加工	2	F、G、H、I
热固性塑料 (包括经填充和纤维增强的塑料)	3 型	注塑成型 压制成型	—	C
热固性增强塑料板	4 型	机械加工	—	B、C、D

三、主要样品与仪器

主要样品:硬聚氯乙烯板材或其他塑料,每组试样不小于 5 个。

主要仪器:MTS 力学试验机,游标卡尺。

实验环境:温度为 10~35 ℃,湿度不高于 80%。

四、实验步骤

实验步骤如下:

(1)仪器开机:先打开拉伸机和计算机的开关,1 min 后打开 MTS 软件,点击控制器窗口中的连接,实现联机。

(2)测量试样:测量试样中间平直部分的宽度、厚度和初试试样长度,精确至 0.01 mm,每个试样测量三点,取算术平均值。

(3)填写样品数据:点击左侧菜单栏“我的模板”,选择测试所需模板,填写样品试样标距、厚度、宽度,初试试样长度,实验速度。

(4)夹持试样:将试样夹持在夹具上,使试样纵轴与上夹具和下夹具的中心连线相重合,且松紧要适宜。放好试样,选择合适的移动速度,点击移动,通过横梁移动,使上夹具和下夹具调整到合适的位置,先夹紧试样上端使材料悬挂,然后夹紧试样下端。

(5)启动测试:在数字表的力窗口和位移窗口单击右键,点击清零,在实验控制区域点击“开始”进行拉伸测试,在弹出窗口确认标距,初试试样长度和宽度、厚度。试样被拉断后,设备自动停止,在弹出窗口填写断裂后标距后,设备返回至零。试样断裂在标距之外,此试样作废,另取试样补做。

(6)记录仪记录应力-应变曲线,在试样数据区域查看试样数据(或选择导出原始数据)。

(7)取出试样,还原设备位置,实验结束。

(8)处理实验数据,写出实验报告并进行相关问题的讨论。

五、实验数据处理

实验数据处理如下:

(1)拉伸强度、拉伸屈服应力用下式计算:

$$\sigma_t=\frac{P}{bd}$$

式中:σ_t——拉伸强度或拉伸屈服应力,MPa;

P——最大负荷或屈服负荷,N;

b——试样宽度,mm;

d——试样厚度,mm。

实验结果以每组试样测定的算术平均值表示,取三位有效数字。

(2)断裂伸长率按下式计算:

$$\varepsilon_t=\frac{L-L_0}{L_0}$$

式中:ε_t——断裂伸长率;

L——试样断裂时标线间距离,mm;

L_0——试样初始标距,mm。

(3)若要求计算标准偏(S),可按下式计算:

$$S=\sqrt{\frac{\sum(x-\bar{x})^2}{n-1}}$$

式中:x——单个测定值;

$\bar{x}$——组测定值的算术平均值;

n——测定值的个数。

(4)列表记录与计算

①拉伸速度,走纸速度。

②试样编号。

③试样尺寸,包括宽度、厚度、截面积和平行部分原始长度。

④断裂最大负荷和屈服时的负荷。

⑤断裂时试样长度。

⑥拉伸强度和屈服强度。

⑦断裂伸长率。

六、思考题

(1)本实验中影响样条拉伸强度的因素主要有哪些?各因素是如何影响的?

(2)如何由应力-应变曲线判断测试材料的性能?

实验四十五　聚合物冲击性能测试

一、实验目的

(1)测定聚合物的冲击强度,了解其对制品使用的重要性。
(2)熟悉聚合物的冲击性能测试原理,掌握摆锤式冲击试验机的操作方法。
(3)掌握实验结果的处理方法,了解测试条件对测定结果的影响。

二、实验原理

在研究塑料的力学性能时,除采用缓慢加荷的拉伸、弯曲、扭转、剪切等静力实验外,还常常进行动载荷实验,冲击性能测试就是常用的一种。冲击性能测试是在冲击负荷的作用下测定材料的冲击强度。在实验中,对聚合物试样施加一次冲击负荷使试样被破坏,记录下试样被破坏时或被破坏的过程中试样单位截面积所吸收的能量,即得到冲击强度。由于聚合物的制备方法和本身结构不同,它们的冲击强度也各不相同。在工程应用上,冲击强度是一项重要的性能指标,通过抗冲击试验,可以评价聚合物在高速冲击状态下抵抗冲击的能力或判断聚合物的脆性和韧性程度。

冲击强度是度量材料在高速冲击状态下抵抗外力冲击损坏的能力,它可以理解为试样受冲击破坏时,单位面积或单位标样宽度上消耗的能量。这种抵抗能力是由材料的许多性质决定的,也受到实验方法、试样形状、实验环境等因素的影响,再加上试样本身的不均匀性,应力分布不同,所以测得的结果往往重复性较差,因此资料上记载的数值只能作为参考。冲击强度是材料的一个综合性能,也是一个使用性能,在实际应用中有很大意义,是工程材料设计中不可缺少的数据,可以用来表明材料的强度和韧性,而不能表明破裂时材料所受的应力大小,所以与静力实验不同。

冲击性能测试的方法有很多,依据实验温度可分为常温冲击、低温冲击和高温冲击三种;依据试样的受力状态可分为摆锤式弯曲冲击(包括简支梁冲击和悬臂梁冲击)、拉伸冲击、扭转冲击和剪切冲击;依据采用的能量和冲击次数可分为大能量的一次冲击(简称一次冲击或落锤冲击)和小能量的多次冲击(简称多次冲击)。不同材料或不同用途可选择不同的冲击性能测试方法,由于各种测试方法中试样受力形式和冲击物的几何形状不一样,不同的测试方法所测得的冲击强度结果不能相互比较。

摆锤式弯曲冲击试验方法由于比较简单、易行,在控制产品质量和比较制品韧性时是一种经常使用的测试方法。这里介绍摆锤式弯曲冲击试验机的工作原理,如图 4-28 所示。

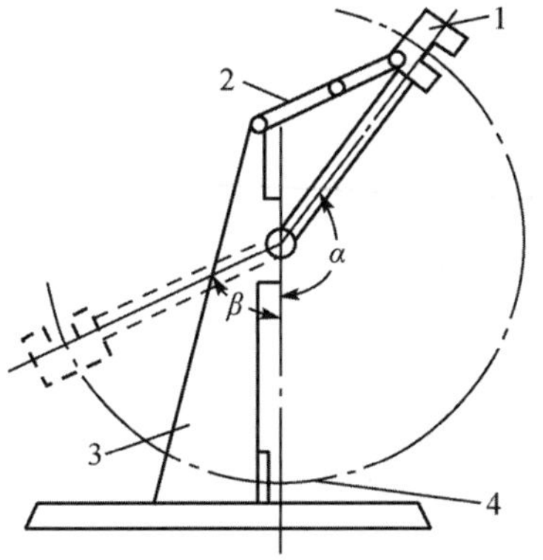

图 4-28 摆锤式弯曲冲击试验机的工作原理

1—摆锤;2—扬臂;3—机架;4—试样

实验时,摆锤挂在机架的扬臂上,摆锤杆的中心线与通过摆锤杆轴中心的铅垂线成一角度为 α 的扬角,使摆锤具有一定的位能;然后让摆锤自由落下,在它摆到最低点的瞬间其位能全部转化为动能;试样断裂成两部分,消耗了摆锤的冲击能并使其大大减速;摆锤的剩余能量使摆锤继续升高至一定高度,β 为其升角。如以 W 表示摆锤的重量,l 为摆锤杆的长度,则摆锤所做的功 A_0 为:

$$A_0 = Wl(1-\cos\alpha)$$

若考虑冲断试样时克服的空气阻力和试样断裂而飞出时所消耗的功,根据能量守恒定律,可用下式表示:

$$Wl(1-\cos\alpha) = Wl(1-\cos\beta) + A + A_\alpha + A_\beta + \frac{1}{2}mv^2$$

式中:A——冲断试样所消耗的能量,kgf · cm;

A_α、A_β——摆锤在 $\alpha\sim\beta$ 角区段内克服空气阻力和摩擦阻力所消耗的能量,kgf · cm;

$\frac{1}{2}mv^2$——试样冲断飞出时所具有的动能,kgf · cm。

A_α、A_β 可忽略不计或后期做能量损失修正,式中 $\frac{1}{2}mv^2$ 对非脆性材料也可忽略不计或后期做抛掷试样自由端所消耗的能量修正。后三项都忽略不计,则可简单地把试样断裂时所消耗的功表示为:

$$A = Wl(\cos\beta - \cos\alpha)$$

式中:Wl——冲击摆锤力矩,为冲击常数;

α——冲击前摆锤的扬角,一般为 160°,也是已知的。

因此,测出冲断试样后的升角 β 即可根据公式计算出试样冲断时所消耗的能量,或根据升角将刻度盘读数换算为冲击消耗能,直接读出消耗能。

简支梁冲击试验(Lzod 实验方法)是使用已知能量的摆锤一次性冲击支承成水平梁的试样并使之破坏,冲击线应位于两支座(试样)的正中间,被测试样若为缺口试样,则冲击线应正对缺口。悬臂梁冲击试验则由已知能量的摆锤一次性冲击垂直固定成悬臂梁试样的自由端,摆锤的冲击线与试样的夹具和试样缺口的中心线相隔一定距离。根据摆锤的冲击前初始能量与冲击后摆锤的剩余能量之差,确定试样在破坏时所吸收的冲击能量,再将冲击能量除以冲击截面积,就得到试样的单位截面积所吸收的冲击能量,即冲击强度。

通常,冲击性能实验对聚合物的缺陷很敏感,影响因素也很多,聚合物的冲击强度常受到实验温度、环境湿度、冲击速度、试样几何尺寸、缺口半径以及缺口加工方法、试样夹持力等影响。因此,冲击性能测试是一种操作简单、影响因素较复杂的实验,在实验过程中不可忽视上述各有关因素的影响,一般应在实验方法规定的条件下进行冲击性能的测定。

三、主要样品与仪器

主要样品:聚丙烯(PP),聚乙烯(PE),聚苯乙烯(PS),硬聚氯乙烯(PVC)等。简支梁冲击试样的类型与尺寸和缺口的类型与尺寸参照 GB/T 1043.1—2008 执行;悬臂梁冲击试样的类型与尺寸和缺口的类型与尺寸参照 GB/T 1843—2008 执行。每组试样不少于 5 个,试样要求表面平整,无气泡、裂纹、分层、伤痕等缺陷。

主要仪器:JJSM-113 摆锤式弯曲冲击试验机,游标卡尺。

四、准备工作

准备工作如下:

(1)试样的制备和外观检查按 GB/T 1043.1—2008 的规定进行;试样的状态调节和实验环境按 GB/T 2918—2018 的规定执行。

(2)试样编号,对于无缺口试样,分别测量试样中部边缘和试样端部中心位置的宽度和厚度,并取其平均值为试样的宽度和厚度,准确至 0.02 mm;缺口试样应测量缺口处的剩余厚度,测量时应在缺口两端各测一次,取其算术平均值。

(3)熟悉冲击试验机,检查机座是否水平。

(4)检查冲击试验机是否有规定的冲击速度,并根据试样破坏时所需的能量选择冲击试验机摆锤,使消耗的能量为摆锤总能量的 10%~85%。若符合这一能量范围的摆锤不止一个,则应使用最大能量的摆锤。

(5)调节能量度盘指针零点,使它在摆锤处于起始位置时与主动针接触。进行空白实验,保证总摩擦损失不超过规定的冲击试验机特性参数,否则进行冲击试验机的校准。

五、实验步骤

1.简支梁冲击试验

简支梁冲击试验步骤如下:

(1)根据试样尺寸,进行实验机样条跨度 L 的调节,跨度数值根据试样类型进行选择,参照 GB/T 1043.1—2008 执行。

(2)抬起并锁住摆锤,将试样按规定放置在两块撑块上,将面紧贴在直角支座的垂直面上,使冲击刀刃对准试样中心,缺口试样刀刃对准缺口背向的中心位置(见图 4-29)。

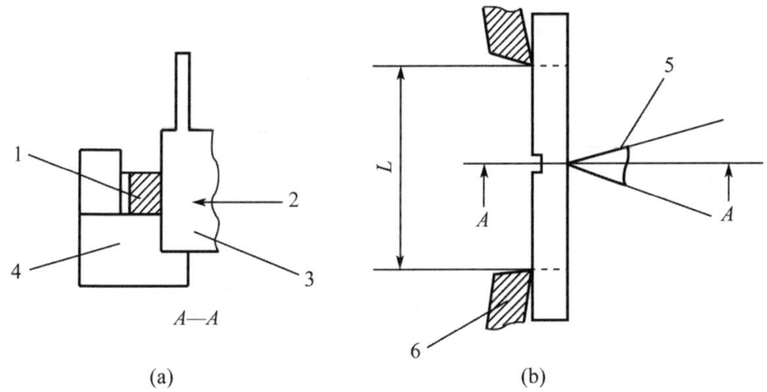

图 4-29 简支梁冲击试验中冲击刀刃、试样和支座的相互关系

1—试样;2—冲击方向;3—冲击瞬间摆锤位置;4—下支座;5—冲击刀刃;6—支撑块

(3)将指针拨至满量程位置。

(4)扳动手柄抓钩,平稳释放摆锤,从能量度盘上读取试样吸收的冲击能量并记录。

(5)试样可能会有三种破坏类型:完全破坏(经过一次冲击使试样分成两段或几段)、部分破坏(一种不完全破坏,即无缺口试样或缺口试样的横断面至少断开 90%的破坏)、无破坏(一种不完全破坏,即无缺口试样或缺口试样的横断面断开部分小于 90%的破坏)。对于同种材料,如果可以观察到一种以上的破坏类型,须在报告中标明其破坏类型。试样无破坏的应不取冲击值,实验记录为不破坏或完全不破坏;试样完全破坏或部分破坏的可以取冲击值,计算平均冲击值,并记录部分破坏试样的破坏百分数。不同破坏类型的结果不能进行比较。

2.悬臂梁冲击试验

悬臂梁冲击试验步骤如下:

(1)按准备工作要求完成试样测量和冲击试验机的检查之后,抬起并锁住摆锤,把试样放在虎钳中,按如图 4-30 所示方法夹住试样(也称正置试样冲击)。测定缺口试样时,缺口应在摆锤冲击刀刃的一边。

(2)释放摆锤,记录试样所吸收的冲击能,并对其摩擦损失等进行修正。

(3)试样可能会有四种破坏类型:完全破坏(试样断裂成两段或多段)、铰链破坏(断裂的试样由没有刚性的厚度很薄的表皮连在一起的不完全破坏)、部分破坏(除铰链破坏以外的不完全破坏)、无破坏(试样未破坏,只产生弯曲变形及应力发白现象)。测得的完全破坏和铰链破坏的值用以计算平均值。在部分破坏时,如果要求部分破坏的值,则以字母 P 表示。在完全不破坏时,以 NB 表示,不报告数值。

(4)在同一样品中,如果有部分破坏和完全破坏(或铰链破坏),应报告每种破坏类型的算术平均值。

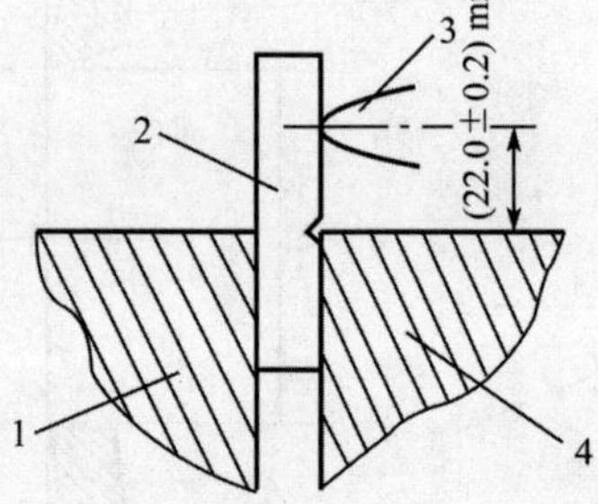

图 4-30　虎钳支座、缺口试样及冲击刀刃位置图

1—虎钳固定夹具；2—试样；3—冲击刀刃；4—虎钳可动夹具

六、实验记录和数据处理

实验记录和数据处理如下：

（1）无缺口试样简支梁冲击强度 α（kJ/m²）：

$$\alpha=\frac{A}{bd}\times10^3$$

式中：A——无缺口试样吸收的冲击能量，J；

b——试样宽度，mm；

d——试样厚度，mm。

（2）缺口试样简支梁冲击强度 α_K（kJ/m²）：

$$\alpha_K=\frac{A_K}{bd_K}\times10^3$$

式中：A_K——缺口试样吸收的冲击能量，J；

b——试样宽度，mm；

d_K——缺口试样缺口处剩余厚度，mm。

（3）无缺口试样悬臂梁冲击强度：

$$\alpha=\frac{A_K-A_x}{bd}$$

式中：α——冲击强度，J/m；

A_K——刻度盘上读出的冲击消耗能，J；

A_x——能量损失修正值，J；

b——试样宽度，mm；

d——试样厚度，mm。

能量损失修正值的计算公式：

$$A_x=A_0\frac{\alpha+\beta}{\alpha+\beta_0}=A_0\frac{160+\beta}{160+\beta_0}$$

式中：A_0——冲击能量损失值，J；

β_0——冲击能量损失角，（°）；

β——冲断试样后的升角，（°）。

(4)缺口试样悬臂梁冲击强度：

$$\alpha=\frac{A_K-A_x}{bd_K}$$

式中：A_K——刻度盘上读出的冲击消耗能，J；

A_x——能量损失修正值，J；

b——试样宽度，mm；

d_K——缺口试样缺口处剩余厚度，mm。

七、注意事项

注意事项如下：

(1)摆锤举起后，人体各部分都不要伸到重锤下面及摆锤起始处，做冲击试验时注意避免样条碎块伤人。

(2)扳手柄时，用力要适当，切忌过猛。

八、思考题

(1)冲击过程中，哪些因素消耗了试验机摆锤的能量？

(2)试样上的缺口起什么作用？

(3)试样厚度变化及缺口形成方法不同时，对实验结果有何影响？

(4)为什么不同厚度试样的冲击强度值不能相互比较？

(5)分析试样断口形态和强度的关系。

实验四十六　聚合物弯曲强度的测定

一、实验目的

(1)掌握弯曲强度的实验方法。

(2)学会使用电子万能材料试验机。

(3)观察聚合物材料在弯曲试验过程中的现象。

二、实验原理

弯曲试验主要用来检验材料在经受弯曲负荷作用时的性能，材料的弯曲强度和塑性变形的大小是质量控制和应用设计的重要参考指标，生产中常用弯曲试验来评定。弯曲试验常常采用简支梁法，把试样放在两个支点上，在其跨度中心施加集中载荷，使其以恒定速度弯曲，直到试样断裂或变形达到预定值，以测定其弯曲性能。依照国家标准 GB/T 9341—2008，三点加荷试验(三点弯曲试验)是将横截面为矩形的试样跨于两个支座上，通过一个加载压头对试样施加载荷，压头着力点与两支点间的距离相等，如图 4-31 所示。

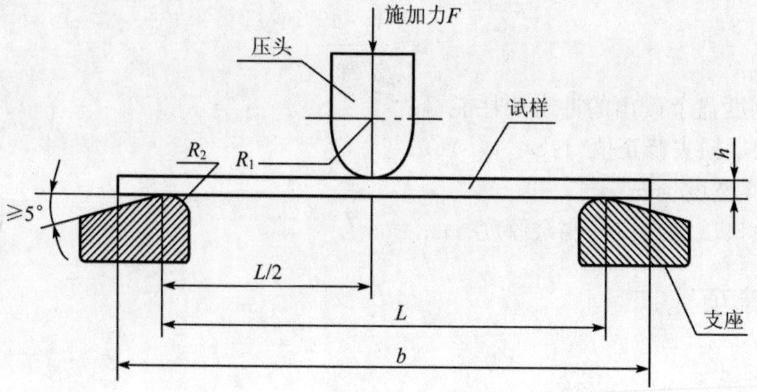

图 4-31　试验装置示意图

在弯曲载荷的作用下，试样将产生弯曲变形。变形后试样跨度中心的顶面或底面偏离原始位置的距离称为挠度 s，单位为 mm。随载荷增加，试样的挠度增大。弯曲强度 σ_f 是试样在弯曲过程中承受的最大弯曲应力，单位为 MPa，由下式计算：

$$\sigma_f = \frac{3FL}{2bh^2}$$

式中：F——施加的最大载荷，N；

L——试样的跨度，mm；

b——试样的宽度，mm；

h——试样的厚度，mm。

弯曲应变 ε_f 是试样跨度中心外表面上单元长度的微量变化，用无量纲的比值或百分数表示：

$$\varepsilon_f = \frac{6sh}{L^2} \times 100\%$$

根据给定的弯曲应变 $\varepsilon_{f_1} = 0.000\,5$，$\varepsilon_{f_2} = 0.002\,5$，由下式计算相应的挠度 s_1 和 s_2：

$$s_t = \frac{\varepsilon_{f_i} L^2}{6h} \quad (i = 1, 2)$$

然后，由下式计算弯曲模量 E_f（单位为 MPa）：

$$E_f = \frac{\sigma_{f_2} - \sigma_{f_1}}{\varepsilon_{f_2} - \varepsilon_{f_1}}$$

式中：σ_{f_1}——挠度为 s_1 时的弯曲应力，N；

σ_{f_2}——挠度为 s_2 时的弯曲应力，N。

三、主要样品与仪器

主要样品：聚乙烯、聚丙烯试样，每组试样不少于 5 个。

主要仪器：WDW-20 电子万能试验机，游标卡尺。

四、实验步骤

实验步骤如下：

(1)用游标卡尺和厚度计，测量试样中间部分的宽度和厚度，精确至 0.02 mm，测量 3 次取算术平均值。

(2)启动试验机主机电源，完成机器自检。

(3)打开计算机，双击主图标，进入主控制页面。

(4)点击“方法”图标，打开方法，编辑测试方法或创建新的测试方法并保存。

(5)打开测试界面，创建新试样，依提示输入测试日期、温度、湿度等。

(6)将试样对称安放在两个支座上，并于跨度中心施加力。输入试样的尺寸，点击“开始”图标进行测试。

(7)重复步骤(6)，直到完成所有试样的测试。

五、实验记录和数据处理

实验记录和数据处理如下：

(1)进入主页面，点击“报告”图标，生成报告。

(2)计算试样的弯曲强度、弯曲应变和弯曲模量。

六、实验影响因素

1.试样尺寸

横梁抵抗弯曲变形的能力与跨度和横截面积有很大关系，尤其是厚度对挠度的影响更大。同理，如果跨度相同但试样的横截面积不同，则弯曲试验结果是有差别的。因此，标准方法中特别强调(规定)了试样跨度比、厚度和试验速度等几方面的关系，目的是使不同厚度的试样外部纤维变形速度相同或相近，从而使各种厚度之间的结果有一定的可比性。《塑料　弯曲性能的测定》(GB/T 9341—2008)规定了跨度 L 应符合下式：

$$L=(16\pm1)h$$

同时规定若选用推荐试样，则其尺寸为：长度 $l=(80\pm2)$ mm；宽度 $b=(10.0\pm0.2)$ mm；厚度 $h=(4.0\pm0.2)$ mm。当不可能或不希望采用推荐试样时，须符合以下要求。

试样长度和厚度之比应与推荐试样相同，如下式所示：

$$L/h=20\pm1$$

试样宽度应采用表 4-13 给出的规定值。

2.试样的机械加工面

尽量采用单面加工的方法来制作。做弯曲试验时加工面对着加载压头，使未加工面受拉伸，加工面受压缩。

表 4-13　与厚度相关的宽度值 b　（单位：mm）

公称厚度 h	$b\pm0.5$ *	
	热塑性模塑和挤塑塑料以及热固性板材	织物和长纤维增强的塑料
$1<h\leqslant3$	25.0	15.0
$3<h\leqslant5$	5.0	15.0
$5<h\leqslant10$	15.0	15.0
$10<h\leqslant20$	20.0	30.0
$20<h\leqslant35$	35.0	50.0
$35<h\leqslant50$	50.0	80.0
* 含有粗粒填料的材料，其最小宽度应在 20~50 mm		

3.加载压头圆弧半径和支座圆弧半径

加载压头圆弧半径是为了防止剪力和对试样产生明显压痕而设定的。只要不是过大或过小，一般对结果影响较小。但支座圆弧半径的大小要保证支座与试样接触为一条线（较窄的面）；如果表面接触过宽，则不能保证试样跨度的准确性。

4.应变速度

试样受力弯曲变形时，横截面上部边缘处有最大的压缩变形，下部边缘处有最大的拉伸变形。应变速度是指在单位时间内，上、下层相对变形的改变量，以每分钟变形百分率表示，实验中可通过控制加载速度来控制应变速度。随着应变速度和加载速度的增加，弯曲强度也增加。为了消除其影响，在实验方法中对实验速度做出统一的规定，如符合推荐试样的实验速度为 2 mm/min。一般来说，应变速度较低时，弯曲强度偏低。

5.弯曲试验跨度

弯曲试验大多采用“三点式”方式进行。这种方式在受力过程中，除受弯矩作用外，还受剪力的作用。故采用“三点式”方式进行测试，对于反映塑料材料的真实性能是存在一定问题的。因此，有人提出采用“四点式”方式进行测试。目前，较多采用的还是“三点式”方式，可选择合理的跨度和试样厚度比（L/h）来达到消除剪力影响的目的。

试样跨度与厚度比目前基本上有两种情况：一种是 $L/h=10$；另一种是 $L/h=16$。从理论上讲，最大正应力与最大剪应力的关系是 $\tau_{\max}/\sigma_{\max}=1/2(L/h)\times100\%$，由此可以看到随着跨度比的增大，剪应力应减小。从式中可以看出，L/h 越大，剪力所占的比越小，当 $L/h=10\sim4$ 时，其剪力分配为 5%~12.5%。可见剪力效应对试样弯曲强度的影响是随着试样所采用跨度与试样厚度比值的增大而减小的。但是，跨度太大，则挠度增大，试样两个支承点的滑移也影响弯曲试验结果。

6.环境温度

和其他力学性能一样，弯曲强度也与温度有关。弯曲试验温度无疑对塑料的抗弯曲性能有很大影响，特别是对耐热性较差的塑料。各种材料的弯曲强度一般都是随着温度的升高而减弱的，但减弱的程度各有不同。

7.试样要求

不可扭曲,表面应相互垂直或平行,表面和棱角上应无刮痕、麻点。

七、思考题

(1)为什么弯曲试验要规定试样的宽度,且宽度由厚度决定?

(2)跨度、实验速度对弯曲强度测定结果有何影响?

(3)从实验结果分析测试材料的弯曲特性。

实验四十七 橡胶邵尔 A 型硬度测定实验

一、实验目的

(1)了解橡胶硬度的概念及表征方法。

(2)掌握橡胶邵尔 A 型硬度测定原理和实验方法。

二、实验原理

硬度是物质保持其本身形状不变的性质。橡胶硬度是试样在外力作用下抵抗外力压入的能力,是表征橡胶材料刚性(刚度)的重要指标。用外力将硬度计压针压在硫化橡胶试样表面上,观察硬度计指针所示的读数,其数值的大小就是橡胶软硬的定量反映。橡胶硬度与其定伸应力具有较好的相关性,硬度是橡胶材料研究、质量控制和产品检验等的一项必不可少的指标。

橡胶硬度的测定方法很多,如邵尔硬度、国际橡胶硬度、洛氏硬度、巴柯尔硬度以及专门用于测量微孔海绵橡胶硬度的方法。目前,世界上普遍采用两种硬度:一种是邵尔硬度;另一种是国际橡胶硬度(IRHD)。邵尔硬度在我国应用最为广泛,它分为邵尔 A 型硬度(测量软质橡胶硬度)、邵尔 C 型硬度(测量半硬质橡胶硬度)和邵尔 D 型硬度(测量硬质橡胶硬度)。一般橡胶制品都采用邵尔 A 型硬度计测量硬度。国际橡胶硬度(IRHD)和邵尔 A 型硬度具有较好的相关性,两者的硬度值基本相同。

本实验参照 GB/T 531—1999《橡胶袖珍硬度计压入硬度试验方法》,应用范围:邵尔 A 型 20°~90°硫化橡胶及类似物的硬度。

三、主要样品与仪器

主要样品:硫化橡胶,试样厚度应不小于 6 mm,宽度不小于 15 mm,长度不小于35 mm。(注:试样厚度达不到要求时可用相同的胶片重叠起来测定,但不准超过 4 层,并要上、下两面平行。)

主要仪器:橡胶硬度计,厚度测定仪或者外径千分尺[量程为(0~25)mm]。

实验环境：(1)温度为(23±2)℃；(2)湿度为45%~75%。

四、实验步骤

实验步骤如下：

(1)实验前检查试样，如表面有杂质须用纱布蘸酒精擦净。

(2)校正：自由状态下应为0°，当与测量平台完全接触时，此时表的刻度为100°。

(3)将试样放在表头与平台之间，压下手柄，试样缓慢地受到1 kg力负荷(硬度计的底面与试样表面平稳地完全结合)时立即读数。

(4)试样上的每一点只准测量一次硬度，测量点与测量点之间的距离不小于10 mm。

五、实验结果

硬度计指针的相对刻度为测定值。

六、思考题

(1)什么是橡胶硬度？测量橡胶硬度的方法有哪几种？

(2)测量橡胶硬度的意义是什么？

(3)在弯曲试验过程中，哪些操作因素会影响测定结果的精确度？

实验四十八　高聚物电性能的测量

一、实验目的

(1)了解测定聚合物材料介电强度、耐电压值和电阻率的实验原理和方法。

(2)掌握聚合物材料的介电强度、耐电压值和电阻率的测定。

二、实验原理

聚合物的电性能是指聚合物在外加电压或电场作用下的行为，以及表现出的各种物理现象，如交变电场中的介电性质、强电场中的击穿现象等。

1.介电强度和耐电压值

采用连续均匀升压或逐级升压的方法，对试样施加交流电压，直至击穿，测出击穿电压值U_b(kV)，用下式计算试样的介电强度E_b(kV/mm)：

$$E_b = \frac{U_b}{h}$$

式中：h——试样厚度，mm。

用迅速升压的方法，将电压升到规定值，保持试样在一定时间内不被击穿，记录电压值和时间，即为此试样的耐电压值，分别以千伏和分为单位。

该方法适用于固体电工绝缘材料，如绝缘漆、树脂和树胶、浸渍纤维制品、层压制品、云母及其制品、塑料、薄膜复合制品、陶瓷和玻璃等在工频电压下的击穿电压、介电强度、耐电压和电阻率的测试。对某些绝缘材料，如橡胶及橡胶制品、薄膜等，可按照相关标准进行上述性能实验。

2.电阻率

聚合物的导电性通常用与尺寸无关的体积电阻率 ρ_v 和表面电阻率 ρ_s 来表示。把两个电极与试样接触或嵌入试样内，加于两电极上的直流电压和流经电极间的全部电流之比，称为绝缘电阻。高阻计法测量绝缘电阻是直读式，测量时，被测试样与高阻抗直流放大器的输入电阻串联后并联于直流测试电压上，高阻抗直流放大器将输入电阻上的分压信号，经放大后输出至指示仪表，由指示仪表直接得到被测绝缘电阻值。主要工作原理：根据欧姆定律，被测电阻 R_x 等于施加电压 U 除以通过的电流 I，即 $R_x=U/I$。传统的高阻计的工作原理是测量电压 U 固定，通过测量电流流过被测物体的电流 I 以标定电阻的刻度来读出电阻值。EST121 型数字超高阻、微电流测量仪能够同时测出电阻两端的电压 U 和流过电阻的电流 I，通过内部的集成电路完成电压除以电流的计算，然后以数字显示出电阻值；当电阻两端的电压 U 和流过电阻的电流 I 同时变化时，测量仪显示的电阻值随被测电压 U 和电流 I 的变化而变化。

三、主要样品与仪器

主要样品：注塑成型的聚乙烯或聚丙烯圆片试样，直径为 100 mm，厚度为 3 mm，要求试样表面平整、均匀，无裂纹、气泡和机械杂质等缺陷。试样数量不得少于 3 个。

主要仪器：电击穿仪，ZC36 型数字超高阻、微电流测量仪，厚度测量仪。

四、实验步骤

1.试样处理

（1）试样的清洁处理：用蘸有溶剂（对试样不起腐蚀作用）的绸布擦洗试样。

（2）试样的预处理：为降低储存条件的影响，使实验结果有较好的重复性和可比性，按照表 4-14 所列条件进行预处理。

（3）条件处理：实验前，试样在规定的温度下，在一定相对湿度的空气中或水（或其他液体）中，放置规定时间后进行实验，以考核该材料能承受温度、湿度等各种因素影响的程度。处理条件和方法按产品标准规定。

（4）试样的正常化处理：一般情况下，经过加热预热处理或高温处理后的试样，应在温度为（20±5）℃和相对湿度为 65%±5%的条件下放置不少于 16 h，方能进行常态实验。

表 4-14 试样预处理条件

温度/℃	相对湿度	时间/h
20±5	65%±5%	≥24
70±2	<40%	4
105	<40%	1

2.厚度测量

用厚度测量仪在试样测量电极面积下沿直径测量不少于三点，取其算术平均值作为试样厚度，测量误差为±0.01 mm。

3.介电强度和耐电压实验

(1)介电强度实验

将试样置于 DJC-50 kV 电击穿仪的样品池中。

连续升压法：依照表 4-15 所列条件进行测试。

表 4-15 连续升压法升压速度

试样击穿电压/kV	升压速度/($kV \cdot s^{-1}$)
<1.0	0.1
1.0~5.0	0.5
5.1~50.0	1.0
>50.0	2.0

1 min 逐级升压法：第一级加电压值为标准规定击穿电压的 50%，保持 1 min，以后每级升压后保持 1 min，直至击穿。级间升压时间不超过 10 s，升压时间应控制在 1 min 内，每级采用表 4-16 规定的电压值。如果击穿发生在升压过程中，则以击穿前开始升压的那一级电压作为击穿电压；如果击穿发生在保持不变的电压级上，则以该级电压作为击穿电压。

表 4-16 1 min 逐级升压法每级电压值

击穿电压值/kV	<5	5~25	26~50	51~100	>100
每级升压电压值/kV	0.5	1.0	2.0	5.0	10.0

(2)耐电压实验

在试样上连续均匀升到一定的实验电压后保持一定的时间，试样若未被击穿，则将此电压确定为耐电压值。实验电压和时间由产品标准规定。

4.电阻率实验

(1)准备

①通电前检查仪器面板上各开关及调整器，使其在以下位置：测试电压选择开关置于“100 V”处，量程选择开关置于“10^2”处。

②检查接地线：确认仪器的接地螺钉连接地线。

③将电源开关拨向“通”位置，指示灯亮，进行测试。

④将处理过的试样装在电极内，置于电极箱内，准备测试。

(2)测量

①调零:在 R_x 两端开路的情况下调零,使电流表显示为0000。注意:若 R_x 两端不开路接在电阻箱或被测量物体上调零,测量结果会存在很大的误差。一般,调零后在测试过程中不需要再调零。

②测量时从低挡位逐渐拨往高挡位,每拨一次稍停留 1~2 s,以观察显示数字,当被测电阻大于仪器测量量程时,电阻表显示"1",此时应继续将仪器拨到量程更高的挡。当测量仪器有显示值时应停下,当前的数字乘以挡位即为被测电阻值。当有显示数字时不要再往更高挡位拨,否则仪器会超出量程。

③每测量一次应将量程开关拨回到"10^1 Ω"挡。

④测量"10^{12} Ω"以上超高电阻时,可以采用测量电流的方法,然后用欧姆定律求出超高电阻值。测量电流与测量电阻的方法基本相同。

例如:电流表头显示读数为 1.234×10^{-3},则电流为 $I=1.234\times10^{-3}$ A,利用欧姆定律可以计算出电阻值。利用测量电流的方法可测量 10^{12} Ω 以上的超高电阻。

⑤测量完毕,将量程开关拨回到"10^1 Ω"挡后,关闭电源。

五、实验记录和数据处理

实验记录和数据处理如下:

(1)打印介电强度和耐电压实验曲线,计算介电强度,取 5 次实验的平均值作为实验结果。

(2)依据测得的体积电阻 R_v 和表面电阻 R_s,分别计算体积电阻率和表面电阻率(单位是 Ω·cm):

$$\rho_v = R_v \frac{\pi d_1^2}{0.4h}$$

$$\rho_s = R_s \frac{2\pi}{\ln(d_2/d_1)}$$

式中:d_1——主电极的直径,cm;

d_2——高压电极的内径,cm。

六、思考题

(1)试样中的含水量对测试结果有何影响?

(2)实验条件对实验有何影响?

第五章

聚合物成型加工实验

实验四十九　挤出成型实验

一、实验目的

(1)了解挤出机的基本结构及作用。
(2)掌握挤出成型实验的操作和注意事项。
(3)测定物料在挤出机内的停留时间、背混时间、机头的熔体压力。

二、实验原理

塑料的挤出成型就是塑料在挤出机中,利用旋转的螺杆所具有的输送物料的能力,使其在螺筒中进行熔融、混合、均化,形成密实的熔体,在压力作用下通过口模冷却成型。双螺杆挤出机具有物料停留时间短、剪切混炼强烈、熔体压力波动大等特点,主要用于熔融混合物料以及PVC的挤出成型。挤出机主要由加料系统、驱动系统、温控系统、螺杆螺筒系统、机头系统、冷却系统、切粒机组成。

双螺杆挤出机的零部件组成与单螺杆挤出机的零部件组成基本相似。两种挤出机的不同之处是双螺杆挤出机的机筒内有两根螺杆,加料部分采用螺旋强制向机筒内供料,螺杆轴承的规格和布置比较复杂。双螺杆挤出机主要结构如图5-1所示。其中,螺杆是核心部件。

双螺杆中的螺杆结构类型有多种,在双螺杆挤出机的分类中,有旋向不同螺杆及螺杆组合啮合与否型螺杆;以螺杆的螺纹部分组成和螺杆的外形分类,还有多种类型。

(1)按螺杆的螺纹部分组成,螺杆可分为整体式螺杆和组合式螺杆。整体式螺杆可分为螺纹部分外圆直径完全相同的圆柱形螺杆和外圆直径逐渐缩小的圆锥形螺杆。圆柱形螺杆又可分为螺杆的螺距由加料段至均化段逐渐变小型螺杆和螺距不变而螺纹棱宽度由加料段至均化段逐渐加大、变宽型螺杆。组合式螺杆是指螺纹部分由几个不同形式的螺纹单元组合而成(这些螺纹单元装在一根带有长键的轴上或组装在六角形芯轴上),用于挤塑某种塑料的专用螺杆。啮合型同向旋转双螺杆结构多采用组合式螺杆。

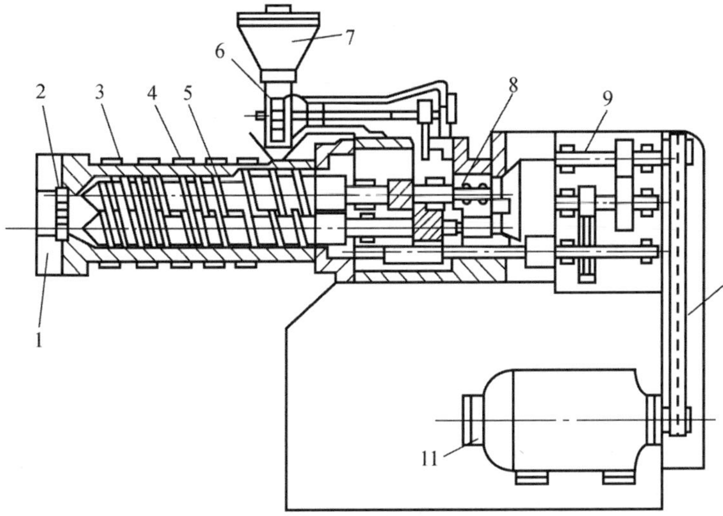

图 5-1 双螺杆挤出机主要结构示意图

1—连接法兰;2—分流板;3—机筒;4—电阻加热;5—双螺杆;6—螺旋加料装置;7—料斗;8—螺杆轴承;9—齿轮减速箱;10—传送带;11—电机

(2)按两根螺杆的轴心线平行与否,螺杆可分为两根螺杆直径相同、组装后两根螺杆的轴心线平行的圆柱形螺杆和两根螺杆直径由大到小逐渐变化、组装后两根螺杆的轴心线不平行的圆锥形螺杆。

三、主要样品与仪器

主要样品:聚乙烯树脂(或聚丙烯树脂)。

主要仪器:SHJ-35 双螺杆挤出机,切粒机。

四、实验步骤

实验步骤如下:

(1)检查设备,确认正常,接通电源加热,根据物料设定挤出机各段和机头的温度,开始加热。(注意:物料未熔融前严禁启动螺杆的驱动电机,以免损坏螺杆或齿轮箱。)

(2)待各段达到要求温度后,保温 10 min 以上,开启主机,调整螺杆转数。待熔料挤出后,用手(戴上手套)和镊子慢慢牵引冷却。(注意:挤出机运行时,机头处不能站人。)

(3)清膛:先使用价格较低的废料将挤出机螺筒内的存料顶出,再用待挤出料顶出废料,使挤出机螺纹齿内为待用料状态。

(4)挤出造粒:在加料桶中加入足够的原料,调节电机转速,使挤出机平稳运行,机头处挤出的料条在水槽中冷却、风冷,待除去表面水滴后进入切粒机切粒。

(5)关机:待挤出机机头处不出料时,关闭主电机、加料机电源,关闭各段加热温控器,开启风机,挤出机筒冷却后关闭风机和加料口冷却水。

五、实验报告

实验报告如下:
(1)列出挤出机的主要结构的组成部分,列出实验所用挤出机的技术参数。
(2)分析工艺条件对制品质量及生产效率的影响。

六、注意事项

注意事项如下:
(1)熔体被挤出之前,任何人不得位于机头的正前方。
(2)清理设备时,只能使用铜棒、铜制工具。
(3)如果发现不正常现象,应立即停车,检查处理。

实验五十　树脂注塑成型实验

一、实验目的

(1)了解注塑成型过程和成型工艺条件对制品力学性能的影响。
(2)掌握注塑成型工艺参数的确定以及制作标准测试样条的方法。

二、实验原理

注塑成型是热塑性塑料成型制品的一种重要方法。塑料从注塑机料斗送进加热的料筒,经加热及螺杆对物料和物料之间的摩擦生热使塑料熔化呈流动状后,在螺杆高压、高速作用的推动下,塑料熔体通过喷嘴注入温度较低的封闭模具型腔中,经冷却定型成所需制品。

注塑成型,可以使各种不同的塑料制品成型,得到各种各样尺寸精确、形状复杂的塑料制品。学习注塑成型工艺过程,可以对注塑成型有初步的了解,也可以掌握塑料注塑成型的工艺条件。

(一)注塑成型工艺过程

常见的注塑机结构如图 5-2 所示。

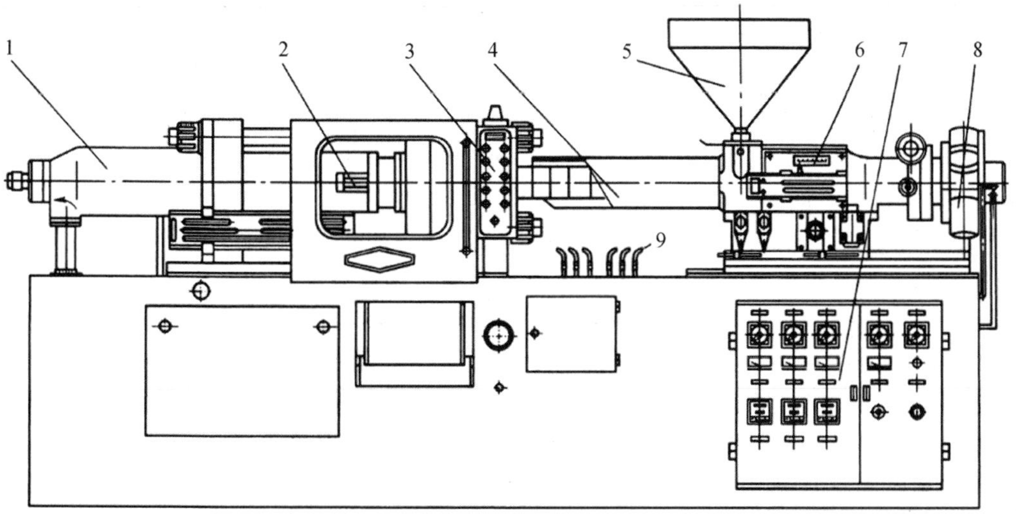

图 5-2　常见的注塑机结构示意图

1—合模机构；2—顶出装置；3—操纵按钮；4—塑化机构；5—料斗；6—加料计量装置；7—控制面板；8—油马达；9—冷却水接头

（二）工艺条件及其对成型的影响

注塑成型工艺条件包括：注塑成型温度、注塑过程中的压力、与注塑有关的时间、注塑速度。

1.注塑成型温度

注塑成型要控制的温度有料筒温度、喷嘴温度和模具温度。料筒温度和喷嘴温度主要影响塑料的塑化和流动，而模具温度主要影响塑料熔体在模具内的流动和冷却。

(1)料筒温度

料筒温度是保证塑料塑化质量的关键工艺参数之一。料筒温度与所加工的塑料特性有关。在选择料筒温度时，主要考虑的因素有塑料的品种、塑料的加工温度范围、塑料制件的结构、模具浇注系统的结构、注塑机的形式等。

由于塑料的品种不同，树脂对温度的敏感程度也不同，有的树脂熔体在温度升高时，黏度下降较大，有的树脂熔体的黏度受温度影响较小。根据树脂的不同，对于黏度受温度影响较大的材料，调整温度的变化比调整其他工艺条件更重要。

在复合材料中，由于树脂中有玻璃纤维填充，熔融树脂的黏度比纯树脂的黏度大，并且在熔体充模过程中容易发生纤维取向，使制品各向异性。

为理解聚合物充模时的取向机理，需分析一下非等温流动的特点。充模时聚合物熔体是在模壁之间流动的，壁温一般都低于聚合物的玻璃化温度。聚合物从它开始进入模腔的时刻起便开始冷却，形成壳层时产生取向。新料是沿着贴于注模型腔壁上的一层不移动并已凝结的料层连续推进的，并因此而使物料前缘得以向前移动，引起聚合物在型腔中流动的压力在型腔入口处为最大，并在物料前缘降低至零。在任意一点上引起大分子取向的剪切应力与此压力成正比。因此，取向的可能性也应从型腔入口处的最大值逐渐降低到物料前缘的零值。充模时可以发生两种取向过程：第一种是单轴取向，出现在以聚合物熔体流动发生单轴运动为主而形成的注塑制品中。如果制品横截面的尺寸沿流动方向不变,而浇口的宽度又相当于制品的宽度,则在充模时由于熔体呈单向运动,热塑性塑料即进行单轴取向。小长条和哑铃形标准试样可作为单轴取向的例子。第二种是双轴取向,它是熔体在与流向垂直的方向上扩大时产生的。

料筒温度的配置,一般靠近料斗一端的温度偏低(便于螺杆加料输送),从后端向喷嘴方向温度逐渐升高,使物料在料筒中逐渐熔融塑化。剪切敏感的塑料采用螺杆式注塑机注塑。由于螺杆的剪切摩擦热有助于物料的塑化,料筒前端的温度也可以略低于中段温度,以防止塑料的过热分解。

(2)喷嘴温度

料筒前端喷嘴处的温度要单独控制,为防止塑料熔体的流动作用,并估计到塑料熔体在注塑时快速通过喷嘴有一定的摩擦热产生,所以,喷嘴的温度稍低于料筒的最高温度。

(3)模具温度

注塑模具是成型制件的关键部件之一。熔融的物料进入模具后,需要在短时间内将其冷却至常温,模具温度的高低、温度的均匀性直接影响熔融物料的冷却历程,对制品冷却速度的快慢以及制件的内在性能和外观质量影响极大。塑件冷却时间的长短受到模具温度高低的制约,将模具温度保持在允许温度范围的低温状态,显然能缩短注塑周期,提高生产效率。如果模具温度发生波动,塑件的收缩也将发生变化,特别是结晶性塑料,模具的变化对结晶度影响很大,模具温度恒定,也就稳定了成型塑件的尺寸精度。塑件在冷却过程中,模具各处的温度保持均匀,冷却速度一致,制件的各部分收缩率就能保持一致,从而避免了塑件的变形。制件在成型过程中,外观受模具温度影响出现的缺陷,如溢边、缺料等,可以通过调节模具温度得以解决。塑料在适宜的模具温度下成型,其物理机械性能可以达到最佳状态。

模具温度主要取决于塑料的特性(结晶与否),树脂的玻璃化温度,制品的结构与尺寸以及其他工艺条件(熔料温度、注塑速度、注塑压力及成型周期)。对模具温度的控制通常有两种方式:模具加热和通入冷却水。

结晶:无定型塑料熔体注入模腔后,随着温度的不断降低而冷却定型硬化,但并不大量产生结晶相的变化。结晶性塑料注入模腔后,当温度降低至熔点以下时,即开始结晶。结晶的速度受冷却速度的控制,而冷却速度又取决于模具温度。因此,模具温度直接影响制品的结晶速度和结晶构型。

模具温度对制品的性能影响很大。一般的规律是:随着模具温度的升高,熔体的充模长度增加;树脂大分子的趋向程度下降;塑料制品的内应力减小;熔体的冷却时间延长;生产效率降低;制品的后收缩增加;制品的密度以及结晶略有增加。

模具温度不但要保证塑料熔体的有效冷却,而且要使模具的各部分温度均匀一致。模具温度不均匀,会导致塑料熔体在冷却过程中冷却速度不均匀,从而使制品发生翘曲变形,产生凹痕、裂纹和内应力。塑料品种的不同、制件的复杂性使模具温度的要求多样化。

最佳的料筒温度、喷嘴温度、模具温度要通过具体制件进行实验确定。

2.注塑过程中的压力

注塑过程中的压力包括塑化压力(背压)和注塑压力,它们直接影响塑料的塑化和制品的质量。

(1)塑化压力(背压)

塑化压力(背压)的作用是明显的,由于塑化压力的存在,螺杆在塑化过程中后退速度减慢,物料需要较长的时间才到螺杆的头部,物料的塑化质量得到提高,尤其是带色母粒的物料颜色的分布更加均匀。塑化压力的存在,迫使物料中的微量水分从螺杆的根部溢出,使制件减少了银纹和气泡。一般操作中,塑化压力的大小应在保证塑化质量的前提下越小越好。

(2)注塑压力

注塑机的注塑压力是以螺杆顶部对塑料熔体施加的压力为准的。在注塑过程中,随着注塑压力的增大,熔体的流动性得以改善,流动长度增加,充模速度提高,制品熔接强度提高,密度增加,收缩率下降。制品中的内应力随注塑压力的增大而增大,故采用较高注塑压力进行注塑的塑料制品应进行退火处理。随着注塑压力的增大,制品的大多数物理机械性能通常有所改善。保压压力是对收缩部分进行补充的重要参数。

3.与注塑有关的时间(成型周期)

完成一次注塑过程所需的时间为成型周期,也称模塑周期。它包括以下几段时间:

(1)注塑时间:充模时间——螺杆前进时间;保压时间——螺杆应留在前进位置的时间。

(2)闭模冷却时间:螺杆转动预塑的时间。

(3)其他时间:开模时间、顶出制品时间、涂饰脱模剂时间、安放嵌件时间和闭模时间。

成型周期直接影响劳动生产率和设备利用率。在生产中,应在保证质量的前提下,尽量缩短成型周期的有关时间。

在整个成型周期中,注塑时间和冷却时间最重要。注塑实践中的保压时间就是对模腔内的熔料的压实时间。冷却时间主要取决于制品的厚度、塑料的热性能和结晶性能以及模具温度等。在选择注塑工艺条件时,主要从以下几个方面考虑:

(1)塑料的品种,此种塑料的加工温度范围。

(2)树脂是否需要干燥,采用什么方法干燥。

(3)成型制品的外观、性能及收缩率。

(三)基本技术参数

注塑机的基本技术参数包括:注塑容积、注塑压力、注塑速度、塑炼能力、移动模板的行程、模板间的最大距离、锁模部分拉杆之间的距离、锁模力。

三、主要样品与仪器

主要样品:聚乙烯,聚丙烯粒料。

主要仪器:海天 SA600 注塑机。

四、实验步骤

1.注塑机开车前的准备工作

为了顺利做好实验,开车前必须做好下列检查:

(1)检查电源电压是否与电气设备的额定电压相符。

(2)检查各按钮、电气线路、操作手柄、滚轮等有无损坏或失灵现象,各开关手柄是否置于“断”的位置。

(3)检查安全门在轨道上滑动是否灵活,开关能否触动限位开关。

(4)检查各冷却水管接头是否可靠,杜绝渗漏现象。

(5)检查料斗有无异物,对基体进行加热,达到塑化温度后,恒温 30 min,使各点温度均匀一致。

(6)检查喷嘴是否堵塞,并调整模具和喷嘴的位置。

2.注塑机开车

(1)接通电源,启动电机,油泵开始工作,打开液压油冷却器水阀,对回油进行冷却。

(2)油泵进行短时间空车运转,正常后关闭安全门,手动调整开、闭模。

(3)检查限位开关动作是否灵敏。

3.注塑机的程序控制

注塑成型是一个按照预定的顺序做周期性动作的过程,注塑机的动作程序是指机器在程序周期中各个动作的先后次序。普通螺杆式注塑机的动作程序如下:

合模→注塑座前进→注塑→保压→预塑→开模→顶出制品→合模

注塑机在加工结晶性塑料时,喷嘴不宜长时间同温度较低的模具接触。因此,注塑机除了上述合模、注塑、保压、预塑、开模和顶出制品的动作外,注塑座还应在每一循环中移动一次。

(1)加料方式

根据注塑座是否移动,加料方式分为固定加料、前加料、后加料三种。

(2)操作方式

注塑机常用的操作方式有手动、半自动、全自动三种。

4.注塑成型制品

在不同熔体温度、模具温度、注塑压力下模制制品。

五、实验记录与计算

1.原料规格及其产地

记录原料规格及其产地。

2.注塑机膜塑制品的条件

(1)料筒(或熔体)温度________℃;________℃;________℃。

(2)注塑压力________ MPa。

(3)模具温度________℃。

(4)注塑时间________ s;保压时间________ s;冷却时间________ s。

3.型号与型式

所用注塑机型号,螺杆、喷嘴和模具型式。

六、实验结果和讨论

实验结果和讨论如下:

(1)注塑成型工艺条件如何确定?

(2)制品形状与制品性能之间有何关系?

(3)用注塑充模流动过程讨论制品结构形态的形成。
(4)注塑成型制品的常见缺陷如何弥补?

七、注意事项

注意事项如下:
(1)未经实验室工作人员的允许,不得操作注塑机。
(2)未经实验室工作人员的允许,不得任意改变注塑机的参数。
(3)不得用金属工具接触模腔。

实验五十一 橡胶硫化特性实验

一、实验目的

(1)了解橡胶硫化的反应原理。
(2)掌握橡胶硫化的实验技术。
(3)了解橡胶硫化材料的主要成分。

二、实验原理

聚异戊二烯的结构式如下:

$$\left[CH_2-\underset{}{\overset{CH_3}{\overset{|}{C}}}=CH-CH_2 \right]_n$$

橡胶是二烯烃(如丁二烯、异戊二烯等)的聚合产物。以聚异戊二烯为例,它是直线形高分子化合物,具有弹性、电绝缘性和塑性等特性。它在高温下会分解,在不太高的温度下会变得黏稠,在低温下又会变硬、变脆。它能溶于汽油、四氯化碳、乙醚、苯等有机溶剂中。由于它的分子内含有双键,所以它能与氯化氢、卤素等发生加成反应而变质。如果长期受空气、日光的作用,聚异戊二烯就会渐渐被氧化而变硬、变脆,这种现象叫作老化。工业上采用硫化措施(硫化剂主要用硫)来改善橡胶的性能。经过硫化的橡胶,叫作硫化橡胶。硫化后,橡胶的直线形分子间经过单硫键(—S—)或双硫键(—S—S—)发生了交联,形成网状结构。硫化橡胶具有较高的强度和韧性,而且具有良好的弹性、化学稳定性、耐蚀性等。交联示意图如图 5-3 所示,交联的分子结构如图 5-4 所示。

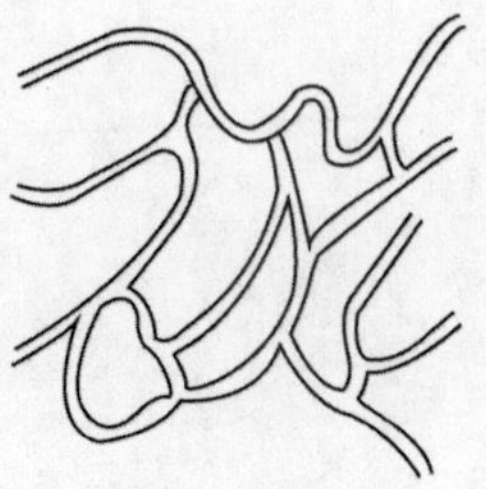

图 5-3　交联示意图

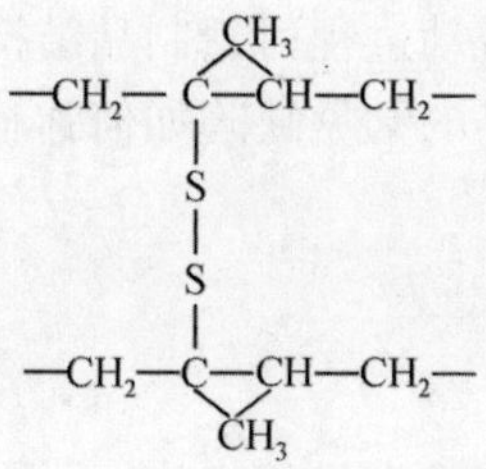

图 5-4　交联的分子结构

硫化仪是应用最广泛的快速检验及基础研究仪器，可为橡胶最优化配方组合提供精确的数据，精确测出焦烧时间、正硫化时间、硫化指数，以及最大和最小转矩等参数。典型的硫化曲线如图 5-5 所示。

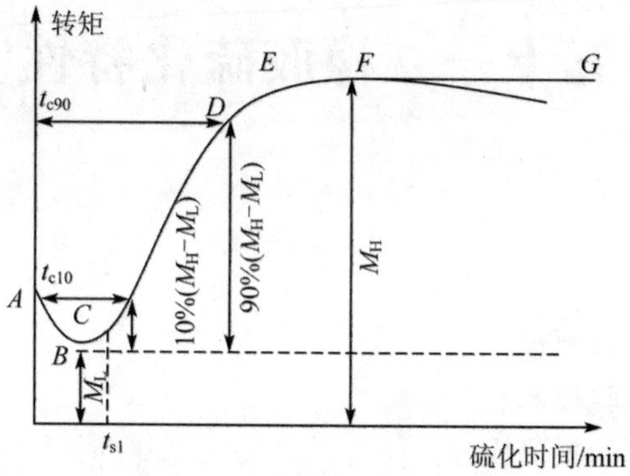

图 5-5　典型的硫化曲线

图中 M_H 是最大转矩值，反映硫化胶的最大交联度。焦烧时间 t_{s1}，从实验开始到曲线由最小转矩上升 1 kg · cm 所需的时间；起始硫化时间 $t_{c_{10}}$，转矩达到 $M_L+10\%(M_H-M_L)$ 所需的硫化时间；正硫化时间 $t_{c_{90}}$，转矩达到 $M_L+90\%(M_H-M_L)$ 所需的硫化时间，通常还以硫化速度指数 $V_C=100/(t_{c_{90}}-t_{sx})$ 表示正硫化时间。

硫化仪的模具型腔由上模、下模组成，橡胶试样放在闭合的模具型腔内并保持一定的温度压力，其中一个模腔以 1.7 Hz 的频率振动，振幅是 0.5°或±1°。该振动在试样上生成一个剪切张力，同时试样在反方向生成一个反作用力或力矩到模具型腔，其值取决于胶料的剪切模量。试样的剪切强度随着硫化过程不断深入，相应的力矩也随之增大，力矩值反映了胶料的硫化程度。力矩随时间变化的曲线即为硫化曲线。硫化曲线的形状取决于硫化温度、硫化配方、生胶特性等因素。计算机会输出硫化曲线以及相应的技术参数，如焦烧时间、硫化时间等。

常用平行线法对硫化曲线进行解析，就是通过硫化曲线最小转矩值和最大转矩值，分别引平行于时间轴的直线，这两条平行线与时间轴的距离分别为 M_L 和 M_H。最小转矩值 M_L 反映未硫化胶在一定温度下的流动性。

三、主要样品与仪器

主要样品：含硫黄橡胶试样（试样制备的基本配方：按重量称取生胶 100 份，芳烃油 5 份，炭黑 50 份，硫黄 1.7 份，硬脂酸 2 份，防老剂 BHT 1 份，氧化锌 5 份，促进剂 CZ 1.5 份。在常温下用双辊开炼机进行混炼,薄通 10 次,得到 BR 混炼胶)。

主要仪器:JC2000-E 无转子硫化仪。

四、实验步骤

1.试样的准备

实验前,用剪刀剪一小块圆形胶料试样,直径为 38 mm,厚度为 4~5 mm,质量为 5~7 g。试样的厚度、密度决定了硫化橡胶样品的质量。通常在实验结束后取出成熟试样,观察试样中间部分的大小是否和模芯直径一样并压实饱满,若外边有挤压飞边,应撕去飞边,然后进行称重就能确定试样的质量(见图 5-6)。如试样有空穴、无飞边,说明试样不足,应增加试样重新做实验,直至符合要求为止。每次测试的试样体积应该保持一致,避免影响测试结果。

图 5-6 硫化试样示意图(试样以左边有毛边的样品为宜)

2.具体步骤

(1)连接好主机、气管,开启空压机,使压力达到 0.35 MPa 左右。

(2)打开仪器的电源加热,温度达到设定值时,方可工作。

(3)开模。

(4)将试样放在模腔中心(当试样发黏时,应使用衬垫,以防黏着模腔)。

(5)按"合模"开关,落罩,合模。

(6)开模,取胶,清理干净转子上的胶料,以免影响下次试验。

3.计算机的操作

打开硫化仪软件,进入硫化仪主画面,在开模状态下进行实验条件的设定、修改,一旦闭模就被视为工作状态,无法进行参数的设定和修改。按下硫化仪上的"电机""开合模",开始做实验。硫化的时间、温度可在计算机上直接输入。实验时,"温度-曲线""时间-转矩曲线"可实时显示。实验完毕后,填写胶料名称(注意:量程、时间也要保存),点击"保存"保存曲线。

五、实验数据处理

实验数据处理如下:

(1)记录实验数据,绘制硫化曲线,计算焦烧时间、硫化时间等。

(2)最小力矩值 M_L,反映未硫化胶在一定温度下的流动性。

(3)最大力矩值 M_H,反映硫化胶的最大交联度。

(4)焦烧时间 t_{s1},从实验开始到曲线由最小转矩上升 0.1 N · m 所需的时间。

（5）正硫化时间 t_{c90}，转矩达到 $M_L+90\%(M_H-M_L)$ 所需的硫化时间。

实验五十二　橡胶混炼加工

一、实验目的

（1）了解开炼机、密炼机的基本结构。

（2）熟悉并掌握橡胶开炼机混炼的操作方法、加料顺序，混炼的工艺条件及影响因素。

（3）培养学生独立进行混炼操作的能力。

二、实验原理

混炼就是将各种配合剂借助炼胶机机械力的作用均匀分散于橡胶中的工艺。混炼过程就是将各种配合剂均匀地分散在橡胶中，以形成一个以橡胶为介质或者以橡胶与某些能和它相容的配合组分（配合剂、其他聚合物）的混合物为介质，以与橡胶不相容的配合剂（如粉体填料、氧化锌、颜料等）为分散相的多相胶体分散体系的过程。对混炼工艺的具体技术要求是：配合剂分散均匀，使配合剂特别是炭黑等补强性配合剂达到最好的分散度，以保证胶料性能一致。混炼后得到的胶料称为混炼胶。

开炼机混炼的工作原理是利用两个平行排列的中空辊筒，以不同的线速度相对回转，加胶包辊后，在辊距上方留有一定量的堆积胶，堆积胶拥挤、阻塞产生许多缝隙，配合剂颗粒进入缝隙中，被橡胶包住，形成配合剂团块；随胶料一起通过辊距时，由于辊筒线速度不同产生速度梯度，形成剪切力，橡胶分子链在剪切力的作用下被拉伸，产生弹性变形；同时配合剂团块也会受到剪切力的作用而破碎成小团块，胶料通过辊距后，由于流道变宽，被拉伸的橡胶分子链恢复卷曲状态，将破碎的配合剂团块包住，使配合剂团块稳定在破碎的状态，配合剂团块变小。胶料再次通过辊距时，配合剂团块进一步减小，胶料多次通过辊距后，配合剂在胶料中逐渐分散开来。采用左右割刀、薄通、打三角包等翻胶操作，使配合剂在胶料中进一步分布均匀，从而制得配合剂分散均匀并达到一定分散度的混炼胶。

三、主要样品与仪器

主要样品：按重量称取顺丁橡胶 100 份，炭黑 60 份，硬脂酸 2 份，氧化锌 3 份，促进剂 1 份，硫黄 1.5 份。

主要仪器：BP-8175-A 开炼机，BP-8172-B 密炼机。

开炼机的结构如图 5-7 所示。开炼机主要由机座，温控系统，前、后辊筒，紧急刹车装置，挡胶板，调节辊距大小的手轮，电机等部件组成。辊筒转速为 0 ~ 50 r/min，变频调速；辊筒转速比（前辊筒转速：后辊筒转速）为 1.0∶1.27；两辊筒间隙（可调）为 0.1 ~ 10.0 mm。

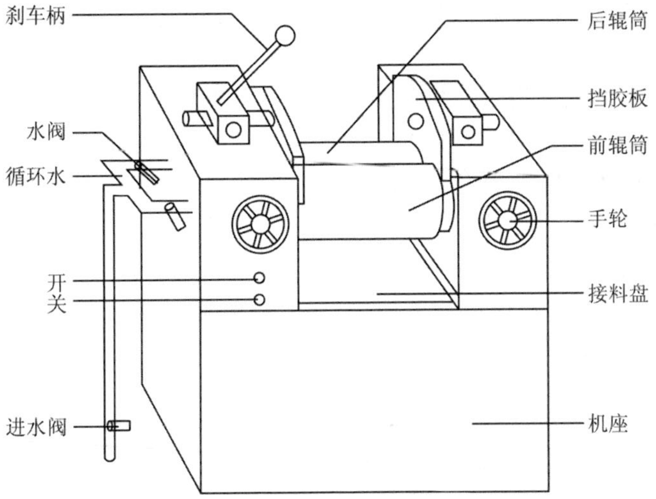

图 5-7　开炼机结构示意图

四、实验步骤

实验步骤如下：

(1)根据实验配方,准确称量生胶和除液体软化剂以外的各种配合剂的量,观察生胶和各种配合剂的颜色与形态。

(2)检查开炼机辊筒及接料盘上有无杂物,如有,则先清除杂物。

(3)开动机器,检查设备运转是否正常,用热水预热辊筒至规定的温度(由胶种确定)。不同胶料开炼机混炼时辊筒温度如表 5-1 所示。

表 5-1　不同胶料开炼机混炼时辊筒温度

胶种	辊筒温度/℃	
	前辊筒	后辊筒
天然橡胶	55~60	50~55
丁苯橡胶	45~50	50~55
氯丁橡胶	35~45	40~50
丁基橡胶	40~45	55~60
丁腈橡胶	≤40	≤45
顺丁橡胶	40~60	40~60
三元乙丙橡胶	60~75	85 左右
氯磺化聚乙烯	40~70	40~70
氟橡胶 23~27	77~87	77~87
丙烯酸酯橡胶	40~55	30~50

(4)将辊距调至规定大小(根据炼胶量确定),调整并固定挡胶板的位置。

(5)将塑炼好的生胶沿辊筒的一侧放入开炼机辊缝中,采用捣胶、打卷、打三角包等方法使胶均匀连续地包于前辊筒，在辊距上方留适量的堆积胶，经过2~3 min的滚压、翻炼，形成光滑、无隙的包辊胶。

(6)按下列加料顺序依次沿辊筒轴线方向均匀加入各种配合剂，每次加料后，待其全部进入后，在左、右1/4处各割刀两次，两次割刀间隔20 s。

加料顺序：小料（固体软化剂、活化剂、促进剂、防老剂、防焦剂等）→大料（炭黑、填充剂等）→液体软化剂→硫黄和超速级促进剂。

(7)割断并取下胶料，将辊距调整到0.5 mm，加入胶料薄通，并打三角包，薄通5遍。

(8)按试样的要求，将胶料压成所需厚度，下片称好质量并放置于平整、干燥的存胶板上（记好压延方向、配方编号）待用。

(9)关机，清洗机台。

五、思考题

(1)列出实验用开炼机的技术参数，以及实验用原料和操作工艺条件。

(2)开炼机混炼包括哪几个过程？

(3)影响胶料包辊性的因素有哪些？

(4)影响开炼机混炼的因素有哪些？分别是如何影响的？

实验五十三　橡胶门尼黏度的测定

一、实验目的

(1)理解门尼黏度的物理意义。

(2)了解门尼黏度仪的结构及工作原理。

(3)掌握门尼黏度仪的操作。

二、实验原理

门尼黏度实验是用转动的方法来测定生胶、未硫化胶流动性的实验。在橡胶加工过程中，从塑炼开始到硫化完毕，都与橡胶的流动性密切相关，而门尼黏度值正是衡量此项性能的指标。门尼黏度仪的设计原理如图5-8所示。

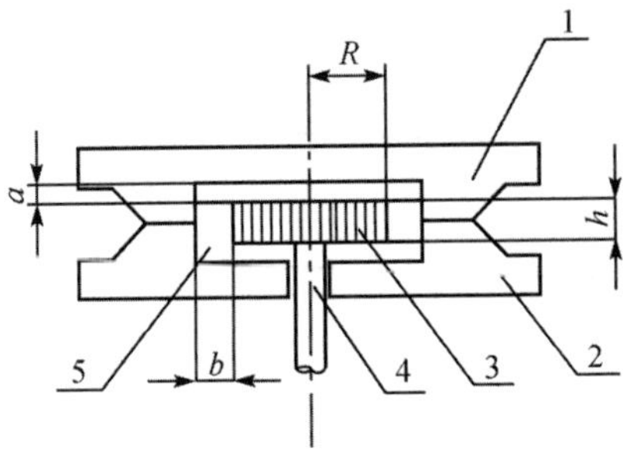

图 5-8 门尼黏度仪的设计原理示意图

1—上模座；2—下模座；3—转子；4—转子轴；5—装试样模腔；R—转子半径；h—转子厚度；
a—转子上、下表面至上、下模壁的垂直距离；b—转子圆周至模腔圆周的距离

工作时，电机依次驱动小齿轮、大齿轮、蜗杆、蜗轮、转子，使转子在充满橡胶试样的模腔中旋转，对胶料产生力矩的作用，推动贴近转子的胶料层流动，模腔内其他胶料将会产生阻止其流动的摩擦力，方向与胶料层的流动方向相反，此摩擦力即为阻止胶料流动的剪切力。单位面积上的剪切力为剪切应力，其与切变速度、黏度之间的关系符合幂律公式：

$$\tau=K\cdot\dot{\gamma}^{n}$$

式中：τ——剪切应力，MPa；

$\dot{\gamma}$——切变速度；

K——黏度系数；

n——流动行为指数（在一定的切变速度和温度下是常数）。

为了方便叙述，改写为下式：

$$\tau/\dot{\gamma}=K\cdot\dot{\gamma}^{n-1}$$

令：

$$\eta_{\alpha}=\tau/\dot{\gamma}$$

则：

$$\tau=\eta_{\alpha}\cdot\dot{\gamma}$$

在模腔内各处胶料的表观黏度 η_{α} 以及切变速度 $\dot{\gamma}$ 随转动半径的不同而不同，故须采用统计平均的方法来描述 η_{α}、τ、$\dot{\gamma}$。由于转子的转速、转子和模腔尺寸都是定值，因此，对相同规格的门尼黏度仪来说，$\dot{\gamma}$ 的平均值是一个常数。因此，平均的表观黏度 η_{α} 和 τ 成正比。

在平均的剪切应力 τ 作用下，胶料产生的阻碍转子转动的转矩用下式描述：

$$M=\tau\cdot S\cdot L$$

式中：M——转矩，N·m；

τ——平均剪切应力，MPa；

S——转子表面积，mm^2；

L——平均的力臂长，mm。

转矩 M 通过蜗轮、蜗杆推动弹簧板，使弹簧板变形，并与弹簧板产生的弯矩和刚度相平衡。由材料力学可知，存在以下关系：

$$M=F\cdot e=\omega\cdot\sigma=\omega\cdot E\cdot\varepsilon$$

式中：F——弹簧板变形产生的反力，N；

e——弹簧板力臂长,mm；
ω——抗变形断面系数；
σ——弯曲应力,MPa；
ε——弯曲变形量；
E——杨氏模量,MPa。

ω 和 E 都是常数,所以 M 与 ε 成正比。

综上所述,由于 η_α 正比于 τ,τ 正比于 M,M 正比于 ε,可以采用差动变压器或百分表测量弹簧板变形量来表征胶料黏度的大小。

通常以 ML_{1+4}^{100} 表示门尼黏度值,其中 M 表示门尼, L_{1+4}^{100} 表示用大转子（直径为 38.1 mm,转速为 2 r/min）在 100 ℃条件下预热 1 min,转动 4 min 所测得的剪切阻力值（参照 GB/T 1232.1—2016）。

三、主要样品与仪器

主要样品:顺丁橡胶,丁苯橡胶。

主要仪器:JC-2000G 门尼黏度仪。

四、实验步骤

1.准备试样

胶料加工后在实验室条件下停放 2 h 即可进行实验,但不准超过 10 天。从无气泡的胶料上裁取两块直径约为 45 mm、厚度约为 3 mm 的橡胶试样,其中一个试样的中心打上直径约为 8 mm 的圆孔。要求试样无杂质、灰尘等。

2.测试

测试过程如下:

（1）将主机电源及电机电源开启,打开计算机,启动测试软件。
（2）设定测试条件,如实验温度为 100 ℃。
（3）将实验胶料放入模腔内,按下“合模”按钮至上模下降,开始实验。
（4）测试完毕,按下“开模”按钮,打开模腔取出试样,打印实验数据。
（5）实验完毕,结束软件,关掉电源,清理现场。

3.结果

读数精确到 0.5 个门尼黏度值,实验结果精确到整数位。用不少于 2 个试样的实验结果的算术平均值表示样品的门尼黏度值（2 个试样结果的差值不得大于 2,否则应重新实验）。

五、思考题

（1）分析记录的门尼黏度值与时间的关系曲线。
（2）比较不同样品的门尼黏度值的差异,讨论门尼黏度值和聚合物结构的关系。

第六章
高分子材料科学综合实验

实验五十四　双酚 A 型环氧树脂的制备

一、实验目的

(1)了解环氧树脂及其制备过程,熟悉双酚 A 型环氧树脂的实验室制法。
(2)了解环氧树脂反应的一般原理,了解环氧树脂的结构和应用。
(3)掌握环氧值的测定方法。

二、实验原理

环氧树脂是指分子中至少含有两个反应性环氧基团的树脂化合物。环氧树脂经固化后有许多突出的优异性能,如对各种材料特别是对金属的黏着力很强、耐腐蚀性很强、力学强度很高、电绝缘性好、耐腐蚀等。此外,环氧树脂可以在相当宽的温度范围内固化,而且固化时体积收缩率小。环氧树脂的上述优异性能使其有着许多非常重要的应用,广泛用于黏合剂(万能胶)、涂料以及复合材料等领域。

环氧树脂的合成方法大致可分两类:一类是含有环氧基团的化合物(如环氧氯丙烷)或经化学处理后能生成环氧基的化合物(如 1,3-二氯丙醇)和二元以上的酚(醇)聚合而得;另一类是含有双键的聚合物(如聚丁二烯)或小分子(如二环戊二烯)环氧化而得。

双酚 A 型环氧树脂是环氧树脂中产量最大、使用最广的一个品种,它是由双酚 A 和环氧氯丙烷在氢氧化钠存在下反应生成的。双酚 A 型环氧树脂合成反应如下:

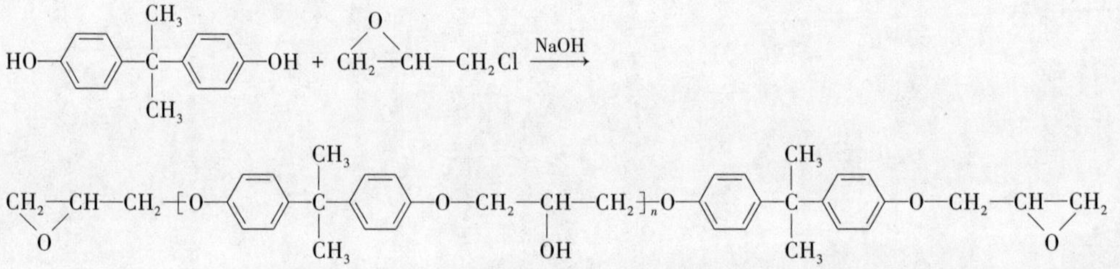

式中：n 一般为 0~25。根据相对分子质量的大小，环氧树脂可以分成各种型号。一般低相对分子质量环氧树脂的 n 平均值小于 2，软化点低于 50 ℃，也称为软环氧树脂；中等相对分子质量环氧树脂的 n 平均值为 2~5，软化点为 50~95 ℃；而 n 大于 5 的树脂（软化点在100 ℃以上）被称为高相对分子质量环氧树脂。

在环氧树脂的结构中有羟基（—OH）、醚基（—O—）和极为活泼的环氧基存在，羟基和醚基有强的极性，使环氧分子与相邻界面产生了较强的分子间作用力，环氧基团则与介质表面（特别是金属表面）的游离键起反应，形成化学键。因而，环氧树脂具有很高的黏合力，用途很广，商业上被称作“万能胶”。此外，环氧树脂还可用于涂料、浇铸、浸渍及模具等。环氧树脂使用时需要加入固化剂，固化剂与环氧树脂的环氧基等反应，产生交联结构，成为不溶且不熔的热固性成品。固化剂的种类很多，主要有多元胺和多元酸，它们的分子中都含有活泼氢原子，其中用得最多的是液态多元胺类，如二亚乙基三胺和三乙胺等。环氧树脂在室温下固化时，还常常加些促进剂（如多元硫醇），以利于快速固化。常温下一般用多元胺和多元硫胺（硫胺素即维生素B1）等固化。本实验以乙二胺为固化剂制备环氧树脂，室温下即能固化的乙二胺按下列反应进行：

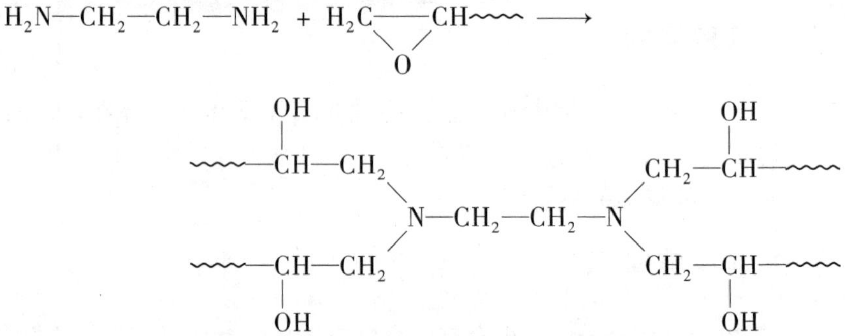

乙二胺的用量按下式计算：

$$m=\frac{M}{n}\times E=15E$$

式中：m——每 100 g 环氧树脂所需要乙二胺的质量，g；

M——乙二胺的相对分子质量，取 60；

n——乙二胺上活泼氢原子总数，取 4；

E——环氧树脂的环氧值。

环氧值是指每 100 g 环氧树脂中所含环氧基的物质的量。

实际使用量一般比理论计算值要大 10%左右。固化剂用量对成品的机械性能影响较大，必须控制适当。固化剂的用量通常由树脂的环氧值以及所用固化剂的种类决定。

三、主要样品与仪器

主要样品：双酚 A，环氧氯丙烷，丙酮，盐酸，乙二胺。

主要仪器：250 mL 三口烧瓶 1 个，回流冷凝管 1 根，减压蒸馏装置 1 套，电动搅拌器 1 个，恒温水浴锅 1 套，分液漏斗 1 个，125 mL 碘瓶 2 个，移液管 1 个，滴液漏斗 1 个，油浴锅 1 套，量程为 10 mL、50 mL 的量筒各1 个，50 mL 烧杯 1 个，100 ℃温度计 1 支。

四、实验步骤

1.双酚 A 型环氧树脂的制备

将 22.5 g 双酚 A（0.1 mol）、28 g 环氧氯丙烷（0.3 mol）加入 250 mL 三口烧瓶中。在室温下搅拌，缓慢升温至 55 ℃，待双酚 A 全部溶解后，开始滴加 20% NaOH 溶液，在 40 min 内滴加 40 mL至三口烧瓶中。保持反应温度在 70 ℃以下，若反应温度过高，可减慢滴加速度，滴加完毕后在90 ℃左右继续反应 2 h 后停止，在搅拌下用 25%稀盐酸中和反应液至中性（注意充分搅拌，使中和完全）。向瓶内加去离子水 30 mL，充分搅拌并倒入 250 mL 分液漏斗中，静置片刻，分去水层，再用去离子水洗涤数次至水相中无 Cl^-（用 $AgNO_3$溶液检验），分去水层，得到环氧树脂。

2.环氧值的测定

环氧值是环氧树脂质量的重要指标之一，也是计算固化剂用量的依据。相对分子质量越大，环氧值就越低，一般低相对分子质量环氧值为 0.48~0.57。相对分子质量小于 1 500 的环氧树脂，其环氧值用盐酸-丙酮法（相对分子质量大的用盐酸-吡啶法）测定。

溶液配制方法如下：

盐酸-丙酮溶液：将 2 mL 浓盐酸溶于 80 mL 丙酮中，均匀混合即成。

$NaOH\text{-}C_2H_5OH$ 溶液：将 4 g NaOH 溶于 100 mL 乙醇中，用标准邻苯二甲酸氢钾溶液标定，用酚酞作指示剂。

取 125 mL 碘瓶 2 个，在分析天平上各称取 1.000 g 左右（精确到 1 mg）的环氧树脂，用移液管加入 25 mL 盐酸-丙酮溶液，加盖摇动使树脂完全溶解。放置阴凉处 1 h，加酚酞指示剂3 滴，用 $NaOH\text{-}C_2H_5OH$ 溶液滴定，同时按上述条件做空白滴定 2 次。

环氧值 E（mol/100 g 树脂）按下式计算：

$$E=\frac{(V_1-V_2)C_{\mathrm{NaOH}}}{m}\times\frac{100}{1\ 000}$$

式中：V_1——样品测试所消耗的 NaOH 溶液体积，cm^3；

V_2——空白滴定所消耗的 NaOH 溶液体积，cm^3；

C_{NaOH}——NaOH 溶液的浓度，mol/L；

m——树脂质量，g。

3.环氧树脂的固化

在 50 mL 烧杯中放入上述环氧树脂 5 g，再加入 0.5 g（树脂的 10%）乙二胺，边加边搅拌，搅匀。

4.黏结试验

（1）分别准备两小块木片和铝片，木片用砂纸打磨擦净，铝片用酸性处理液（10 份$K_2Cr_2O_7$和 50 份浓 H_2SO_4、340 份 H_2O 配成）处理 10~15 min，取出用水冲洗后晾干。

（2）取少量上述加固化剂的环氧树脂均匀涂于木片或铝片的端面约 1 cm 的范围内，对准胶合面合拢，压紧，放置待固化后观察黏结效果。通过剪切实验，可定量地测定黏结效果。

五、思考题

（1）环氧树脂的分子结构有何特点？

（2）为什么环氧树脂具有良好的黏结性能？

实验五十五　丙烯酸酯类乳胶漆的制备和性能、质量评价

一、实验目的

（1）掌握自由基乳液聚合反应机理，实现理论与实际应用的有机结合。

（2）掌握丙烯酸酯类乳胶漆的制备方法、过程及工艺。

（3）掌握涂膜性能检测的相关标准和仪器操作方法。

二、实验原理

随着建筑业的发展和住宅业的兴起，乳胶漆广泛地用于室内装修和高楼外墙的装饰，其主要功能是装饰及保护墙面，在建筑领域具有重要地位。

乳胶漆是一种水性涂料，以水作为分散介质，高聚物分子均匀地分散在水中形成稳定的乳液，是一种绿色环保型涂料。乳胶漆作为涂料的一种，主要由成膜物质、颜填料、溶剂和助剂组成。成膜是形成涂料的基础，决定涂膜的主要性质（如附着力、光泽、硬度、柔韧性、耐候性等）；颜料及填料可使涂料呈现各种颜色，具有遮盖力，可增强涂膜的机械性、耐候性、耐腐蚀性、调整流动性和光泽性，降低成本等；各种助剂，如乳化剂、分散剂、催干剂、增黏剂、防缩孔剂、消泡剂、增塑剂、固化剂、杀虫剂等可以延长涂料的干燥固化时间，提高涂膜的质量性能，如储存稳定性、特殊功能性、施工性、装饰性及保护性；溶剂及水等对涂装和干燥过程起重要作用。目前，乳胶漆的品种主要有聚乙酸乙烯乳胶漆、乙苯乳胶漆、苯丙乳胶漆、纯丙烯酸酯乳胶漆、叔碳乙烯酯乳胶漆等，近年来还出现了高弹性和高耐候性的有机硅单体、有机氟单体改性丙烯酸乳胶漆。

制造乳胶漆的乳液是由多种单体经乳液聚合而成的，共聚单体的选择将直接决定乳液乃至乳胶漆的性能。合成纯丙乳液时选择甲基丙烯酸甲酯、甲基丙烯酸丁酯、丙烯酸甲酯、丙烯酸丁酯、丙烯酸等单体作原料。在这些单体中，甲基丙烯酸甲酯主要为乳液提供必要的硬度、耐大气

性和耐洗刷性,甲基丙烯酸丁酯和丙烯酸丁酯提供树脂的弹性、柔韧性、耐冲击性和涂膜的附着力。丙烯酸分子可以提高共聚树脂的亲水性,增加涂膜与基材的附着力。

生产乳胶漆的颜填料有钛白粉(金红石型和锐钛型)、立德粉、重质碳酸钙、轻质碳酸钙、滑石粉、瓷土、云母粉、白炭黑、重晶石粉、沉淀硫酸钡、硅酸铝粉等。适用于外墙乳胶漆的颜填料有金红石型钛白粉、重质碳酸钙、滑石粉、云母粉等,适用于内墙乳胶漆的颜填料有锐钛型钛白粉、立德粉、重质碳酸钙、轻质碳酸钙、滑石粉、瓷土、硅酸铝粉等。各种颜填料的密度是不同的,其性能差别也很大。

颜填料的吸油量是乳胶漆的一个重要指标,在同样的黏度下,吸油量大的颜填料比吸油量小的颜填料要耗费更多的漆料,不同颜填料的颜色、遮盖力、着色力、粒度、晶型结构、表面电荷、极性等物理性能均不相同,也决定了其化学性能(耐化学品性、耐候性、耐光性、耐热性)的不同。因此,合理选择颜填料的数量、品种在乳胶漆的生产中也很重要,这决定了乳胶漆的分散性能、遮盖能力、耐老化性、外观状态、储存稳定性等。

乳胶漆中使用的助剂有润湿剂、分散剂、增稠剂、消泡剂、成膜助剂、pH 调节剂、防腐剂、防霉剂等。其中分散剂和增稠剂的使用尤为重要,早期的乳胶漆或者低成本涂料中用的分散剂多采用多聚磷酸盐类,如六偏磷酸钠、三聚磷酸钠,在高 PVC 低成本的乳胶漆中,选用聚丙烯酸盐和阴离子,非离子多官能团嵌段共聚物为分散剂。

增稠剂的主要品种为纤维素衍生物类(HEC)、聚丙烯酸酪乳液增稠剂(碱膨胀增稠剂)和缔合型增稠剂三大类,可单独使用,也可以相互合理搭配使用。颜填料体积浓度高时乳胶漆主要使用 HEC 和聚丙烯酸酪乳液增稠剂,中低颜填料体积浓度的外墙乳胶漆主要使用缔合型增稠剂。

乳胶漆的触变指数(TI)可用于检测增稠剂效果。流平性好的乳胶漆,其$TI<4$;对流平性要求不高的乳胶漆,其 TI 可略高。实践证明,用 HEC 增稠的乳胶漆增稠效率高,用量少,但流平性差,刷痕不容易除去。聚丙烯酸酪乳液增稠剂使用便利,但是容易受到 pH 值影响。缔合型增稠剂性能优良,但价格比较高。

特殊品种助剂具有显著作用:硅助剂可以明显改变乳胶漆的附着力,蜡助剂可以使乳胶漆呈现荷叶效果,氟碳助剂则极大地改变了乳胶漆的附着力、防水性能和耐玷污性。

三、主要样品与仪器

主要样品:乳液树脂 BC-01(苯乙烯、丙烯酸共聚物),消泡剂 NXZ(金属皂类),分散剂 SN-5040(聚羧酸钠盐),钛白粉,轻质碳酸钙,滑石粉(SiO_2,MgO,少量铁、钙氧化物及氯化物),成膜助剂(十二碳醇酯),流变改性剂(621N),增稠剂水溶液 636(改性聚丙烯酸)。

主要仪器:SFJ-400 砂磨分散搅拌多用机。

四、实验方法

(1)白色内墙乳胶漆的配方(见表 6-1)。

表 6-1　乳胶漆的配方

序号	物料名称	规格型号	重量/g
1	水		85.00
2	消泡剂	NXZ	0.75
3	分散剂	SN-5040	3.50
4	钛白粉		90.00
5	轻质碳酸钙		100.00
6	滑石粉		25.00
7	乳液树脂	BC-01	110.00
8	成膜助剂	十二碳醇酯	5.50
9	流变改性剂	621N	2.50
10	水		69.00
11	增稠剂水溶液	636	8.00(1:7)
合计			500.00

(2)工艺：

①使用调漆罐，当转速在 200 r/min 左右时，依次按量加入表 6-1 中的第 1～6 项；然后提速至 400～500 r/min，保持 20 min 左右，直至助剂分散均匀。

②在 400 r/min 的搅拌状态下，依次按量缓慢加入第 1 项和第 8 项；然后提速至 900～1 000 r/min，保持 20～30 min。

③继续在 200～300 r/min 下加入第 8～9 项，搅拌 20 min 后加入第 10 项，搅拌均匀。

④在 300 r/min 下缓慢加入第 11 项，以最终动力黏度为 300～700 cP 为准。

(3)乳液的基本技术要求：

①在容器中：均匀。

②施工性：刷两道无障碍。

③外观：正常。

④触变指数：不大于 2。

⑤动力黏度：200～800 cP。

五、样片的涂刷及性能测试

对于涂膜的各种性能检测及质量评价，我国和国际上都制定了许多标准。通常，各企业和研究单位根据国家标准，采用专门仪器设备和方法进行检测评价。

（一）乳胶漆涂刷水泥石棉板和涂刷马口铁片

实验提供的标准水泥石棉板规格为 150 mm×70 mm，马口铁片规格为 120 mm×50 mm。

标准水泥石棉板涂板方法：在温度为(23±2)℃，湿度为 60%～70%的条件下用注射针筒将涂料试样按规定用量注射在水泥石棉板上，即用 1.5 寸低纹笔将涂料涂刷均匀，需涂 2 次。

参考涂量：第一次涂刷量为1.0～1.2 mL/cm^2，第二次为0.6～0.8 mL/cm^2，两次间隔时间为6 h以上，护养时间为7天以上。

马口铁片涂膜方法：操作与水泥石棉板类似，刷前必须用丙酮棉球擦拭，将铁片除油、除污。

（二）乳液细度测定

测试前，用纱布蘸乙醇把刮板细度计洗净擦干，将搅拌均匀的试样滴入刮板细度计沟槽最深部位，以能充满沟槽而略有多余为宜。双手持刮刀，横置在磨光平板上端，使刮刀与磨光平板表面垂直接触。在3 s内，将刮刀由沟槽深的部位向浅的部位拉过，使试样充满沟槽而平板上不留余料。刮刀拉过后，立即使视线与沟槽平面成15°～30°，对光观察沟槽中颗粒均匀显露处，两条刻度线之间约3 mm的条带内粒子数为5～10处的上限位置即为细度读数。

（三）乳液黏度测定

1.方法一：涂-4杯法

实验前需用软布将4号杯内部擦拭干净，在空气中干燥或用冷风吹干，对光观察黏度计漏嘴是否清洁。调整水平螺钉，使黏度计处于水平位置，在黏度计漏嘴下边放置150 mL烧杯，用手堵住漏嘴孔，将试样倒满烧杯，用玻璃棒将气泡和多余的试样刮掉；然后松开手指，使试样流出，同时立即按下秒表；当试样流完时停止秒表，试样从烧杯流出的全部时间（s）即为试样的条件黏度。重测一次，两次测定值与平均值之差不应大于平均值的3%。测定时试样温度可按不同产品的标准规定，如（23±2）℃、（25±1）℃。

2.方法二：旋转黏度计法

选择合适的量筒，装一定的乳液，将转子完全浸入量筒的乳液中，启动电动搅拌器带动转子，使转子在乳液中旋转20～30 s，待指针趋于稳定时，按下指针控制杆，关闭电机，直接在读数窗得到读数a，从仪器的附表中读出选定的转子和对应剪切速度下的系数K，即可计算乳液的动力黏度（cP），$\eta = Ka$。实验中，试样温度控制在（23±1）℃。平行试验2次，2次误差不大于5%，结果取其算术平均值。

（四）涂膜厚度测定

1.仪器设备

磁性测厚仪：精确度为2 μm。

2.测定方法

测定方法如下：

（1）调零：取出探头，插在仪器的插座上。将已打磨未涂漆的底（与被测涂膜底材相同）擦洗干净，把探头放在底板上按下电钮，再按下磁芯。当磁芯跳开时，如指针不在零位，应旋动调零电位器，使指针回到零位，需重复数次，如无法调零，需更换电池。

（2）校正：取标准厚度片放在调零用的底板上，再将探头放在标准厚度片上，按下电钮，再按下磁芯，待磁芯跳开后旋转标准钮，使指针回到标准片厚度值上，需重复数次。

（3）测量：取距样板边缘不少于1 cm的上、中、下三个位置进行测量。将探头放在样板上，按下电钮，再按下磁芯，使之与被测涂膜完全吸合，此时指针缓慢下降，待磁芯跳开表针稳定时，即可读出涂膜厚度值。取各点厚度的算术平均值为涂膜的平均厚度值。

（五）铅笔硬度测试

1.目的

测定涂膜抗擦划机械作用力的能力。

2.方法及原理

通过在涂膜表面用硬物划出痕迹或划伤涂膜的方法测定涂膜硬度。

3.仪器

涂膜铅笔划痕硬度仪。

4.测定步骤

(1)实验所用铅笔的制备：

一组绘图铅笔(9H、8H、7H、6H、5H、4H、3H、2H、H、HB、B、2B、3B、4B、5B、6B)，削去木杆部分，使铅芯露出 3 mm，然后在平面上放置砂纸，将铅芯垂直靠在砂纸上，慢慢研磨，直至铅笔尖端磨成平面、边缘锐利、铅芯呈圆柱状为止。

(2)将试板涂膜面朝上，水平放置在坚硬的实验台平面上并固定。

(3)将铅笔固定在划痕仪上，使铅笔芯恰好接触涂膜表面。

(4)沿水平方向移动涂膜铅笔划痕硬度仪，使笔芯刮划涂膜表面，移动速度为 0.5 mm/s。垂直移动试板，以变动位置，刮划 5 次。

(5)涂膜刮破：在 5 道刮划实验中，如果有 2 道或 2 道以上被认为未刮破到试板的底材或底层涂膜，则换用前一位硬度的铅笔进行同样的实验，直至选出涂膜被刮破 2 道或 2 道以上的铅笔，记录该硬度后一位的硬度标号。

(6)涂膜擦伤：在 5 道刮划实验中，如果有 2 道或 2 道以上被认为未擦伤涂膜，则换用前一位硬度的铅笔进行同样的实验，直至选出涂膜被擦伤 2 道或 2 道以上的铅笔，记录该硬度后一位的硬度标号。

5.实验结果

(1)涂膜刮破：对于硬度标号相互邻近的 2 支铅笔，找出涂膜被刮破 2 道以上(包括 2 道)及未满 2 道的铅笔后，将未满 2 道的铅笔硬度标号作为涂膜的铅笔硬度。

(2)涂膜擦伤：对于硬度标号相互邻近的 2 支铅笔，找出涂膜被擦伤 2 道以上(包括 2 道)及未满 2 道的铅笔后，将未满 2 道的铅笔硬度标号作为涂膜的铅笔硬度。

（六）涂膜光泽度的测定

1.目的

(1)测定涂膜的光学特性，以其反射光的能力来表示。

(2)学会光电光泽度仪的使用方法。

2.方法及原理

使用光电光泽度仪，测定涂膜表面将照射其上的光线向一定方向反射除去的能力，即镜面光泽度，反射的光量越大，则其光泽度越高。

3.仪器

主要仪器:光电光泽度仪。

4.测定步骤

(1)在玻璃板上制备涂膜。清漆须涂在预先涂有同类型的黑色无光漆的地板上。

(2)测定时,接通电源,预热 10 min 后,用黑色标准板进行校对。标准板宜用擦镜纸或绒布擦拭,以免损伤镜面。

(3)将光电光泽度仪放在试板上最少 3 个不同位置进行测量,待显示屏数字稳定后,此读数即为该测试点的光泽。

5.实验结果

各测试点读数与平均值之差应不大于平均值的 5%,否则重新测量。结果取各点的算术平均值。

(七)涂膜冲击实验

1.目的

(1)测定涂膜在重锤冲击下发生快速变形而不出现开裂或从金属底材上脱落的能力,反映了被试涂膜的柔韧性和对底材的附着力。

(2)学会落锤式冲击实验仪的使用方法。

2.方法及原理

以一定质量的重锤落在试板上,测量使涂膜经受伸长而不引起破坏的最大高度。

3.仪器

主要仪器:落锤式冲击实验仪。

4.测定步骤

(1)将试板涂膜朝上平放在铁砧上,试板受冲击部分距边缘不少于 15 mm,每个冲击点的边缘相距不得少于 15 mm。

(2)重锤借控制装置固定在滑筒的某一高度(其高度由产品标准规定或商定),按压控制钮,重锤即自由地落到冲头上。提起重锤,取出试板。

(3)记录重锤落于试板上的高度。同一试板进行 3 次冲击实验。

5.实验结果

用 4 倍放大镜观察,判断涂膜有无裂纹、皱纹及剥落等现象。

(八)涂膜附着力测定

1.目的

(1)测定涂膜与底材之间(通过物理和化学作用)结合的坚固程度。

(2)学会划圈法附着力测定仪、划格法附着力测定仪的使用方法。

2.方法及原理

按一定图形切割涂膜,观察涂膜对底材黏合的牢固程度,及涂层之间或与底材抗分离的能力。

3.仪器

主要仪器：划圈法附着力测定仪，划格法附着力测定仪。

4.测定步骤

除另有规定外，实验应在恒温[温度为(23±2)℃]、恒湿[相对湿度为50%±5%]的条件下进行。

(1)划圈法

①将试板朝上放在附着力测定仪的平台上，拧紧固定试板调整螺栓，向后移动升降棒，使转针的尖端接触到涂膜。

②按顺时针方向匀速转动摇柄，转速以80～100 r/min为宜，圆滚线划痕标准图长为(7.5±0.5)cm。

③向前移动升降棒，使卡针盘提起，松开固定试板的螺栓，取出试板，用漆刷除去划痕上的漆屑，以4倍放大镜检查划痕并评级。

(2)划格法

①握住切割刀具，使刀垂直于试板表面，均匀用力，划透至底材表面，与原先切割线垂直切割，形成网格图形。用软毛刷除去划痕上的漆屑。

②把一段(75 mm)胶带放在网格上，方向与一组切割线平行，用手指把胶带在网格区部分用力压平至透过胶带可清晰看到涂膜颜色。

③在贴上胶带的5 min内，拿住胶带悬空一端，在尽可能接近60°的角度，在0.5～1 s平稳地撕开胶带，以4倍放大镜检查划痕并评级。

5.结果

(1)划圈法

划圈法对涂膜附着力的评价见图6-1。以试板上划痕的上侧为检查目标，标出7个部分，相应分为7个等级。划痕的下侧为8个部分，无须考虑。按顺序检查各部分涂膜的完整程度，如某一部分的格子有70%以上完好，则认为该部分是完好的，否则认为已被损坏。例如，部位1涂膜完好，附着力最佳，定为一级；部位1涂膜损坏而部位2完好，附着力次之，定为二级。以此类推，七级附着力最差。

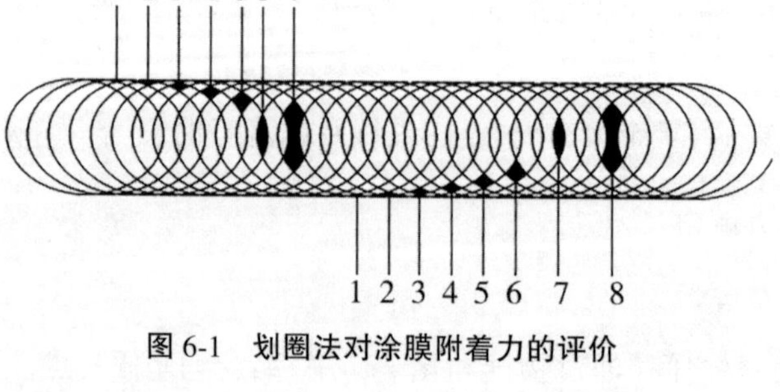

图6-1 划圈法对涂膜附着力的评价

(2)划格法

按表6-2对实验结果进行分级。

表6-2 划格法对涂膜附着力的评价

分级	说明	发生脱落的十字交叉切割区的表面外观
0	切割边缘完全平滑,无一格脱落	—
1	在切口交叉处有少许涂层脱落,但交叉切割面积受影响不能明显大于5%	
2	在切口交叉处和/或沿切口边缘有涂层脱落,受影响的交叉切割面积明显大于5%,但不能明显大于15%	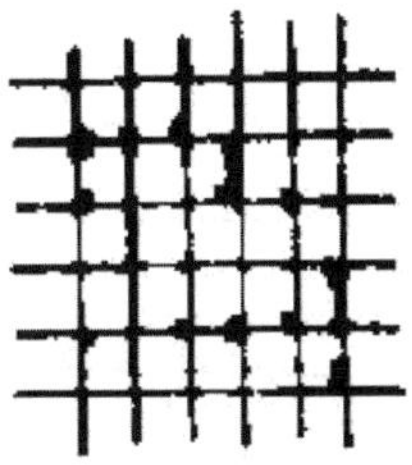
3	涂层沿切割边缘部分或全部以大碎片脱落和/或在格子不同部位上部分或全部剥落,受影响的交叉切割面积明显大于15%,但不能明显大于35%	
4	涂层沿切割边缘大碎片剥落和/或一些方格部分或全部出现脱落受影响的交叉切割面积明显大于35%,但不能明显大于65%	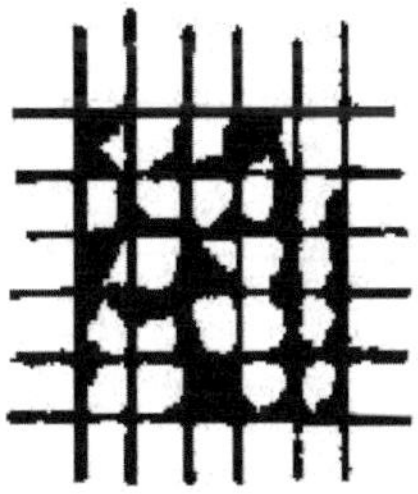
5	剥落的程度超过4级	

注:结果以至少有两块试板的级别一致为准。

（九）涂膜柔韧性测定

1.目的

测定涂膜随其底材一起变形而不发生损坏的能力。

2.方法及原理

通过涂膜与底材共同受力弯曲，检查其破裂伸长情况，其中也包括涂膜与底材的界面作用。

3.仪器

主要仪器：柔韧性测定器，圆柱轴弯曲实验仪，4 倍放大镜，马口铁片。

4.测定步骤

除另有规定外，实验应在恒温[温度为（23±2）℃]、恒湿[相对湿度为 50%±5%]的条件下进行。

（1）柔韧性测定器：用双手将试板涂膜朝上放置，紧压于规定直径的轴棒上，利用两拇指的力量在 2~3 s 绕轴棒弯曲试板，弯曲后两拇指应对称于轴棒中心线。

（2）圆柱轴弯曲实验仪：将仪器全部打开，插入试板，使涂膜面向上，弯曲仪器。操作应在 1~2 s完成，平稳而不是突然地合上仪器，使试板弯曲 180°。重复实验 2 次，若结果不一致，则需再取一块试板做补充实验。

5.实验结果

用 4 倍放大镜观察，判断涂膜有无裂纹、皱纹及剥落等破坏现象。

六、思考题

（1）内墙涂料主要组分有哪些？各组分的功能如何？

（2）内墙涂料主要成膜物质除苯丙树脂外，还有哪些？

实验五十六　不饱和聚酯树脂及玻璃钢的制备

一、实验目的

（1）了解控制线型聚酯聚合反应程度的原理及方法。

（2）掌握制备不饱和聚酯树脂和玻璃纤维增强塑料的实验技能。

二、实验原理

不饱和聚酯树脂是指不饱和聚酯的乙烯基交联单体（如苯乙烯）溶液。通常，不饱和聚酯是由不饱和二元羧酸（或酸酐）、饱和二元羧酸（或酸酐）与多元醇缩聚而成的。这类聚酯分子中除了含有酯基外，还含有双键，在引发剂的作用下，能与烯类单体进行加聚反应，形成有交联结构的热固性树脂。不饱和聚酯树脂黏度低，浸润性好，透明度高，并且有一定的黏附力，主要用于制作玻璃纤维增强塑料，也可以用作胶泥、涂料及浇铸塑料等。

玻璃纤维增强塑料的品种很多。一般不饱和聚酯用玻璃纤维作填料，因此又称玻璃钢。聚酯玻璃钢是不饱和聚酯在过氧化物的存在下，与烯类单体交联之前，涂敷在经过预处理的玻璃布上，在适当温度下低压接触成型固化得到的。它可以用来制造飞机上的大型部件、船体、火车车厢、建筑上的透明瓦楞板、化工设备和管道等，具有拉伸强度高、密度小、电和热的绝缘性能优良以及耐腐蚀等特点。

制备玻璃纤维增强塑料的实验分两步进行。

第一步是由顺丁烯二酸酐、邻苯二甲酸酐和微过量的乙二醇通过加热熔融缩聚，制得线型不饱和聚酯，其反应方程式如下：

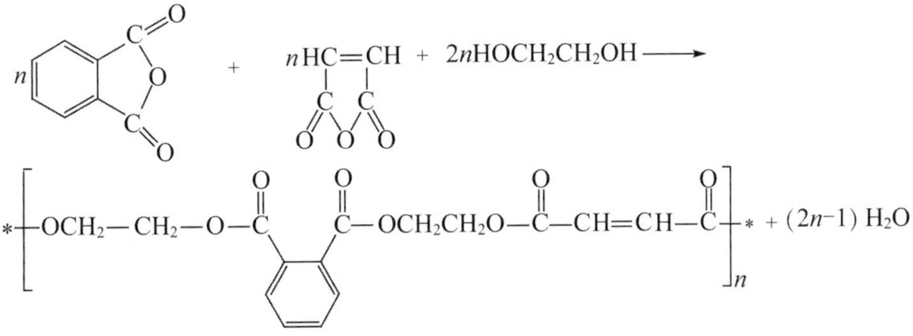

聚酯（Ⅰ）

反应过程中，经常测定体系的酸值，或以脱水量来控制聚合度。当酸值降到 50 左右时，可以得到低黏度的液体聚酯（Ⅰ）。将聚酯（Ⅰ）和含有阻聚剂的苯乙烯混合制成不饱和聚酯树脂（Ⅱ），贮备待用。苯乙烯既是稀释剂，又是交联剂。

第二步由线型不饱和聚酯树脂交联固化成型制成玻璃纤维增强材料。一般使用乙烯类单体（如苯乙烯、邻苯二甲酸、二丙烯酮等）作为形成交联链的交联剂；使用过氧化物（如过氧化环己酮、过氧化乙酮等）作为催化剂；使用环烷酸钴、萘二甲酸钴等作为促进剂。按所加入催化剂和促进剂的配比不同，树脂可于加热或不加热的情况下硬化，因此可采用手糊法成型。

在聚合过程中，用酸值的大小来衡量聚合反应程度 P。酸值是指中和 1 g 树脂所含的游离酸所需 KOH 的量（mg）。若 KOH 浓度为 M（mol/L），用它滴定质量 m（g）的样品，消耗体积为 V（mL），空白滴定消耗体积为 V_0（mL），则可按下式计算酸值：

$$A=\frac{(V-V_0)M\times 56.1}{m}\times 1\ 000$$

若体系起始，N_0 个羧基测得酸值为 A_0，聚合进行到 t 时，体系中残留 N 个羧基，此时酸值为 A，那么反应程度为：

$$P=\frac{N_0-N}{N_0}=1-\frac{N}{N_0}=1-\frac{A}{A_0}$$

根据反应程度 P，可求得产物平均聚合度 $\overline{X}_n$：

$$\overline{X}_n=\frac{1+r}{1+r-2rP}$$

式中：r——起始时羧基与羟基物质的量比。

三、主要样品与仪器

主要样品：顺丁烯二酸酐，邻苯二甲酸酐，乙二醇，苯乙烯，对苯二酚，过氧化二苯甲酰，邻苯二甲酸二丁酯，丙酮，酚酞－乙醇溶液，KOH－乙醇溶液 0.2 mol/L，HCl 溶液 0.2 mol/L，N，N－二甲基苯胺。

主要仪器：滴管 5 支，电动搅拌器 1 个，硅油浴锅（或电热套）1 套，250 mL 四口烧瓶 1 个，分流柱（长10 cm），温度计 1 支，直形冷凝管 1 个，接应管 1 个，接收瓶 1 个，U 形管 1 个，碱式滴定管 1 个，锥形瓶 5 个，平板玻璃（14 cm×12 cm）2 块。

四、实验步骤

1.合成线型不饱和聚酯

称取 24.5 g 顺丁烯二酸酐、37.0 g（0.25 mol）邻苯二甲酸酐和 34.1 g（0.55 mol）乙二醇（所用原料都极易吸水，称重要迅速，以免影响配料比）。先加入 250 mL 的四口烧瓶内，通干燥氮气（反应前期氮气通入速度不可过快），加热，待反应物熔融后，开启电动搅拌器，溶液温度升至 130 ℃后，减慢升温速度，1 h 内逐步升至 160 ℃。当玻璃壁上出现水珠时，酯化开始，保持在 160 ℃反应 1.5 h，再升至 190～200 ℃，通氮气速度稍加快，保持在 200 ℃反应 1.5 h 后，取样测定酸值。以后每隔 30 min 取样一次，直至酸值降到 50 左右时，停止加热。聚合反应共 6 h 左右，得到透明略带黄色的黏稠液。

树脂酸值的测定：预先在 5 个 250 mL 的锥形瓶中分别加入 20 mL 丙酮，塞好瓶塞后准确称重，贴上标签，待用。用长滴管吸取 1 g 左右的树脂滴入一只盛有丙酮的锥形瓶中立即用瓶塞密封，准确称重，摇动锥形瓶，使树脂全部溶解，然后加入 3 滴酚酞－乙醇溶液，用 0.2 mol/L 的 KOH－乙醇标准溶液滴定至溶液呈淡红色为止。做空白实验，酸值按下式计算：

$$\text{酸值}=\frac{(V-V_0)M\times 56.1}{m}$$

2.不饱和聚酯－苯乙烯溶液的配制

先称取 20 g 苯乙烯放入 100 mL 的烧杯中，并加入 0.01 g 对苯二酚，连同烧杯称重（m_1），然后将冷却至 90 ℃的不饱和聚酯倒入盛有聚乙烯的烧杯中，立即搅拌均匀，并连同烧杯称重（m_2），则得到聚酯净重 $m=m_2-m_1$。再按苯乙烯与聚酯的质量比（30∶70）算出苯乙烯用量，除去已加的 20 g 之外，按计量补加剩余的苯乙烯，搅拌均匀，冷却至室温，则得到黏稠的、透明带淡黄色的不饱和聚酯－苯乙烯黏稠液。

3.玻璃纤维增强塑料的低压成型

将 2 份过氧化二苯甲酰（引发剂不要直接与促进剂混合，先让引发剂与树脂混合，后加促进剂；若制造大型器件，只能室温固化，一般加入环烷酸钴等促进剂，如用 0.25%的过氧化丁酮及 0.02%的环烷酸钴，在 25 ℃固化 6 h），2 份邻苯二甲酸二丁酯混合均匀之后，加到 100 份不饱和聚酯－苯乙烯溶液中，搅拌均匀，再用滴管加一小滴（0.01 g）的 N，N－二甲基苯胺（促进剂），混合均匀即得树脂溶液，立即使用。在 2 块清洁的平板玻璃（10 cm×10 cm）上涂少量硅油（或铺一层玻璃纸),将处理过的玻璃布铺在玻璃板上或玻璃纸上,然后涂上一层上述配制的树脂溶液,使玻璃布浸润,用刷子或粗玻璃棒赶出树脂和玻璃之间的气泡。这样反复涂铺,直至需要的厚度(6~8 层),然后盖上玻璃纸,最后压上玻璃板。用 4 只夹子夹紧,擦净边缘的树脂,平放在室温下待初步固化后,再移入 80 ℃烘箱进一步固化 2 h。冷却至室温,脱模,即得玻璃纤维增强塑料。

玻璃布的处理:玻璃纤维增强塑料的优劣取决于树脂的性质、玻璃纤维的强度以及树脂与玻璃纤维之间的粘连能力等方面。玻璃布的处理方法有热处理法和水洗法。使用表面处理剂,可除去玻璃布表面的保护剂,有时需要改善玻璃纤维表面性能,增强玻璃纤维与树脂之间的粘连能力。本实验用水洗法,即将玻璃布浸入 20%肥皂液中煮洗 20 min,然后用水冲洗干净,烘干备用。

4.制样测试

按照拉伸、冲击样条标准制样,进行拉伸、冲击等力学性能测试,判断材料是否达标。

五、思考题

1.若要制备韧性好、柔性大的玻璃钢,应如何设计配料?

2.按原料的投料比($r \leqslant 1$)计算摩尔系数,按最后酸值计算聚合反应程度 P 及平均聚合度 $\overline{X}_n$。

$$\left[\text{提示:首先计算起始酸值 } A=\frac{(0.211+0.25)\times 2\times 56.1}{24.5+37.0+34.1}\times 1\,000\approx 541.0(\text{mg})\text{。}\right]$$

实验五十七　高分子合金制备的实验设计

抗冲击性能差是聚氯乙烯(PVC)的性能缺陷之一,这使其应用领域受到很大限制。为提高 PVC 的抗冲击性能,使用冲击改性剂,如本实验所采用的 MBS,以共混方式对其进行物理改性。

一、实验目的

研究 MBS 用量对硬 PVC 抗冲击性能的影响,确定 MBS 的最佳用量。

二、实验原理

MBS 树脂是由甲基丙烯酸甲酯(M)、丁二烯(B)和苯乙烯(S)的三元接枝共聚而成的,为白色粉末或颗粒。它的溶解度参数为 19.2~19.4$(\text{J}\cdot\text{mL})^{\frac{1}{2}}$,与 PVC[19.4~19.8$(\text{J}\cdot\text{mL})^{\frac{1}{2}}$]相近,故两者的热力学相容性较好。

MBS 是通过在有一定交联度的弹性胶乳微粒 SBR 表面接枝甲基丙烯酸甲酯(M)合成的。在 MBS 中 M 与 PVC 极性相近,使 MBS 分子与 PVC 分子有亲和性。但由于丁二烯(B)和苯乙烯(S)的存在,MBS 与 PVC 不能完全相容,这样 MBS 的分子可以在 PVC 基体中均匀分散,形成微胶区。当整个材料受到外力时，MBS 的弹性模量远小于 PVC，易于变形的胶球承担的载荷很小，塑料区进行同样的变形承受的载荷要大得多，所以，在胶区与塑料相接的界面上产生应力集中。当应力强度达到产生银纹或剪切带需要的屈服应力时，在胶区外的塑料基体中产生分子链段的取向运动。胶区外的应力强度随胶区体积的增大而增大，较大的胶区引发的局部屈服区也较大。当几个小胶区之间距离较近时，塑料相中的应力强度也会相叠加，从而起到同较大胶区相似的结果。塑料的局部屈服过程需要外力做功，所以局部屈服的位置越多，每个屈服区的范围越大，消耗的冲击能就越高，材料的韧性就越好。

另外，由于 MBS 与 PVC 的界面结合力较大，材料受到外力时，胶球受三轴引力，胶区内会产生蠕变，形成小的孔洞，使其周围的应力强度变大。裂缝或银纹在塑料相扩展的路径上遇到较大的胶区时，会使胶区发生变形，从而既降低扩展速度，又使裂缝的尖端被钝化。在材料中，既产生银纹又产生剪切带时，两种不同的屈服变形会互相干扰、阻碍或终止。

综上所述，胶区的弹性模量较低，易于发生变形和蠕变，并且会在胶区内出现孔洞，致使胶区邻近的塑料相中局部屈服变形时受到的束缚较小，塑料的屈服应力较低，局部屈服容易形成，材料的韧性因而提高，冲击性能得到增强。

三、主要样品与仪器

主要样品：PVC 树脂（聚合度在 1 000 左右），三盐基硫酸铅，二盐基硫酸铅，轻质碳酸钙，MBS。

主要仪器：BP-8175-A 开炼机 1 台，BP-8170-D 平板硫化机 1 台，游标卡尺 1 把，天平（精度 0.001 g）1 台。

四、实验设计

目标产物：不同 MBS 含量的 PVC 合金。

具体要求如下：

（1）根据目标产物，确定制备不同 MBS 用量（5 wt%，10 wt%，20 wt%，30 wt%，40 wt%）及不同助剂用量的 PVC 合金样品配比。

（2）确定不同设备的使用方法和实验条件。

（3）确定工艺流程，画出工艺流程框图。

（4）确定不同样品的制样设备和制样方法。

（5）确定样品的性能测试设备、测试方法和测试条件。

（6）对不同测试结果进行数据处理，并做出合理的讨论和解释。

实验五十八 纳米 TiO_2/PVC 复合材料的制备及力学性能测试

一、实验目的

(1)了解无机纳米材料(改性 PVC 塑料)的原理。

(2)掌握纳米 TiO_2/PVC 复合材料的制备方法。

(3)掌握塑料力学性能的测试方法。

二、实验原理

凡通过物理的、化学的或者物理化学相结合的方法,促使塑料材料的性能得到改善,或发生变化,或赋予树脂材料新的功能,都可称为塑料改性。塑料改性的方法有很多,如共混改性、填充改性、增强改性、复合改性、交联改性、发泡改性、表面改性、添加改性、嵌段共聚改性及接枝共聚改性等。

填充改性是指在树脂基材中,添加一定量的无机或有机填充料、助剂等添加剂,通过热-机械物理共混,促使填料、助剂等添加剂均匀地混炼,并均匀地分散在聚合物基材的母体中,从而改变塑料基材的性能,或降低塑料制品的原料成本,达到预期效果或增量的目的。

无机纳米粒子的粒径小、比表面积大、活性高,而且纳米粒子粒径越小,曲率越大,对应力的分散就越好,与基体树脂的接触面积也就越大。当外部拉力作用于材料时,无机纳米粒子同基体在 PVC 模量及泊松比上的巨大差异,导致在分散相周围形成了一个球形应力集中区域。其内层为刚性无机粒子,外层为有机高分子层,此时,刚性无机纳米粒子的两极受到拉应力的作用,在赤道位置受到压应力的作用。由于力的相互作用,在赤道位置的基体上也受到压应力的作用,根据 Mises 屈服判据,当$(\sigma_x-\sigma_y)^2+(\sigma_y-\sigma_z)^2+(\sigma_z-\sigma_x)^2\geqslant 6k$时(其中 σ_x、σ_y 和 σ_z 为三个主应力,k 为材料常数),球附近基体发生屈服,吸收能量。由于两极受到较高的拉应力,在两极附近易发生界面脱粘。对于表面偶联剂接枝改性的无机粒子,可起到多向分散负荷的作用,使得应力能更好地传递给无机粒子。如果某个链断裂,其他链仍可起作用,而不致整体被破坏;同时,无机纳米粒子模量较大,本身能够承担一定的负荷,使拉伸强度进一步提高。因此,两极处热塑性大分子链变形脱粘就需要更大的应力,这有利于大分子的韧化,两极脱粘后,会继续扩展到填料的大部分面积,从而在填料周围形成空穴。同时,赤道方向的压应力又促使基体树脂向界面区平移,这不仅化解了脱粘的危险,还使基体处于“拉-压”复合作用,这样易于产生微裂纹,吸收能量,而不致整体被破坏。空穴形成后,在基体赤道面受到的是拉应力,大小是本体应力的3 倍。因此,在本体应力尚未达到基体屈服应力时,局部已开始屈服,这同样会促进基体屈服;同时大分子链由无规状态伸长,产生滑动,应力通过缠结点分散传递,由大多数伸直链共同承担,趋于均匀分布,防止分子链的剧烈移动,从而使拉伸强度和断裂伸长率有所提高,达到增韧的目的。

三、主要样品与仪器

主要样品：PVC 树脂，纳米 TiO_2，邻苯二甲酸二辛酯（DOP），三碱式硫酸铅，二碱式硬脂酸铅，硬脂酸铅，硬脂酸钙，硬脂酸。

主要仪器：转矩流变仪 1 台，扣压摇摆式小型粉碎机 1 台，冲片机 1 台，压片机 1 台，万能拉力机 1 台，哑铃形标准裁刀 1 个，游标卡尺 1 个，电热鼓风干燥箱 1 个。

四、实验步骤

实验步骤如下：

（1）按 PV 树脂 C 100 份、DOP 40 份、三碱式硫酸铅 2.5 份、二碱式硬脂酸铅 1.5 份、硬脂酸铅0.5 份、硬脂酸钙 0.5 份、硬脂酸 0.5 份、纳米 TiO_2 4 份的顺序依次加入扣压摇摆式小型粉碎机中，高速搅拌混合 5 min。

（2）混合料在烘箱（85 ℃）中预塑化 2 h。

（3）预塑化后的粉料在转矩流变仪中熔融混合塑化，转矩流变仪工艺参数见表 6-3。

表 6-3　转矩流变仪工艺参数

M1 温度	M2 温度	M3 温度	转子转速	密炼时间
170 ℃	170 ℃	170 ℃	60 r/min	10 min

（4）将从转矩流变仪中密炼后拿出的 PVC 塑料趁热压成片状。

（5）在压片机上将片状 PVC 塑料压延成 1 mm 左右厚度的 PVC 薄膜，压片机工艺条件见表 6-4。

表 6-4　压片机工艺条件

上板温度	中板温度	下板温度	预热时间	压延时间	压力
170 ℃	170 ℃	170 ℃	120 s	240 s	5 MPa

（6）用哑铃形标准裁刀在冲片机上将 1 mm 左右厚度的 PVC 薄片冲成符合国家标准要求的测力学性能的试样，沿横向和纵向各取 4 条，精确测量试样细颈处的宽度和厚度，并在细颈部分划出长度标记。

（7）在万能拉力机上测量 PVC 塑料的拉伸强度和断裂伸长率。

五、数据处理和结果分析

实验数据记录如表 6-5 所示。

表 6-5 实验数据记录表

试样	宽度/mm	厚度/mm	拉伸速度/($mm \cdot min^{-1}$)	拉伸强度/MPa	断裂伸长率
1					
2					
3					
4					
5					
6					
7					
8					

实验结果处理:计算测试样的平均拉伸强度和平均断裂伸长率。

六、思考题

(1)为什么在 PVC 塑料的制备中要加入热稳定剂和润滑剂?
(2)增塑剂在 PVC 塑料中起什么作用?
(3)纳米 TiO_2 为什么能对塑料起韧化和强化作用?

七、注意事项

注意事项如下:
(1)PVC 树脂和添加剂在转矩流变仪中密炼时,当转矩对时间的曲线走平时结束密炼。
(2)用哑铃形标准裁刀在冲片机冲成的薄片测试样的细颈之间的测量部分的厚度和宽度要求均匀,并且不能有缺口、缝隙和塑化不均匀等缺陷。

实验五十九 3D 打印综合性试验

一、实验目的

(1)了解 3D 打印的原理和工作过程。
(2)学习使用 3D 建模软件进行模型设计。
(3)掌握 3D 打印机的使用方法。

二、实验原理

3D 打印技术是一种增材制造技术（Additive Manufacturing），即通过叠加式制造工序，根据计算机数据，利用金属、塑料或其他材料逐层打印物品，因此也称作叠加成型技术或快速原型技术。目前，应用较多的 3D 技术主要有熔融沉积成型、液体树脂光固化成型、选择性激光烧结成型等。

1.熔融沉积成型

熔融沉积又叫熔丝沉积，简称 FDM，它将丝状热熔性材料加热融化，通过带有一个微细喷嘴的喷头挤喷出来。热熔材料融化后从喷嘴喷出，沉积在制作面板或者前一层已固化的材料上，当温度低于固化温度后开始固化，通过材料的层层堆积形成最终成品。

2.液体树脂光固化成型

液体树脂光固化成型简称 SLA，该技术采用液光敏树脂为原料。其工艺过程是：首先，用 CAD 设计出 3D 实体模型，以利于进行切片处理，设计扫描路径，产生的数据将精确控制激光扫描器和升降台的运动；然后，激光束通过数控装置控制的扫描器，按设计的扫描路径照射到液态光敏树脂表面，使表面特定区域内的一层树脂固化后，生成零件的一个截面；最后，控制升降台下降一定距离，在固化层上覆盖另一层液态树脂，再进行第二层扫描，第二固化层牢固地黏结在前一固化层上，这样层层叠加即可得到 3D 成品。

3.选择性激光烧结成型

选择性激光烧结简称 SLS。选择性激光烧结技术主要利用激光高温的照射，进行塑料、高分子材料、金属、陶瓷等粉末的烧结，逐层完成粉末堆积与烧结成型。首先需要使用铺粉滚轴在 3D 打印机内部铺设一层粉末材料，然后运用计算机进行激光束温度的控制，以保证打印设备中的温度升至粉末熔化点，最后对其进行层层的循环堆积与烧结，直至打印出具有完整结构的 3D 成品。

三、主要样品与仪器

主要样品：聚乳酸（PLA）卷材。

主要仪器：CR-5 Pro 3D 打印机（FDM）。

四、实验步骤

实验步骤如下：

（1）设计模型：在计算机上使用 3D 建模软件设计需要打印的模型。

（2）准备打印机：将打印耗材装入 3D 打印机，设置打印参数。

（3）打印模型：将设计好的模型数据传输至打印机，启动打印过程。

（4）检验成品：等待打印完成后，取出打印好的模型，进行质量检验。

实验六十 分子筛的合成及 BET 法测定固体的比表面

一、实验目的

(1)熟悉常规分子筛的合成方法。

(2)熟悉常规分子筛的表征方法之一比表面的测定。

(3)熟悉和掌握比表面积及孔径分析仪和样品处理机的使用方法。

(4)了解 BET 多层吸附理论在测定比表面中的应用。

二、实验原理

分子筛,广义上是指结构中有规整而均匀的孔道的硅铝酸盐,孔径为分子大小的数量级,它只允许直径比孔径小的分子进入,因此能将混合物中的分子按大小加以筛分;狭义上是指结晶态的硅酸盐或硅铝酸盐,由硅氧四面体或铝氧四面体通过氧桥键相连而成。

分子筛按骨架元素组成可分为硅铝类分子筛、磷铝类分子筛和骨架杂原子分子筛。按孔道大小划分,小于 2 nm 的称为微孔分子筛,2~50 nm 的称为介孔分子筛,大于 50 nm 的称为大孔分子筛。按照分子筛中硅铝比的不同,可以分为 A 型(1.5~2.0)、X 型(2.1~3.0)、Y 型(3.1~6.0)、丝光沸石型(9~11)、高硅沸石型(如 ZSM-5)等,其通式为:$MO \cdot Al_2O_3 \cdot xSiO_2 \cdot yH_2O$,其中 M 代表 K、Na、Ca 等。商品分子筛常用前缀数码将晶体结构不同的分子筛加以分类,如 3A 型、4A 型、5A 型分子筛等。4A 型分子筛即孔径约为 4A;含 Na^+的 A 型分子筛记作 Na-A,若其中 Na^+被 K^+置换,孔径约为 3A,即为 3A 型分子筛;如 Na-A 中有 1/3 以上的 Na^+被 Ca^{2+}置换,孔径约为 5A,即为 5A 型分子筛。X 型分子筛称为 13X(又称 Na-X 型)分子筛;用 Ca^{2+}交换 13X 分子筛中的 Na^+,形成孔径为 9A 的分子筛晶体,称为 10X(又称 Ca-X 型)分子筛。

A 型分子筛结构,类似于 NaCl 的立方晶系结构,如将 NaCl 晶格中的 Na^+和 Cl^-全部换成 β 笼,并将相邻的 β 笼用 γ 笼联结起来,就会得到 A 型分子筛的晶体结构;X 型分子筛和 Y 型分子筛结构类似于金刚石的密堆立方晶系结构,如以 β 笼这种结构单元取代金刚石的碳原子结点,且用六方柱笼将相邻的两个 β 笼联结,就会得到 X 型分子筛和 Y 型分子筛结构;丝光沸石型分子筛结构,没有笼,是层状结构,结构中含有大量的五元环,且成对地连在一起,每对五元环通过氧桥再与另一对联结,联结处形成四元环,这种结构单元的进一步联结,就形成了层状结构;高硅沸石 ZSM-5 型分子筛结构,与丝光沸石型分子筛结构相似,由成对的五元环组成,无笼状腔,只有通道,如 ZSM-5 有两组交叉的通道,一种为直通的,另一种为“之”字形相互垂直,通道呈椭圆形。

BET 法测定比表面是以氮气为吸附质,以氦气或氢气作载气,两种气体按一定比例混合,达到指定的相对压力,然后流过固体物质。当样品管放入液氮保温时,样品即对混合气体中的氮气发生物理吸附,载气则不被吸附。这时屏幕上即出现吸附峰。当液氮被取走时,样品管重新处于室温，吸附氮气就脱附出来，在屏幕上出现脱附峰。最后在混合气中注入已知体积的纯氮，得到一个校正峰。根据校正峰和脱附峰的峰面积，即可算出在该相对压力下样品的吸附量。改变氮气和载气的混合比，可以测出几个氮的相对压力下的吸附量，从而可根据 BET 公式计算比表面。BET 公式：

$$\frac{p}{V(p_0 - p)} = \frac{1}{V_m C} + \frac{(C-1)}{V_m C}\frac{p}{p_0}$$

式中：p——氮气分压，Pa；

p_0——吸附温度下液氮的饱和蒸气压，Pa；

V_m——样品上形成单分子层需要的气体量，cm^3；

V——被吸附气体的总体积，cm^3；

C——与吸附有关的常数。

以 $\frac{p}{V(p_0 - p)}$ 对 $\frac{p}{p_0}$ 作图可得一直线，其斜率为 $\frac{C-1}{V_m C}$，截距为 $\frac{1}{V_m C}$，由此可得：

$$V_m = \frac{1}{\text{斜率} + \text{截距}}$$

若已知每个被吸附分子的截面积，可求出被测样品的比表面，即：

$$S_g = \frac{V_m N_A A_m}{2\,240W} \times 10^{-18}$$

式中：S_g——被测样品的比表面，m^2/g；

N_A——阿伏伽德罗常数；

A_m——被吸附气体分子的截面积，nm^2；

W——被测样品质量，g。

BET 公式的适用范围为 $p/p_0 = 0.05 \sim 0.35$。这是因为比压小于 0.05 时，压力大小建立不起多分子层吸附的平衡，甚至连单分子层物理吸附也还未完全形成。在比压大于 0.35 时，由于毛细管凝聚变得显著起来，因而破坏了吸附平衡。

三、主要试剂与仪器

主要试剂：氢氧化钠，氢氧化钾，偏铝酸钠，硫酸铝，硅酸钠，十六烷基三甲基溴化铵（CTAB），正硅酸乙酯（TEOS），去离子水。

主要仪器：水浴锅 1 个，水热釜 1 个，烘箱 1 个，马弗炉 1 个，磁力搅拌器 1 个，量筒 1 个，烧杯 1 个，三角烧瓶 1 个 WBL810 比表面积测试仪 1 台。

四、实验步骤

1.分子筛合成

（1）Na-A 型沸石分子筛

将 3.8 g NaOH 和 3.0 g $NaAlO_2$置于 250 mL 烧杯中，加入 45 mL 去离子水，在 60 ℃下加热溶解，得到 A 溶液。称取 7.05 g $Na_2SiO_3 \cdot 9H_2O$ 于 250 mL 烧杯中，加入 41 mL 去离子水，在 60 ℃下加热溶解，得到 B 溶液。将得到的 B 溶液在 60 ℃下搅拌加热，分五次将 A 溶液加入，搅拌至形成胶状稀溶液。然后转移至水热釜中,放置在 100 ℃的烘箱中晶化 5 h,取出后水冷至室温,倒去上层清液,抽滤、水洗至中性,转移至表面皿中,在 100 ℃的烘箱中干燥过夜。

(2)Na-X 型沸石分子筛

在三角烧瓶中,将 11.52 g $Na_2SiO_3 \cdot 9H_2O$、5.6099 g $NaAlO_2$、7.76 g NaOH 和 5.47 g KOH 溶解于 46 mL 去离子水中。在温度 70 ℃下磁力搅拌 3 h,然后停止搅拌,将水浴温度调节至 95 ℃,在此温度下静置 2 h 后停止加热。待烧瓶冷却至室温后抽滤、洗涤至产物为中性,转移至表面皿中,置于 100 ℃的烘箱中干燥过夜。

(3)MCM-41 介孔分子筛

以 CTAB 表面活性剂为模板剂,以 TEOS 为硅源。在强力搅拌下,先称取 CTAB 2.43 g、NaOH 0.48 g 溶解于 60 mL 去离子水中,然后慢慢滴加 11.81 g TEOS,继续搅拌 2 h 后,配制成凝胶,装入反应釜中,于 110 ℃烘箱中晶化处理 48 h。取出水冷至室温,抽滤、水洗至中性,转移至表面皿中,在 100 ℃的烘箱中干燥过夜。最后,于空气中,550 ℃下煅烧 6 h,除去表面活性剂 CTAB,即得 MCM-41 介孔分子筛。

2.比表面积测试

(1)测试前的准备:每个样品管都需要测试冷体积,如果没有冷体积参数,测试数据是无法使用的。

(2)开机前的检查:首先检查氮气瓶的压力是否大于 5,若氮气瓶压力小于 5,禁止开机;检查氮气瓶减压阀的压力,将它拧到 0.2 左右,再打开地上的真空泵。

(3)开机:按照计算机主机→BET 的电源→WBL-810 软件的顺序开机,打开软件。

(4)样品烘干:选择测试过冷体积的样品管,称取空样品管质量,然后加入适量样品,放于设备左侧样品处理端进行干燥。(注意盛有样品的样品管一定要盖好塞子,确认密封胶圈上没有脏东西后,拧到样品处理端,先打开绿色抽真空按钮,2 min 后,打开红色加热按钮。此时电热套会上升,要用手扶住电热套,防止电热套位置变动挤碎样品管。)

(5)样品测试:烘干后的样品和样品管一起称重,获得了样品净重。启动软件后,点击“开始”进行联机,在样品信息栏中输入样品名称、种类、密度、质量,在中间样品管信息处输入样品管号,点击“确认”,看冷体积和修正系数是否有显示,如果显示没测试或者都是 0,则该样品管不能使用,需要测试样品管冷体积。向杜瓦罐中添加液氮至瓶颈处,将杜瓦罐放置于升降台上,将装有样品的样品管盖好塞子,拧到测试端。点击全过程进入测试。(注意绿色密封圈上一定不能有污损,否则会影响数据准确性。)

(6)数据保存:测试结束后,软件界面会显示“实验结束”,点击“确认”,之后点击界面右侧 Excel 图标,数据会直接导入 Excel,点击“另存为”进行保存。

五、思考题

(1)分析吸脱附曲线及比表面积、孔径分布等数据。

(2)仪器使用过程中有哪些注意事项?

参考文献

[1] 宋荣君,李加民. 高分子化学综合实验[M]. 北京:科学出版社,2018.

[2] 潘祖仁. 高分子化学[M]. 5 版. 北京:化学工业出版社,2017.

[3] 华幼卿,金日光. 高分子物理[M]. 4 版. 北京:化学工业出版社,2013.

[4] 复旦大学高分子科学系,高分子科学研究所. 高分子实验技术(修订版)[M]. 上海:复旦大学出版社,1996.

[5] 吴智华. 高分子材料加工工程实验教程[M]. 北京:化学工业出版社,2004.

[6] 何卫东. 高分子化学实验[M]. 合肥:中国科学技术大学出版社,2003.

[7] 李谷,符若文. 高分子物理实验[M]. 2 版. 北京:化学工业出版社,2015.

[8] 王国建,肖丽. 高分子基础实验[M]. 上海:同济大学出版社,1999.

[9] 张春庆,李战胜,唐萍. 高分子化学与物理实验[M]. 大连:大连理工大学出版社,2014.

[10] 刘建平,宋霞,郑玉斌. 高分子科学与材料工程实验[M]. 2 版. 北京:化学工业出版社,2017.